哥倫比亞 …… **商工具,**

扭轉劣勢、提 …… 碼,達成你想要的結果!

a step-by-step palybook for
empowered Negotiating

FIFTEEN TOOLS TO TURN THE TIDE

SETH
FREEMAN

賽斯・佛里曼——著

李立心、許可欣——譯

目錄

第二部　談判——177

第三部 決定 ——— 277

十五個逆轉勝談判工具

用途：
工具名稱

突破僵局：
那三個字

做足準備：
I FORESAW IT

一頁文件
歸納重點：
TTT 表

情緒管理：
角色扮演

找到有影響力的幫手：
Who I FORESAW

找到夢幻對象：
針對性談判

促進會議運作：
黃金一分鐘

選對用詞：
重塑架構

對他們有利，
對自己更有利：
溫暖取勝指南

緩和衝突：
「就是那樣！」挑戰

整合團隊：
共同利益法

馴服老闆：
APSO

改變想法：
如果我們同意／不同意

沒有其他提案：
假設性 BATNA

測試提案：
成功指標儀表板

前言

不可能的交件日 vs. 不可得罪的大客戶

想像一下：某天上班，你突然接到一通可能決定公司和自己命運的電話。電話另一頭是某醫療中心高層布蘭達，而這家醫療中心是公司的最大客戶。這時候你的團隊正拚命幫對方設計電腦上的歡迎頁面，未來要提供給首度造訪中心的病患使用。布蘭達劈頭就問：「你們快完成了嗎？」

你告訴她：「一切都沒問題，我們會如期在六十天內為您準備好歡迎頁面。」

布蘭達停頓了一下，接著說：「這就是我打電話給你的原因，我們三十天內就要。」

你一聽差點握不住話筒，說：「布蘭達，我真心覺得不可能。」

布蘭達不高興了，她問：「可以麻煩你問問看團隊嗎？」

「當然！」你回答，暫時離線去找設計師洽談。設計師聽了覺得太過荒謬，嘲諷一番後把你請出辦公室。你把這個壞消息告訴布蘭達後，這通電話到此結束。你正想繼續上班，結果十分鐘後就收到老闆戴夫的訊息：「馬上給我過來。」

你匆忙趕去時，戴夫正開著擴音，和布蘭達的老闆貝蒂通電話。貝蒂非常不滿地說，如果公司無法在三十天內交出歡迎頁面，他們就要另請高明。戴夫看起來十分錯愕，就像看到卡車迎面駛來的小白兔。你很明智地先按下靜音鍵，輕聲對老闆說：「告訴她，你之後再回電。」戴夫照做了。「好，但是我要在二十分鐘內收到你的回覆，因為我等一下就要去和上司開會。」貝蒂說完就掛上電話。

「把所有人叫來，立刻！」戴夫說。你連忙召集所有設計師。但是戴夫才解釋完公司面臨的挑戰，現場立刻陷入混亂，每位設計師都大喊著，不可能在三十天內做出歡迎頁面。戴夫不接受，回應道：「搞清楚，這些人可以讓我們關門大吉，我們必須在三十天內交件。」雙方都開始跳針。「做不到！」「必須做！」「做不到！」「必須做！」這時候你該如何是好？

這正是我的學生珊妮絲遇到的危機，她就是當時那位接到布蘭達電話的主管。之後幾秒鐘，珊妮絲的反應與眾不同：她利用自己受過的談判訓練，促成奇妙的結果。在珊妮絲的老闆回電前，她已經協助老闆和團隊找到回應的方法，提出一個讓貝蒂又驚又喜的**反向提案**（counteroffer）。幾小時後，貝蒂來電誇讚珊妮絲的公司，保證未來會有更多合作機會，讓珊妮絲成為英雄。

遇到像這種公司命懸一線的瀕死時刻，你該如何逆轉情勢？如何在無力、受迫又苦惱至極時與對方談判，化危機為轉機？當你覺得自己如同小鹿斑比一樣弱小，對方又強大、意志堅定得宛如哥吉拉時，該如何為自己、家人、團隊、慈善機構或企業發聲？這就是本書的重點。

如何應付艱難的處境

談判很難，我曾和全球數千名學生與客戶合作，第一次見面時，他們常常這麼說，所以我明白。不管是聯合國外交官或小企業業主、公司高層或菜鳥主管、律師或客戶、研究生或幼稚園大班生，所有人都覺得談判很難。事實上，英文的「談判」（negotiate）是 neg 和 ōtium 這兩個拉丁詞彙的組合，直譯就是「不是休閒」（not leisure）的意思。由此可知，至少在過去兩千年來，人們都因為談判而傷透腦筋。和珊妮絲一樣陷入嚴重劣勢時，談判尤其困難。但其實正是在這樣的時刻，我們最需要把力量完全發揮出來。像我這種教人談判的指導者，最常被詢問的問題就是：「你說的沒錯，但是如果處境艱難，該怎麼談？」

更明確地說，如果面對下述狀況該如何處理？

- 你談判的對象是「哥吉拉」這種強而有力或令人生畏的人物，讓你在談判前就覺得自己不堪一擊，彷彿對方一口回絕或直接說「你必須這麼做」，你就無法回應，這該怎麼辦？
- 壓力大到忘記原本打算說什麼，或是在談判過程中難以保持頭腦清醒？
- 面對時間壓力，又不知道該如何運用有限時間？
- 試著說服老闆改變做法時，面臨「做也死、不做也死」的兩難困境？

- 覺得自己別無選擇，只能點頭同意？
- 有非答應不可的壓力，但又不確定答應是不是明智之舉？
- 你的同事和談判對象因為經濟衰退、通貨膨脹或其他經濟危機而感到焦慮，而他們讓你備感壓力，不知道該怎麼談判才能扭轉局勢？
- 你想要展現出優雅與人性，同時解決你的問題，但是眼前的逆境似乎由不得你這麼做？

市面上有數百本書籍在談論談判的藝術，其中不乏絕妙好書，提供經過時間驗證的談判原則，足以讓人取得明智又滿意的結果。這些原則包括刻意準備、針對已談妥的協議先想好最佳替代方案、設定範圍、發揮創意、為初始提案預設緩衝。我和學生及許多研究都發現，這些原則確實經常可以提供給你（和你的談判對象）莫大幫助。然而，有幾個可以讓你在壓力下實際發揮談判力的重要事項，卻是這些原則無法給你的。

首先，這些原則忽略了幾個重要面向，像是如何處理自己的情緒，或是看起來別無選擇時該怎麼做，又或者要如何判斷什麼時候該點頭或拒絕。其次，大部分的談判書籍都假設，你讀過這些原則後，就會了解這些原則並準備好談判，但是現實中的挑戰遠大於此。

雖然知道這些原則有幫助，但最重要的是要怎麼套用到現實情境。面對壓力、逆境、無能為力時更是如此，在這樣的時刻，我們格外需要這些原則，但偏偏也是在這種時候，最難想起並加以應用。我們的腦袋一片空白，覺得難以承受又無所適從。

這種感受是正常的：飛行員、護理師、軍事將領、外科醫師、運動員及其他在高壓環境中工作的人，都得拚命克服壓力與逆境。這些人都找到幫助自己克服挑戰、進而締造優異表現的方法，即便看起來不可能，但他們還是做到了。

他們的祕訣就是善用工具：縮寫、檢查表、助記法、口訣、操作指南、角色扮演、提示卡等工具，每項工具都是設計用來幫助他們應對逆境，並且順利完成工作。舉例來說，太空人和飛行員都有一套檢查表（checklist），當年切斯利・沙林博格（Chesley Sullenberger）機長就是藉此得以順利迫降在哈德遜河，創造奇蹟；軍事將領在激戰時會利用像ADDRAC這種字母縮寫，也就是注意（Alert）、方向（Direction）、描述（Description）、範圍（Range）、指令（Assignment）、控制（Control）；奧運選手則會善用視覺化方法，像角色扮演那樣在上場前做好準備。身為談判者的你就和他們一樣，需要一套工具，這套客製化工具的效果絕佳，即使在你覺得快要招架不住，或自認是談判桌上影響力最小的人，依舊能發揮效果，讓你在高壓環境下善用重要觀念。

工具不只是拿來用的，對學習也有莫大幫助，所有老師都深知這一點，所以會把學習內容分解成許多片段，再為每個片段建立鷹架（Scaffold）：步驟、範本、圖表、答題指示、提示、地圖等。所有鷹架都會幫助學生更輕易吸收學習內容、記得更久，更能隨時隨地使用學習成果，而且更容易練習與掌握核心技巧。[1]談判人員也需要這樣的鷹架。

本書的強大工具，如何幫助你應付挑戰

擁有強大的工具組，有助於你學習談判的幾大原則並實際應用，當時間不夠、自信不足又承受莫大壓力時更是如此。舉例來說，情緒往往是讓談判人員挫敗的原因，而這些工具可以幫助你管理情緒。有了這些工具，你就可以像奧運選手一樣，在壓力造成頭腦不清楚時，依舊記得並善用重要觀念；也可以和太空人、美式足球教練一樣，在壓力下找出隱晦而令人滿意的解決方法，化解重大難題；或者像是矽谷頂尖設計師，搞懂危機當前要和老闆說什麼；還可以像護理師與副機長一樣，懂得在眾人看似針鋒相對、冷漠疏離之際，快速讓所有人展開合作；又或是如同資深調解員，找到以小博大的方法。

各領域的專家都很清楚，好的工具就像在你需要時，可以立刻派上用場的手機應用程式，幫助你應對逆境，為你消除認知與情緒的重擔，讓你即時做出更有效的思考及行動。好的工具會讓你豐沛的智慧與經驗，昇華成隨時可用的資料包。

本書讓你準備好應對真實世界中那些極具挑戰性的情境。逆轉勝工具組裡包含一連串獨特、直接可用的實戰方法，讓你不只掌握核心原則，還能加以利用。它們會幫助你在面對困難的對話、衝突、談判場景時，做好準備、上場表現、準確評估，甚至主導大局。雖然許多談判書籍都宣稱會提供一套工具，但通常都是指原則，而本書會讓你找到隨手可用、深植腦海的工具，幫助你把原則化

為巧妙的行動。

本書不只為了受過正式談判訓練的人而寫，如同我數以千計的學生、新客戶和談判新手，即便你沒有，這些工具也是你未來學習談判的絕佳基石；如果你和我的資深客戶、資深談判人員一樣受過正式訓練，將發現這些工具讓你既有的知識再升級，變得更加豐富，並增添許多新知。無論你的談判段數有多高，都會發現這些工具在談判的關鍵時刻派上用場。

本書一開始會先介紹讓你準備談判的工具，接著是有助你掌握談判局勢的工具，最後是讓你決定是否接受對方提案的工具。這些工具已經幫助數千人成功應對逆境與壓力，包括新手與老手，連小孩都能取得極佳成效。

這些工具可以單獨使用，也可以相互結合，端視你的需求而定。大部分都很好記，但也不用特別去記；我會提供簡單的範本，並在過程中給予提示、協助和提醒。

如果你對談判沒有愛，本書就是為你而寫，它會讓你不再擔心，知道自己多數時候都能在談判上取得佳績。原因只有一個：雖然我們往往認為談判代表你要犀利、積極地討價還價，但是經驗老到的談判人員都知道，如果可以善用正直的態度與智慧，創造讓對方開心、我方更開心的協議，對彼此都有利。

在談判過程中，**逆轉勝工具會幫助你扭轉談判局勢。原本雙方都因為資源稀少的前提而感到害怕，這套工具會重新設定合理的談判前提，讓雙方了解資源其實沒有不足。**你也可以不再反射性地與對方競爭，而是更明智地思考如何創造並索取價值。解決問題的手段會從「先射箭，再畫靶」，轉換為有目的性的解決方針，往目標邁進的速度也經過刻意策劃；談判將從缺乏人性變得充滿人性。原本抱持著會拖累談判效果的防備心態，現在可以有智慧地轉念，變得堅強而寬厚，關鍵是要擁有這段旅程所需的裝備。

這些工具大部分是依據我數十年來的經驗與研究自行設計，每項都涵蓋一或多個重要的談判觀念。這些觀念有不少都強調對問題強硬，但是對人柔軟，有助你在處理重大問題時，採取人性手段，增進人與人之間的關係，帶來莫大好處。這些工具有不少涵蓋傳統的談判原則，還有幾個另外增添重要的新原則。此外，由於每項工具都會給你力量，賦予力量的方式還經常出人意料，因此當你面臨困境時，這些工具格外有用。

應用協商工具逆轉僵局

為了讓這些工具有真實感，我會用真實案例說明逆轉勝工具組的用法。那些案例都是談判人員的「瀕死」經驗，他們順利挺過，還贏得勝利。舉例來說，有一則故事是一位年輕的公司高層拯救被搞砸的收購案、保住自己和老闆的工作，更創造數百萬美元的價值，跌破所有人的眼鏡；還有一位無家可歸的創作歌手拒絕唱片公司一百萬美元合約，她因為沒有落入合約陷阱，順利洽談到更好的合約，因此得以飛黃騰達，不像許多唱片歌手淪落到破產的下場；一家替代能源公司克服節節攀升的供應價格，與上游廠商談成獨特的協議，上游廠商喜出望外，公司每年也可以節省一億美元；還有一個慈善工作者成功說服贊助商的故事，贊助商原本不願意捐款，卻在她的遊說下，無畏經濟衰退，熱情地將捐款金額提高到原本的五倍。

還有很多故事雖然和金錢無關，卻和其他至少與錢同等重要的事物有關。你會看到一位牙醫師的故事，他和其他絕望的乘客因為颶風受困在停機坪等待六個小時，該牙醫師談判成功，讓所有人得以下機，進入航廈；一位十一歲的男孩終於說服心不甘情不願的父親讓他養貓；一位青年的未婚妻過世後，悲痛不已的父親拒絕他參與任何和女兒相關的事務，包括女兒死亡時的狀況、個人物品的處置、追悼會，最終這位青年善用談判工具，扭轉無緣岳父的敵意，讓對方不再將他排除在外，兩人更成為朋友；還有一位二戰時差點就要丟掉工作的美國將軍，順利說服極不情願的指揮官，讓他在諾曼地登陸那天從猶他海灘（Utah Beach）登陸，可能因此挽救這部分的登陸行動，並因此獲頒榮譽勳章（Congressional Medal of Honor）*。（為了保護隱私，書中提到非公眾人物時會使用假名，並更改其他可辨識身分的事實，改寫時寧可低估也不會高估故事的順利程度。）†

沒有什麼事情是一〇〇%有用的，即便我對於接下來要和你分享的內容充滿熱誠，也相信你會了解，就算是最好的裝備也未必總能化險為夷，但是知道如何善用利器，絕對可以提高逆轉頹勢的機率。

所以，珊妮絲到底怎麼扭轉大局？她在其他人吵得不可開交時，選擇傾聽並提出關鍵問題。當其他人的大腦退化成爬蟲類時，珊妮絲聽取各方見解與資訊，最終從群體討論中提取出一個其他人意想不到的好主意。聽起來棒極了，但是要怎麼做到？有辦法可以讓這個過程更容易一點，即使面對壓力也做得到嗎？之後你就會看到，答案是肯定的。珊妮絲做到的事情，你也可以照做，而且只要利用第一章介紹的第一項工具，就能做得比她還多——「**那三個字**」（Three Little Words）。「那三個字」涵蓋珊妮絲套用的所有談判觀念，並且在你需要時給予提示，讓你也成為突破險境的人。我們將探索各種幫助你知道該怎麼做，並實際採取行動的工具，而「那三個字」是眾多工具中的第一項。

* 譯註：榮譽勛章是美國政府頒發的美國最高軍事榮銜。

† 除非特別註明純屬虛構，否則每個故事都是基於真實案例改寫，保留基本的挑戰、情境、原則、結構與結果。在每個案例中，主角都刻意使用我描述的概念。有幾個情況下，我把多個故事彙整為一，以便更簡潔地呈現我的觀點。如果故事涉及數字，而那些數字可能會讓讀者有辦法猜出故事人物的真實身分，我通常會選用較保守的數字加以呈現。在本書中，我也會參雜學術研究內容來增加深度與實證廣度。關於研究有一點要特別說明：你或許也知道，科學（不分自然和社會科學）研究近來遇上難以重現研究結果的危機，並且有三分之一到一半的研究未受檢驗，所以我雖然會提到一些研究結果，但是請你要抱持懷疑態度。不過也別太灰心，那些研究內容反映的觀點，我和其他職業者都曾在工作上見證。

第一部 準備

沒有不好的天氣，只有不好的穿搭。

——北歐諺語

突破僵局：
那三個字

做足準備：
I FORESAW IT

一頁文件
歸納重點：
TTT 表

情緒管理：
角色扮演

找到有影響力的幫手：
Who I FORESAW

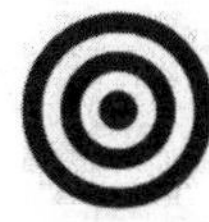

找到夢幻對象：
針對性談判

重量級拳王麥克・泰森（Mike Tyson）有句名言：「在臉被重擊之前，每個人都有一套計畫。」[1]但是讓我們回想一下，他和詹姆士・道格拉斯（James Douglaus）的拳王爭奪戰。

道格拉斯是老練的重量級拳擊手，但是一九九〇年二月十一日，他在日本東京與泰森對戰時，還只是雜魚。當時賭盤下注道格拉斯勝出的賠率是四十二比一，媒體也認定他不可能贏過泰森。更慘的是，道格拉斯的妻子還在賽前離開，而登上擂台前幾天，他的母親才剛過世。反觀泰森則是重量級拳擊賽的冠軍衛冕者，他的重拳足以致命，常常在前幾個回合就擊倒對手*。泰森自認對戰道格拉斯的比賽，只是另一個輕鬆領薪水的日子，賽前根本懶得認真訓練。

但泰森不知道的是，道格拉斯採取不同的做法，他認真研究對手，並發現泰森過去總是輾壓對手，因此在較後面的幾個回合並不需要耐力。此外，泰森過去遭遇的對手都讓他從比賽一開始就出拳攻擊。道格拉斯利用這兩項觀察做出規劃，善用自己比對方速度快的特點，盡早展開攻勢，同時閃避泰森的每一次攻擊，遇到困難就扭抱，並迫使泰森移動。道格拉斯打算在前幾個回合的攻防中，讓泰森流失體力，之後再全力進攻。出乎所有人意料的是，從比賽一開始就可以明顯看出道格拉斯並不害怕。更驚人的是，這場拳擊賽幾乎完全按照道格拉斯的計畫進行。到了第十回合，道格拉斯擊倒泰森，並成為新一代重量級拳王，震驚泰森本人與全世界。

這是泰森首度吞下敗仗，也讓他的那句名言顯得諷刺。泰森摒棄規劃，結果輸掉比賽；道格拉斯善用規劃，因而贏得比賽，打破懸殊的勝率。如同泰森自己後來說的：「我學到寶貴的一課：你永遠需要做準備。」2

談判也是如此，因此本書第一部就要介紹可以幫助你做準備的工具，這樣的準備可以大幅提升你獲勝的機率。

* 譯注：擊倒是運動術語，英文是 knock out，常簡稱為「KO」。KO 指的是在搏擊運動中，把對方擊倒在地，經過一段時間仍無法站起來的情況。KO 對方即贏得勝利。

第一章 用利益、事實、選項找出希望：讓營運衰退的贊助商捐款五倍

工具：那三個字

使用時機

- 陷入痛苦僵局
- 面臨嚴重衝突
- 壓力太大，權力又太小
- 你的公司或產業面臨巨大價格壓力
- 遇上不願意配合的潛在客戶

- 遇上不願意配合的捐款者

工具用途

- 破除僵局
- 化解嚴重衝突
- 在缺乏權力的情況下，照樣影響局勢
- 挽救商品業務
- 順利完成銷售
- 募得善款

無論你是遭遇企業生存危機的主管，或是試圖終結戰爭的國家領導人，甚至是超想獲得一隻貓的十一歲男孩，你都有辦法靠「那三個字」——**利**（利益，Interests）、**事**（事實，Facts）、**選**（選項，Options），克服看似不可能逆轉的局勢，而且速度通常會很快。聽起來很扯，但本章的目的就是要證明上述宣言是真的。

如何在二十分鐘內拯救公司？

還記得前言提到的主管珊妮絲嗎？珊妮絲公司的最大客戶提出他們不可能滿足的交期。珊妮絲確切是怎麼化險為夷的？她發現設計團隊和老闆相互爭論無果後，就問了一個看似愚蠢的問題：「等等，為什麼我們不能在三十天內交出歡迎頁面？我們有什麼顧慮？」設計團隊立刻給她一長串軟體上的障礙。「好，好，那你們覺得客戶為什麼要在三十天內就看到歡迎頁面？他們在乎的是什麼？」珊妮絲問道。

會議室瞬間陷入尷尬的沉默，沒有人知道答案。因此，珊妮絲進一步提出延伸問題來查出「**事實**」，藉此掌握一套強而有力的假說：客戶很可能需要歡迎頁面，才能在三十天內啟用新的試驗健康照護中心。接下來，珊妮絲詢問「**選項**」：「好，有沒有什麼辦法可以讓我們在軟體尚未完成的情況下，幫助客戶在三十天內啟用新中心？」珊妮絲問道。團隊一瞬間就從爭執模式轉換成集思廣益的模式。不久後，珊妮絲宣布時間到，她說：「二十分鐘到了，我們現在就得打電話。」

戴夫回電給貝蒂，珊妮絲隨侍在側。「貝蒂，我們有一個提議，但是在和妳分享前，想先確認一下：為什麼你們在三十天內就需要歡迎頁面？」他們猜對了，客戶必須在三十天後啟用試驗健康照護中心，而歡迎頁面非常重要。

戴夫接著在珊妮絲的提示下，繼續說明：「好，貝蒂，如果妳需要我們在三十天內完成歡迎頁面，我必須告訴妳，任何有信譽的設計公司都不可能這麼快交件，部分關鍵功能需要兩個月才能完成。不過，如果妳的目標是要在三十天內啟用試驗健康照護中心，我們可以幫忙。」戴夫列出幾個團隊想到的主意，包括「這些還沒做好的功能可以在後端靠人工操作，我們可以派人在中心啟動時，為你們進行這些工作，然後等到歡迎頁面完全做好、可以自行運作後，這些人才離開，這樣是否幫得上忙？」

「你們會為我們這麼做？」貝蒂回應道，她瞬間興奮不已，找到一個可以提供給老闆的可行方案。這通電話畫下快樂的句點。

幾小時後，貝蒂回電表示，他們現在會先試著在沒有戴夫公司的幫忙下自行處理，但是之後可能需要協助。貝蒂接著補充道：「無論如何，你們都會從我們這邊拿到更多的合作機會，因為你們都太棒了！」

整件事是怎麼發生的？珊妮絲接到第一通電話時，覺得自己的工作岌岌可危。但是不知怎的，她成功轉危為安，到了最後，客戶反而更樂於和珊妮絲的公司合作，讓珊妮絲成為英雄，她是怎麼辦到的？

珊妮絲實際上就是要求團隊化身有創意的談判人員來思考，藉此把可能的危機轉換為勝利。珊妮絲提出問題所揭露的答案讓客戶很滿意，**雙方的關係因為這場衝突而變得更緊密**。珊妮絲提供給客戶的，其實就是一個詞彙：服務。即使無法給客戶原本認為自己想要的東西，珊妮絲仍然找到滿足客戶利益的方法。

我很喜歡珊妮絲的故事，因為它彰顯一件事：**即便乍看之下毫無可能，你還是有辦法靠著談判原則，找出潛藏的合作機會與希望**。不過有一個原因讓我對珊妮絲的故事還不到熱愛的程度，就是面對緊急狀況時，很容易忘記談判原則。我們需要幫助——一項工具的幫助，如果你想要，它就可以在關鍵時刻引領我們。

現在就讓我們更仔細看看這項工具。

「那三個字」：利益、事實、選項

第一個字：利。我目前發現最有助於創造和平與繁榮的想法之一，就是稱為「利益性協商」（interest-based bargaining）的手法。利益性協商是管理學學者瑪莉・帕克・傅麗特（Mary Parker Follett）在一九二〇年代首創的談判原則，並在數十年後因為《哈佛這樣教談判力》（*Getting to Yes*）這本絕妙好書而被發揚光大。如果你已經很熟悉這套原則，請放心，讀完本章和本書之後，你還是可以大有斬獲。舉例來說，之後你會發現幾個比較隱晦、套用利益性協商原則的方法，幫助你領導、兜售、找到新商機，甚至為慈善募款。如果你還不熟悉這套原則，我很樂意為你介紹。

利益性協商原則的核心概念很單純，但是說不上顯而易見，就是要專注利益，而非立場。立場是一種要求：「三十天內交件！」或「提高薪資！」利益則是這項要求背後的原因，也是更深層的顧慮，即背後的需求與動機。思考利益往往可以改善局面，把對話的重心從僵局轉向雙贏。

珊妮絲的團隊原本在進行關於立場的爭辯，而珊妮絲把這段徒勞無功的爭論轉變為關於利益的對話，這樣的轉變成為她逆轉局勢的基石；同理，某位應徵者或許認為，對他而言唯一重要的事只有爭取高薪。不過，如果自問：「為什麼我想要高薪？」就可以揭露出寶貴的觀點，例如「我需要為家人提供更多的資源。」

聚焦利益讓你可以看到要求以外的事物，並且設想更有創意的解決方案。相較於單純要求提高薪資，應徵者或許也會想要更好的福利、快速調薪、保證獎金、股票選擇權、學費補助、搬家費用補助、托嬰費用補助等。了解自身利益，有助於你開出對方較容易滿足的條件；了解對方利益，則可以幫你提出能滿足對方的選項。因此，利用「那三個字」的第一步很簡單，就是寫下雙方的利益。這通常意味著列出一些更深層的需求，但只要找出幾個實際、或者一些情感層面的需求就夠了。例如，上述那位應徵者或許會列出「為家人提供更多的資源、升遷機會、公平性、分配的任務令人滿意。」[1]

第二個字：事。與對方談之前，要先了解、了解、再了解。卓越的談判人員必定都是卓越的研究者，他們會上網查資料、打電話給朋友、計算數字。一言以蔽之，他們真實體現了法蘭西斯・培根（Francis Bacon）爵士流傳四百年的智慧：「知識就是力量。」

鮑伯・伍爾夫（Bob Woolf）、史考特・波拉斯（Scott Boras）這些頂尖運動經紀人，都因為卓越的談判能力而頗負盛名，部分原因為他們是傑出的學習者。伍爾夫有一份資料，詳列每位NBA球員的薪資及福利，包括他從其他經紀人那裡掌握的非公開資訊，這些資訊有時候讓他對某支球隊的薪資狀況掌握度比球隊本身還高；[2]波拉斯則僱用經濟學家和統計學家，協助他為職棒客戶打造基於實證的上億美元合約。[3]了解事實可以讓你閃避許多談判陷阱、了解談判對象，以及揭露你在設定目標條件時可採用的基準。掌握資訊也可以幫助你建立信心、發掘原本可能沒注意到的利益與選項。

當時，珊妮絲當然沒有時間深入研究，但是她退而求其次，拋出延伸問題，讓團隊至少可以在掌握部分資訊的基礎上，猜測與客戶處境、科技、團隊能力等事務相關的事實。

同理，一位應徵者或人資高層在針對職缺進行協商前，如果可以先掌握一些資訊，通常就能更放鬆、有信心地與對方交談，態度也會更開放。她或許會知道其他資歷和自己相當的應徵者，在類似工作場域的薪資行情，以及公司對這類應徵者的要求；可能也會得知其他公司提供哪些有創意的合約，還有應徵者（或公司）的預算狀況。關鍵就是，寧願知道太多，也不要知道太少。

電視或電影上幾乎看不到真正高明的談判，原因之一就是真正重要的事大多不怎麼精彩。好萊塢編劇總是想要提高賭注：增加風險、危險性、行動與時間壓力，但那些正好是優秀談判人員想要避免的。[4]展現技巧的談判看起來很無聊，多數人相信談判的重點是要臨機應變、講話快、偶爾出言威嚇與虛張聲勢，最後通往光榮的結果。但是事實正好相反，談判之所以讓人感到焦慮與害怕，部分原因是我們認為自己在過程中必須化身攻擊性極強的談話者，才能達到效果。雖然有些談判人員靠著那種套路成功，但是對多數人而言，這樣的策略都會造成反效果，並且造成不必要的壓力。因此，如果你覺得自己完全不像電視上那些人，談判時態度強硬又熟練，或是做研究看起來和「真正」談判人員的工作內容脫節，不用擔心，優秀的談判人員會把該做的功課都做好。

除了眾所皆知的幾個事實研究方法外，還有一些較少見的研究方式可以考慮：

用電話找力量。打電話給專家可以獲得豐富的見解，旅客可以向旅行社專員習得寶貴資訊；如果想買屋，可以詢問房屋仲介，只要確定你這通電話不唐突又合宜即可。同理，打電話給朋友或認識的人尋求指引，或請他們引介他人，都可以讓你獲得寶貴的資訊，甚至可能結為盟友，從許多面向給你幫助。關於這一點，之後會再詳細討論。

用訪談找資訊。找到你認識的人中適合洽談的對象，或是他們為你引介的人，向那些人探詢資訊，並請他們再介紹其他人。這就是記者和經紀人仰賴的方法。掌握事實、個性、情緒、關係、常規、圈內人做事的方法、需求等資訊，進行時切記深思熟慮並謹慎行事。

使用試算表。了解不同的提案對你的預算、現金流等事項，會造成什麼影響，可能揭露出談判所需的重要見解。

模仿你的談判對象做研究。我最喜歡的研究方法之一是，假裝自己是我的談判對象，並在這個前提下，上網查找資料。舉例來說，如果我是供應商，正在評估採購代理商提出的報價，一定會做的其中一件事，就是到頂尖採購代理商使用的網站 Procurious.com 查詢，上面的文章會討論採購代理商的擔憂、限制與偏好的選擇，還有許多技巧、新聞分享，也有討論區、最新趨勢報告等資料。

瀏覽財務數據。另一個了解談判對象的寶貴方式是，檢視對方的財務數字，或是請懂得財務的隊友幫你做這件事。當然，檢視自己的財務數據也很重要。每一次檢視預算，其實就是在了解利益：「嗯，我們的住房支出非常高。支應這份支出是我需要更高薪資的原因之一——這就是一項利益。我在想這是不是指向某些選項？這個雇主有沒有提供購房補助計畫？」

找律師洽談。資深律師是豐沛的資訊泉源，可以透過諮詢，了解市場上的合理操作，當然還有相關法規。

閱覽談判對象的公開資訊。一家公司通常會在網路上揭露許多關於自己的資訊，像是公司使命、願景、組織架構和競爭對手，也會公布提供給美國證券交易委員會（Securities and Exchange Commission, SEC）的資料、經營部落格和發布公司手冊。許多與公司政策、關注事項相關的驚人細節，也可以在網路上找到。

閱讀刊物。產業雜誌會揭露趨勢、價格，以及談判對象可能在乎的事，有時候意外有用。

在網路上找尋其他隱藏的寶石。產業調查可能隱藏許多資訊，部落客也掌握不少珍貴的故事和數據。此外，有些網站會彙整重要研究內容，幫助你節省研究時間，還有很多線上社團可能都有可以和你分享實用知識的成員。

經驗老到的談判人員都熱愛上述（和其他）研究方法。

第二章介紹到下一項工具時，會更完整地檢視一些研究問題。那些問題非常重要，因此需要格外關注與特別處理。現在只要先知道，每位優秀談判人員的工具組中，蒐羅事實都是核心組成。

第三個字：選。明瞭利益和事實後，你就可以提出可能的創意條款來滿足對方的利益。選項指的是你可以提供或要求的任何東西，可能滿足至少其中一方的部分需求，可以是豐富、龐雜的整體方案的一小部分，也可能自成獨立解決方案。每個選項都應該是你和談判對象可能會接受的選項。在珊妮絲的案例中，她努力了解對方的利益與事實，讓團隊得以提出多個選項，選項之一就是珊妮絲的團隊可以用人工操作歡迎頁面。這個選項充分滿足客戶利益，讓貝蒂一聽就心花怒放。我們第一個想到的選項通常都行不通，這正是有經驗的談判人員不會只想到一或兩個選項就停止的原因。

在〈成功談判人員的行為〉（The Behaviour of Successful Negotiators）[5]這篇影響甚鉅的論文中，尼爾・拉克姆（Neil Rackham）和約翰・卡萊爾（John Carlisle）比較四十八位廣受認可的優秀談判人員與四十八位平庸談判人員的差異。優秀和平庸之間到底有什麼不同？一項驚人的研究結果是：平均來說，優秀談判人員提出的選項遠遠超過平庸談判人員。這群優秀談判者針對每一個主題通常會提出五個選項。[6]我不希望你只是優秀而已，而是期待你非凡卓越，因此建議在腦力激盪後，針對每個主題想出六個以上的選項。多提出一些選項，你就會有更高機率至少能從中找出幾個效果好的。事實上，提出超多選項就是矽谷頂尖設計公司IDEO的特色，公司創辦人大衛・凱利（David Kelley）是和史蒂夫・賈伯斯（Steve Jobs）合作的設計師。IDEO的設計師不會只提出五個想法，而是會想出數十，甚至數百個提案，最後再精挑細選出最好的。

要提出不同的選項，有一個簡單方法就是看看你列出來的利益清單，從中選出一項，然後自問：「哪些有創意的想法可以滿足這項利益？」接著，再針對下一項利益來思考，或是選擇兩項利益，各滿足一方的談判人員，並自問：「哪些選項可以同時滿足兩項利益？」另一個方法則是，要求至少有一個提案必須很搞笑、奇怪或詭異。原因很簡單，因為放任自己瘋狂一下，往往可以揭露出非比尋常的好主意。例如，珊妮絲當時或許想到的是，邀請貝蒂綁架公司的設計團隊，這樣的想法就可能導向最後那個獲得證明的絕妙提議，也就是派遣幾位短期志工幫忙貝蒂。

根據我的經驗，一個人在五分鐘內可以輕鬆想出好幾個選項，兩個人可以提出六個以上，一整個班級則可以提出二十到四十個。因此，如果你可以和一或多位團隊夥伴合作，通常能想到更多也更好的選項。

集思廣益時，完全不用擔心自己必須針對每個主題都提出剛好六個選項，只要寫下一堆想法，再看看如何按照邏輯分類就好，之後發現其中一個類別的提案只有少少幾個時，可以再增加。

「那三個字」如何助你應對各種商業挑戰

之後就會提到，那三個字可以幫助你克服許多不同的商業挑戰。先試想一個讓多數企業家害怕的情境：與地主斡旋。法蘭克在修習我的課程前，就曾遇到這樣的問題，當時他在紐澤西州北部的一條商店街經營三明治專賣店，希望可以籌措商學院學費。但是一開始賺得很少，關鍵就在租約條件太差，法蘭克得支付高昂的租金，又不能設立大型看板或供應熱食。唯一的救贖在於，合約中有一項條款是，地主不會把店面租給其他的三明治店家。

之後某天，法蘭克卻發現商店街的另一頭新開一家三明治店。他在盛怒之下找上律師，要求對地主提告。律師聽了以後，也同意地主很可能違反租約。但是接下來律師做了一件奇怪的事，他沒有建議法蘭克提告，而是請法蘭克進一步說明自己的需求與情況。然後，律師請法蘭克給他幾週的時間，看看他能做什麼。

幾週後，法蘭克接到律師的電話，律師問他：「如果地主讓你設立大型看板、供應熱食，並提供三三％的租金減免，條件是讓另一家三明治店在這條商店街營業，你覺得怎麼樣？」法蘭克大吃一驚，反問道：「你可以幫我談到這些條件？」律師回答：「是的，地主有意願，而且附近有其他競爭對手，可能會幫你帶來更多生意。」法蘭克欣然同意，而後發現這項協議幫他大賺一筆，讓他比原本預期早一年就讀商學院。是什麼改變了？法蘭克的律師其實就是利用了那三個字，把重點從戰勝地主來滿足法蘭克的利益移開、擴大格局，並掌握事實，再提出雙方可能接受的創意選項。*

為什麼「那三個字」的威力如此強大？

那三個字最有說服力的原因之一就是，它幫助你做到往往看似不可能的事：既強硬又寬厚。究竟是怎麼做到的？那三個字讓你對問題強硬，但是對人柔軟。那三個字其實就是讓你向對方表達：「我必須為自己在乎的事情而戰，但是我很樂意採取對你也有利的手段。」如此一來，你就可以在滿足自身需求的同時，強化雙邊關係。

幾年前，某個感恩節前一天的晚上，我在紐約皇后區試著攔計程車進入曼哈頓。好不容易讓我招到一輛計程車，上車告知駕駛目的地後，卻得到「我不去」的回應。

我既錯愕又生氣，說道：「什麼意思？你必須去！」（營運中的紐約計程車依法不得拒載乘客。）

但是司機非常堅持，我也不肯讓步。我們就坐在那裡，他不肯開車，我也不肯下車。時間一分一秒地流逝，我該怎麼辦？於是我問他：「可以拜託你告訴我，為什麼你不肯載我去曼哈頓嗎？」

（**利**）。他回答：「因為我正準備下班回家過節，我家和曼哈頓反方向，不想要接下來兩個小時都塞在車陣中。」沉默一陣子之後，我開始看向窗外並評估局勢：看看天氣、其他空車的狀況、乘車需求、地鐵站的距離等（**事**）。突然間，我看到兩個街口外有一輛空車，對我來說，那個距離要冒雨跑去太遠了，但是那輛車正在待客中，這讓我有了一個主意（**選**）。

我說：「你看那邊，如果你載我到那輛計程車那裡，對方說他可以載我，我就下車。」司機立刻轉憂為喜，「好！」說完就載我前往另一輛計程車暫停的地方。確認對方會載我去曼哈頓後，就開心地下車了。第一位計程車司機說：「嘿！老兄，謝謝你，抱歉我沒辦法載你一程。」「完全沒問題，感恩節快樂！」我回應他。我靠著那三個字，從生氣、沒效率又愚蠢變成既強硬又寬厚的人，也讓雙方都感到滿意而感恩。

連國際衝突都能解決的出色工具

那三個字可以幫助你，解決乍看之下相當棘手的衝突。

一九九四年，以色列與約旦延宕多年的和平談判陷入僵局，關鍵問題就是雙方都要求掌控加利

* 他的故事實在太有說服力了，因此後來被哈佛法學院談判研究中心（Program on Negotiation）主任努姆金寫進為律師撰寫的著作《超越勝訴：靠談判創造協議與爭議的價值》（*Beyond Winning*），作為開頭的經典故事。

利海（Lake Tiberias）的珍貴水源。數年來，雙方都認為與加利利海相關的討論是一場零和遊戲，為了水源拚命爭執，卻又經常浪費水。但是後來談判人員開始換角度思考這個問題。他們發現，約旦進入乾旱期時需要找到儲水的方法，也需要更多的水；另一方面，以色列需要捍衛自己的長期水源安全（**利**）。談判人員利用豐富的科學與技術知識（**事**），找出創新的解決方案（**選**），他們想到的方法是，讓約旦在冬季把大量的水儲存在加利利海，但是同意不會在冬季使用，只有進入夏季乾旱期時，才會從加利利海取水，並且利用以色列的海水淡化技術，取得額外的水源。作為交換，以色列一整年都可以使用豐沛的加利利海水源。這個解決方案讓雙方都滿意，並促成一九九四年的《約以合約》（Israel-Jordan Peace Treaty）。[7]

同樣地，「那三個字」裡的其中兩個，也幫助以色列、埃及、美國化解西奈半島的重大爭端。美國總統吉米．卡特（Jimmy Carter）和以色列、埃及代表在大衛營（Camp David）*談判之初，以色列和埃及都堅持全權掌控西奈半島，雙方的堅持讓談判看似陷入無解的僵局，差點讓三邊對談剛開始就告吹。接著，有人詢問兩國領導人，為什麼想要掌握西奈半島？埃及總統艾爾．沙達特（Anwar Sādāt）表示，埃及想要的是主權；以色列總理梅納罕．比金（Menachem Begin）則說，以色列要的是安全。

這席話背後的意涵是什麼？沙達特的意思是，埃及希望全世界的地圖都把西奈半島劃分為埃及領土，西奈半島要飄揚埃及國旗，也要讓埃及人民在當地落腳，有沒有駐兵不是必要條件；比金的意思則是，以色列不想被突襲，希望西奈半島可以作為非軍事緩衝區。上述說法指向一個選項組合：何不讓埃及如願掌握地圖、國旗和人民，但是雙方同意西奈半島領土的大部分地區不會駐兵，藉此創造出保護以色列安全的緩衝區？（與此同時，美國衛星傳送的即時影像能幫助以色列追蹤埃及軍隊的動態。）雙方領導人都點頭同意。這項突破移除其中一個阻礙談判的關鍵，順利幫助以色列和埃及達成一九七八年的《大衛營協議》（Camp David Accords）。[8]這項協議雖然充滿爭議，但是順利終結兩國長久以來的敵對關係，開創長達數十年的和平。兩國領袖——比金與沙達特也因為在這項協議上的努力，獲頒諾貝爾和平獎。[9]

「那三個字」的極限

但是，「那三個字」也有極限。

第一，不是所有衝突都可以用「以利益為基礎」的手段化解。舉例來說，如果衝突主軸是部落主義、種族衝突就會行不通；問題根源盤根錯節而注定無解的棘手問題，也無法靠那三個字解決。

第二，有時候你會發現自己面臨的問題，需要的見解、知識、觀點、權力、關注，連那三個字都給不起。值得慶幸的是，第二章介紹的第二項工具——**I FORESAW IT**，就可以在這種時候派上

* 譯注：大衛營是美國總統的行宮。

用場。

第三，那三個字無法教你切分大餅的方式。這一點非常重要，談判人員如果天真地只想到要發揮創意，而完全不思考如何處理競爭層面的問題，可能就會受傷。但是你不用擔心，接下來介紹的其他工具會提供這方面的幫助，最重要的就是第四章介紹的「主題、目標與取捨（TTT）表」，和第七章介紹的「溫暖取勝指南」。如果你和我一樣，在談判時要求取得更高比例的大餅時會覺得不自在，就會發現這些工具既實用又寶貴，因為索取財富往往是達成公平正義非常重要的一種形態，也是照顧你服務對象的重要方法。

雖然這麼說，但我們還是可以靠著那三個字促成非凡的和諧景況，即使是長久不合的宿敵也能和睦相處。我在學生的課堂表現中，看過數百次這樣的美好光景，也曾見證那三個字幫助客戶蓬勃發展。身為受過訓練的調解員，我在工作上也看過那三個字實際發揮效果。我用這項工具為許多人談成協議，其中有不少人一開始根本幾乎無法忍受和對方待在同一個房間。

既然那三個字如此單純、威力又強，小孩是不是也能用？

簡單到連十一歲小孩都會用

十一歲的賈馬爾已經花費好幾個月，試圖說服爸爸買一隻貓給他。賈馬爾把所有十一歲男孩慣用的說服伎倆都用了：碎唸、苦苦哀求、噘嘴、抱怨，但是他的努力換來的只有和爸爸互看不順眼。直到某天，賈馬爾和保姆怡伶談起這個煩惱。怡伶恰好是我的研究生，她就把那三個字傳授給賈馬爾。

怡伶離開後，賈馬爾利用那三個字準備和爸爸的談話。接著，他問爸爸能不能一起吃午餐。「喔，好。」爸爸有點困惑地答應了。吃飯時，賈馬爾說：「爸，我在想我們能不能談談養貓的事。」爸爸嘆了一口氣說：「賈馬爾！我們已經談過了！告訴你，我也想要一隻貓。但是你知道我們沒辦法養，因為你妹妹過敏，我不可能花時間把貓毛全部清光，而且你才十一歲，要怎麼好好照顧那隻貓？這是不可能的。」

但是賈馬爾之後說的話，讓爸爸嚇了一跳，他說：「爸，你是對的，那些事情確實是我們應該好好考慮的。所以我做了一些研究，發現有一種貓是大部分小孩都不會過敏的，我記得叫孟加拉豹貓。孟加拉豹貓的掉毛量較少，這就是牠們很受歡迎的原因。我還發現這個社團，應該是慈善社團，我們可以借一隻貓飼養幾週，讓你看看我會不會兌現好好照顧貓咪的承諾。」賈馬爾說完，爸爸錯愕地陷入沉默，之後說：「那我們就弄隻貓來吧！」

在我的職涯中，看過數千場談判，有些牽涉數億美元，但賈馬爾的談判故事是我最喜歡的，因為由此可見，就連十一歲小孩都可以靠著那三個字克服困境。學習那三個字幫助賈馬爾變得更成熟、有創意、沉著、積極主動，也懂得尊重並傾聽他人，這些都是我們希望自己和孩子可以具備的特質。賈馬爾是怎麼做到的？

怡伶詢問時，賈馬爾很快就列出爸爸在乎的事：維護賈馬爾妹妹的健康、確保公寓整潔、避免誤信一個不負責任的孩子照顧貓咪的承諾，這些見解成為賈馬爾的逆轉基石。

之後，賈馬爾花時間上網做研究，掌握事實。他就是藉此發現孟加拉豹貓這種熱門、低過敏性的品種。賈馬爾也在網路上找到我稱為第二次機會援助組織（Second Chance Rescue）的團體，可以讓貓咪到民眾家裡寄宿幾週。賈馬爾很快就意識到，自己的新發現恰好是絕妙的創意選項，可以完美滿足所有人的利益。

掌握事實會讓你感覺像是在大考前做足功課，知道自己準備好了。賈馬爾和爸爸對談時，之所以能如此放鬆、自信、熱情，正是因為他知道自己在說什麼。

掌握「那三個字」，沒有權力也能主導大局

不過賈馬爾、珊妮絲的故事，還有以色列、埃及、約旦的經驗，只是初步呈現那三個字的威力。領導人最常遇到的問題之一，就是責任太大、權力又太小。赫德里克．史密斯（Hedrick Smith）在《權力遊戲》（*The Power Game*）一書中提到，就連總統都常常發覺自己掌握的權力，遠遠不及我們認為他們擁有的那麼大。如果你是中階主管、計畫負責人、委員會主席、公司高層或家裡

名義上的老大，應該已經意識到這個問題，發現自己無法單純叫別人為你做完所有需要他們完成，才能協助你達成任務的事情，該怎麼辦？

驚人的答案是：談判，就像許多研究與書籍揭露的，領導者一天有許多時間花在與同事和下屬談判。[10]問題是要怎麼談？

談判前先把「那三個字」好好想清楚，接著和你想領導的對象討論那三個字的內容，之後再尋求讓對方想要合作的結果。如此一來，你往往可以得到比單方面利用權力強壓對方做事更好的結果，被要求的人也會更樂於接受你的要求。

瑞秋在一家汽車零件公司工作，她沒有權力要求同事做事，但是順利利用那三個字領導他人，達成極佳的成果，讓她在艱難時刻挽救整個部門。瑞秋讓同事同意明智的預算刪減案，並且刪減方式對部門的傷害很低，協商過程還讓瑞秋與同事化敵為友。

景氣衰退就在眼前，瑞秋所屬的工程設計部門需要向高層提出預算案。瑞秋和其他四位主任工程師各自領導一個小團隊，每位團隊主管都向部長萬琪提出預算案。然而，所有的預算案都遭到駁回，理由是總費用遠遠超標。幾位主任工程師都不知道該如何是好，每個人都堅持自己的需求，場面很快就變得難看。雪上加霜的是，在萬琪威脅要把每位主任工程師的預算都直接刪減三三%後，所有人陷入愁雲慘霧，部門內的緊張關係升溫，派系逐漸成形。瑞秋意識到部門面臨重大危機，該怎麼辦？

瑞秋先仔細檢視各個團隊的預算與專案，藉此判斷每位主要談判者最在意的利益並了解事實。接著，她想出幾個同事和自己可以用來降低成本的選項。再來，她和其他幾位主任工程師碰面，建議大家合作，看看是否有辦法提出滿足所有人基本利益的預算案。瑞秋也提醒眾人，如果陷入僵局，可能導致預算被嚴重刪減，重創整個部門、讓所有人都受傷，藉此鼓勵大家合作。其他主任工程師冷靜下來並受到鼓舞後，態度由憤怒轉為開放。

瑞秋接著逐一詢問每位主任工程師，了解他們提出現有要求的原因，例如為什麼亞歷山大（其中一位主任工程師）需要四台新的 3D 印表機？瑞秋仔細聆聽每位同事的說法後，利用之前研究和腦力激盪的結果，詢問亞歷山大能不能只用三台？作為交換，如果瑞秋訂購的四台印表機沒有在使用，其中一台可以和亞歷山大共用。

透過討論，瑞秋找出好幾個創意解法，讓幾位主任工程師可以共享資源、幫助他們列出互相補足彼此資源的表單、設法找到其他影響小卻可以大幅節省經費的妥協方案。靠著這些方案，瑞秋協助其他幾位主任工程師找到滿足自身利益的選項。預算提案截止前，他們已經找到共享五台印表機的方法（比原本要求的少四台），還在不損害自身專案的狀況下，縮減申請電腦硬體。他們最終提出的預算案總額，比原始預算案少了近八十萬美元，萬琪誇獎瑞秋做得非常好。此外，很重要的一點是，幾位主任工程師原本視彼此為競爭者，現在則認為對方是合作夥伴，每個人都很開心。瑞秋的方法並不獨特，之後就會提到，總統、經理人，甚至將軍都經常使用類似的手段，這一點已經獲得許多研究證實。

簡單來說，概念就是：當你權力不足又沒有人脈，但還是得完成任務時，就可以利用那三個字來填補缺口，和同事協商來贏得你需要的支持。[11]

用「那三個字」賣東西最有效！

除了管理外，那三個字也是史上最有效、最多人研究的銷售手法的核心一環。

拉克姆帶領由三十名研究人員組成的團隊，研究在一九七〇年代和一九八〇年代，橫跨超過二十個國家，總計三萬五千通推銷電話。這份研究時間長達十年，堪稱史上最大規模的銷售研究，至今仍廣受銷售人員仰賴。[12]研究顯示，和大眾的普遍認知不同，銷售小型消費品的傳統手段如果套用到更複雜的交易上，就會徹底失效。拉克姆的團隊建議，銷售人員不要告訴顧客產品有多好，而是詢問對方一連串簡單的問題。以下是一段影印機銷售人員對顧客的提問，試試看你能否看出他如何套用那三個字的觀念：

問：請跟我談談貴公司和公司影印的狀況。（顧客回答。）

問：我注意到貴公司正在成長，因此最近現金有點緊。您每週要印大約一千份傳單，目前在影印上有遇到什麼困難嗎？您近來對影印狀況的滿意度如何？（顧客回答。）

問：了解，您覺得自己的狀況還可以。每週會卡紙兩到三次，每次發生就得暫停印刷一到兩小時，但是通常都可以修好。每週印表機停止運轉兩到三次時，哪些業務受到最大影響？（顧客回答。）

問：了解，通常會造成送貨延遲、有些客戶不開心，公司也因此要承擔一些超時工作的勞動力成本。超時成本通常大概是每週兩百美元。換算下來，大約是每年一萬美元？如果換成更可靠的印表機，是否可能減少超時工作的時數？對日常業務會有什麼影響？（顧客回答。）

問：好的，聽起來您目前使用的印表機經常損壞，讓您每年得負擔約一萬美元的超時成本。聽起來似乎如果提高印表機的可靠程度，可以幫您省錢，也有助於舒緩現金壓力。此外，我推估可靠的印表機也可以幫助您減少流失客戶的機率，再多省一萬兩千美元。我的理解正確嗎？

拉克姆的研究顯示，銷售人員光是提出第一個問題、詢問顧客現況（**事**），接著深入追問與對方利益相關的問題，就足以讓顧客樂於傾聽有哪些可以滿足自己利益的選項。銷售人員完全不用提到自己的產品，就能做到這件事。這種手法和「不斷追求成交」（Always be closing）的傳統手段相反。拉克姆這套S.P.I.N.銷售法，說的是：「不斷嘗試聽出那三個字。」(Always be listening for the Three Little Words.) 拉克姆指出，這套銷售方法就是顧問式銷售法的核心，[13]也就是所謂以需求為基礎的銷售，這種銷售模式已經成為現今最能創造獲利的銷售手法之一。

我在擔任顧問期間，靠著這套銷售方法成功獲得不少業績。入行初期，有一家銀行請我介紹自己的訓練工作，我依約前往，並且發表一場激勵人心的演講，對方看起來也很喜歡，卻再也沒有和我聯繫。後來我從拉克姆身上學到，徹底改變自己的銷售手法。和潛在客戶對談時，我一定會先詢問：「讓我先傾聽，才能更了解您的需求。」接著，會提出和拉克姆類似的延伸問題，再依據對方的答案客製化提供的方案，因此贏得更多生意。

來一場思考實驗（thought experiment）吧！常聽人說，最強的銷售人員「可以把冰箱賣給住在北極的人」，你會怎麼銷售？

利用那三個字和拉克姆的銷售方法，你會發現一個鮮為人知的事實，就是如果你人在北極，冬天時把食物放在戶外，食物通常會結成極硬的冰，以至於無法食用。這個事實指向一個隱藏的利益：在較溫暖地方儲存食物的需求，冰箱就可以做到這一點。你還會發現另一個鮮為人知的事實：夏天時，北極的氣溫上升，會使戶外食物儲藏變得愈來愈不可靠。這又指向另一個隱藏的利益：穩定的食物溫度控管，這或許就是住在北極的人真的會買冰箱的原因。[14]

利用「那三個字」成功募款

那三個字也可以幫助你募款。

布莉姬是一場愛滋病募款活動的志工，她聯繫其中一家企業贊助商的窗口米琳德。米琳德的公司去年捐贈五千美元，但是她告訴布莉姬，可惜公司今年無法再捐款了。「很遺憾聽到妳這麼說，希望一切都好，最近公司的狀況如何？」米琳德告訴布莉姬，公司面臨衰退，銷售數字下滑，針對住在都會區的年輕專業人士進行的行銷活動成效不彰，因此執行長下令凍結支出。布莉姬表示遺憾，米琳德欣然接受布莉姬的慰問。

幾天後，布莉姬再度致電米琳德，「我一直在思考你們的行銷問題，我做了一點研究，發現我們下個月在芝加哥菲爾德自然史博物館舉辦的年度募款活動，往年都會吸引約一千名住在都會區的年輕專業人士共襄盛舉。這些與會者的薪資水準落在七萬五千到二十五萬美元之間，平均年收入大約是十一萬美元。我突然想到這就是你們的目標客群，還發現企業贊助商可以透過參加這場活動，大幅提升品牌知名度與商譽，我們可以掛上你們的公司名稱和商標，也會讓你們到場設置攤位，發放宣傳品，你們有興趣嗎？」米琳德聽了非常興奮，要求布莉姬讓她的公司共同贊助這場活動，即使遭遇衰退危機，公司還是願意花費兩萬五千美元，也就是去年的五倍。

布莉姬的經驗彰顯哈佛大學（Harvard University）教授霍華德．史帝文生（Howard Stevenson）

推崇的觀點，史帝文生總計協助募得超過二十億美元善款。在《使人付出》（*Getting to Giving*）一書中，史帝文生觀察到，吸引他人捐贈善款的關鍵，就是專注於贊助者的動機，再找到對贊助者而言有意義的捐款方式，幫助他們參與慈善活動。換句話說，重點就是要聚焦贊助者的利益、掌握事實，然後提出應該可以獲得贊助者正面回應的創意選項。這就是布莉姬做的事，她的故事完美體現我們的目的。募款總是讓人備感壓力，她當然會感受到自己的無力，加上景氣差讓她面臨格外嚴峻的困境，但是她漂亮地扭轉局勢。

你還可以用那三個字，翻轉你的公司或整個產業的局勢。

利用「那三個字」重塑所屬產業

一九六〇年代，雞肉是一種大宗商品；換句話說，消費者無法區別不同的家禽產品。後來有一家家禽公司的老闆發現，消費者買雞肉時，不只是看價格，也會在乎肉品的顏色、品質及部位。因此到了一九七〇年代初，這位老闆在仔細研究後，開始推銷外表呈現誘人黃色色澤的雞肉，並在包裝時附上有品質保證標章的品牌標籤，消費者可以購買全雞或是任選部位。[15]這些創意選項，搭配深植人心的廣告，讓法蘭克．佩爾杜（Franke Perdue）成為家喻戶曉的人物，也使得他的公司躍升為產業龍頭，並且開創雞肉品牌的新時代。佩爾杜是怎麼做到的？就是靠著「那三個字」。

湯姆・彼得斯（Tom Peters）和南茜・奧斯汀（Nancy Austin）在經典著作《追求卓越的熱情》（*Passion for Excellence*）中主張，世界上不存在大宗商品這種東西。他們發現，從化工、乳製品，再到雞肉，一個又一個產業中都存在許多這樣的案例：某個創新者發現過去尚未被發掘也未被滿足的大宗商品買家的利益，這些創新者深入研究後，提出許多改良版選擇，大幅改變市場。

我曾親眼見證這樣的改變。幾年前，我請學生花費十五分鐘把那三個字，套用到大宗塑膠產業這個被認為是大宗商品產業的領域。學生在幾分鐘內就提出超過三十個創意選項。塑膠生產者或許可以利用這些選項來滿足買家的隱藏利益，包括及時交貨、提供製造建議、幣值波動保證，還有在顏色、品質、配送、儲藏、付款上做變化。結束以後，一位公司高層舉手說：「我已經在塑膠產業中工作四年，我們花費那麼長的時間，才了解這個班上同學在十五分鐘內就發現的事，也就是我們不能只是打價格戰，要更有創意才行。」

上述故事都代表靠著詢問顧客和客戶有哪些尚未被滿足的利益、有什麼事實是你需要掌握的、有哪些創意選項或許可以好好滿足那些利益，就可望改革你所屬的公司、產業與專業領域。

為所有事情做足準備

利、事、選（英文簡稱IFO），是學生與公司高層重視並仰賴的一個大工具組的第一部分。

光靠那三個字無法發揮效果時，大工具組還是可以派上用場。簡而言之，那是一個即使面對極具挑戰性的談判場合，也能幫助你從各方面做好準備的工具，這項工具就是 **I FORESAW IT**，它的內容豐富度高，值得先在第二章初步討論，第三章再進一步說明。

工具概覽

那三個字：利、事、選。

小試身手

挑戰一：協商衝突。接下來這一週，你每次遇到難解的衝突或協商狀況時，試著放慢腳步，聚焦利益，然後研究事實、腦力激盪出一些創意選項，再與對方討論。看看會發生什麼事。需要什麼才能做到上述幾件事？你做了這些事情對這段談話造成哪些影響？

挑戰二：重塑你的事業。本週試著好好思考你現在（或未來）的顧客有哪些隱藏需求，針對那些需求做一些研究，之後再提出一些現在沒有人提供，而你可以提供的創意產品與服務。透過這樣的方式來翻轉你的事業（或產業）。

挑戰三：向他人募款。本週試著想想你的贊助者有哪些利益，再對捐款人和你的慈善機構進行事實研究，看看有哪些你或許可以提供給捐款人的潛在創意提案，可以讓贊助這件事對贊助方而言更有意義。

挑戰四：顧問式銷售。本週試著不要瘋狂地對潛在客戶說明，他們應該購買你家產品或服務的一堆原因，改成刻意詢問他們關於事實和利益的問題。仔細傾聽並提出延伸問題，全部問完之後，才開始說明你可以提供哪些選項，來滿足對方提到的利益。

第二章

打造面對逆境的瑞士刀：航班臨時取消時的有效應對方案

工具：I FORESAW IT

使用時機

面臨重大談判

- 談判對象令人生畏
- 結果影響甚鉅
- 讓你感到無力
- 多面向

- 適逢企業營運、旅行或個人生活危機等情況

工具用途

- 大幅提升你在談判時的表現
- 做系統性的準備
- 發掘隱藏的力量來源、陷阱與選擇
- 把焦慮變成高明的行動及自信

想像一下你在飛機上，剛結束令人崩潰的二十二小時飛行，但是一場颶風導致機場關閉，所有旅客受困機上。這架飛機就這樣在停機坪上停了整整六小時。到了最後一小時，你和其他乘客已經快要暴動了，沒有人知道該怎麼做。你隔壁坐著一位名叫鮑勃・巴斯基（Bob Barsky）的牙醫師，他也受夠了，於是做了一件一〇〇%合法，而且任何人都能做的事。四十五分鐘內，所有人都順利下機，安全進入機場航廈，危機解除。巴斯基做了什麼？在多數人看來，這場危機近乎無解，但是巴斯基靠著問對問題，化解危機。如果你知道如何運用 I FORESAW IT（我預見）助記法，就有好幾個強而有力的問題等著你，包括巴斯基的那一個。

I FORESAW IT 是由十個字母組成的工具，幫助談判人員為重大談判或衝突做準備。每個字母都代表一個詞彙，而每個詞彙代表一個問題。資深談判人員參加重要談判前，都會先問自己這十個問題。我們在介紹「那三個字」時，已經討論代表利益、事實、選項的三個字母，現在會再介紹六個字母，每個字母都代表除了利、事、選以外，你可以自問或詢問別人的重要問題（第四章會詳細介紹最後一個字母。）這些問題會給你各方面的幫助，揭露出潛在的機會、盟友及陷阱，幫助你營造融洽氛圍，並因應對方的反彈。你也可以因此更了解在場的人物與問題、找出施力點（和弱點）。許多容易被忽略的影響因子、具說服力的基準指標等事項，也都可以靠著這些問題找出來。

受困機上的巴斯基聽到，空服員建議其他乘客可以一起寫信到航空公司的芝加哥總部，向執行長艾倫．道吉（Allen Dodge）投訴，這個資訊讓巴斯基想到一件其他乘客都沒有想到的事，他猜測執行長應該住在機場附近的富人市郊，然後做一些研究後，找到道吉的電話號碼。巴斯基撥打這支電話，道吉不在，但是道吉的妻子意外地接聽了。巴斯基陳述狀況後，對方非常尷尬，立刻致電機場的營運部門。不久後，巴斯基搭乘的飛機就獲得批准前往登機口。巴斯基提出的問題就是：這裡哪一號「人物」才有影響力？這個問題就是 I FORESAW IT 中的 W（Who）。

這還只是其中一個字母，如果你掌握整把瑞士刀，面對困境時就有滿手工具可用。那會怎麼樣？我們遇到的問題往往比巴斯基面對的問題更複雜難解：一場龐大的併購案即將告吹；面臨削減成本的沉重壓力，但是供應商偏偏堅決漲價；新工作的關鍵細節眼見就要喬不攏；一名家庭成員過世後，家人之間因為遺產問題起了爭執，看似無解的爭端讓家族近乎瓦解；受困偏遠地區，第一個想到的解決方案又毫無效果。如果可以即時繞著問題走一圈，環顧它的不同面向，再找到幾個克服困難的方法，該有多好？I FORESAW IT 就是設計用來幫助你這麼做的，這項工具包含數個部分，足以應對規模與複雜度不一的挑戰。

現在先來看看 I FORESAW IT 的組成因子，再介紹幾個套用在企業存亡危機上的例子。

I FORESAW IT 的十個元素

利益（**Interests**）。談判各方的潛在需求和共同利益，分別列出談判各方在意的重點，以及所有人共同的考量。

事實與財務研究（**Factual and Financial Research**）。事實就是有用的資訊與試算表。換句話說，提出好的研究問題，並在與他人對話、閱讀、拆解數字後，找到的答案。

選項（**Options**）。有創意的契約條款，也就是列出我們可能同意的不同條件，做出一張列表；或者說是其中一方可以給另一方的好處，各自獨立又可望吸引對方。

融洽相處、**反應與回應**（**Rapport, Reactions, and Responses**）。初期釋出善意，但是談判過程中應該會遭到拒絕，你要預想可能的回覆。換句話說，就是用簡短的開場白建立正確的基調。

對方可能會說出令人不安的話語，而你要針對每一種說辭提出良好的回應。

同理心與道德（Empathy and Ethics）。從對方的角度看事情，探究雙方各自面對哪些道德兩難。換句話說，就是要設想對方的心聲，想想他的觀點。此外，還要分別了解各方在現在討論的議題上需要面對哪些道德問題，又有什麼可能的解決方法。

設定與排程（Setting and Scheduling）。你要在哪裡談、什麼時候談，也就是你應該在哪個地方或透過什麼媒介協商，以及要遵循哪些基本原則？還有要在哪一天、什麼時候洽談，以及按照什麼順序洽談？

替代方案（Alternatives to Agreement）。如果雙方無法達成共識，有哪些你可能會獨立進行的事，也就是在對方不參與的情況下，雙方各自有哪些選項可以達成自身利益，分別列出不同的清單。

人物（Who）：不在談判桌前，卻足以影響談判的人。換句話說，除了你和對方談判人員外，還有誰有辦法對這場談判產生重大影響？或許是因為他們的力量很大或知識豐富，又或者他們擁有否決權，或是可以提供重要的東西等。

獨立標準（Independent Criteria）：基準、客觀標準。（事實研究的特殊形態。）換句話說，就是某則資訊來自談判雙方都相信的來源，並且可以讓大家知道什麼事情是合理的。

主題、目標與取捨（Topics, Targets, and Tradeoffs）。利用 I FORESAW IT 工具獲得的關鍵資訊做出摘要，彙整成一張簡單的表格，藉此把你獲得的重要知識簡化為好用的一頁文件，看一眼就能行動。

（本章稍後會分享一個運用此工具的範例提供參考，那張一頁文件是根據一名旅客的表格所改寫，他在幾分鐘內做出表格，並藉此化解一場旅遊災難。）

在遇到可能會讓你被解僱或造成協議告吹的挑戰時，你使用這個工具，會發生什麼事？

用 I FORESAW IT 工具保住工作，賺進數百萬美元

狄亞格在 Beta 公司工作，有一天坐在辦公桌前，突然接到老闆來電。老闆的聲音聽起來驚慌失措，因為原本承諾要收購 Beta 公司的 Acme 發布新政策，可能會衝擊 Beta 公司、老闆與狄亞格的職涯，該怎麼辦？狄亞格的故事彰顯，I FORESAW IT 助記法可以幫助你保住工作，同時創造數百萬美元的財富。

Acme 是一家總部位在美國克里夫蘭的引擎製造商，Beta 公司則是總部位在紐約地區的引擎零件公司，不久前 Acme 才剛收購 Beta 公司，現在 Acme 決定要求雙方共同分攤過渡費用（transition fee）。對 Beta 公司而言，這筆兩千萬美元的費用簡直就是天文數字，足以使得併購案的經濟效益反轉，讓 Beta 公司從賺錢變成賠錢，該怎麼辦？

狄亞格深知做足準備是關鍵，立刻使用 I FORESAW IT 工具，開始進行深入的事實研究。他發

現 Acme 的主要目的是，這筆過渡費用要用來支應讓兩家公司在技術上相容的成本。（例如 Acme 必須把 Beta 公司的 Mac 電腦都換成和 Acme 同品牌的個人電腦。）

此外，狄亞格還仔細看過所有的財務數字，打電話給同事了解各家企業如何向各個部門收取過渡費用。

而後狄亞格去見老闆，老闆正為了這個看起來是場大災難的事件發愁，不知道該如何是好。狄亞格先好好聽她訴苦一段時間，接著開始引導她了解 I FORESAW IT 的前幾個環節。很快地，老闆開始恢復冷靜，並且看到一絲曙光。她打電話給另外兩位同事，請他們一同討論。幾個人一起找出各方的利益，再利用這些利益和狄亞格的事實與財務研究，提出十幾個不同的選項。狄亞格發現，有壞想法才能凸顯最佳想法的好，而後一行人再逐一解決 I FORESAW IT 助記法的最後幾個環節。

完成後，他們發現一件之前所有人都忽略的事：依據雙方簽訂的併購協議，狄亞格的公司有權利保留 Mac 電腦和其他硬體，而且也打算這麼做，以免內部作業遭到干擾。換句話說，如果兩家公司無法解決系統不相容的問題，併購成本就會大幅飆升。這也意味著，如果協議破局，Beta 公司掌握的替代方案會比老闆原本設想得還有利，這件事代表巧妙刪減共同成本，符合雙方的共同利益。

狄亞格等人找到的最佳選項是，一個誰也沒想過的重組計畫。依據該計畫，狄亞格的部門只需要負擔讓兩家企業硬體相容的直接成本，而無須承擔其他的過渡成本。這個方法也會減少置換 Beta 公司硬體的需求，幫 Acme 省錢又不會造成任何財務問題。

狄亞格的老闆因為這幾個觀點而大感振奮，要求狄亞格出任 Beta 公司與 Acme 協商的大使，狄亞格開始著手獨立完成整個 I FORESAW IT 計畫。

狄亞格進一步研究後，確認重組計畫可行：有另外兩家同業已經採用完全相同的方法，而且該計畫也沒有埋藏任何會在幾年後爆炸的定時炸彈，另外兩家企業的經驗就是強而有力的獨立標準，證明狄亞格等人的想法公平又可行。

狄亞格接著思考會談的設定與排程，以及哪個人物可能最具影響力。依照思考的結果，狄亞格安排與 Acme 資訊長會談。對方是 Acme 內部最受尊崇的高階主管，狄亞格希望贏得資訊長對 Beta 公司提案的支持，並建立同盟。狄亞格知道，如果可以說服對方，就能說服 Acme 營運長，只要有這兩個人的支持，即可獲得財務長支持。

發揮同理心、刻意從 Acme 的角度看問題，揭露出另一件事：如果狄亞格把重點放在數字，並且以對方希望提高股東價值的利益，還有削減成本這個雙方的共同利益為訴求，最有可能獲得 Acme 資訊長的正面回應。

一開始，充足準備讓狄亞格獲得資訊長正面回應，但是隨後他卻差點面臨災難。雖然資訊長給予肯定，表示了解狄亞格的提案，但卻接著表示自己覺得這項提案單純就是不適用於 Acme。當時狄亞格很想放聲大叫，好險他選擇「暫時擱置問題」，禮貌地休息關鍵五分鐘。

恢復冷靜後，狄亞格返回，並問了一個愚蠢的問題：他欠缺什麼？這個提案有什麼問題？資訊長回應，Acme 就是從未這麼做。為什麼沒有？資訊長一臉茫然，停頓許久後，搖頭表示她也不知道。因此，資訊長要求團隊花費三天的時間，仔細檢視狄亞格提出的重組計畫。

之後 Acme 資訊長致電狄亞格，告知自己的團隊基本上同意直接採用這項提案，只需要做一點微調，狄亞格欣喜若狂。資訊長接著表示已經聯絡營運長和財務長，另外兩人也都支持這項提案。最終協議是：Beta 公司要支付兩百萬美元購買一些新設備，但是 Acme 不會收取其他費用。

整體效益是，狄亞格的部門與 Beta 公司總計節省超過五百萬美元的營業成本，而且所屬部門不會被收取兩千萬美元的過渡費用，因此被併購後的營業淨利會是正值。狄亞格成為英雄，獲得老闆與執行長讚美。

狄亞格的結論是，如果沒有 I FORESAW IT 工具，他絕不可能如此成功，沒有這項工具，他甚至沒有參與其中的自信；即便他具備那樣的自信，也會在沒有準備的情況下就和 Acme 高層爭辯。他發現關鍵就在於，系統性地做好準備。

狄亞格並不孤單，數十年來，學生與客戶都在匿名調查中表示，I FORESAW IT 是他們覺得最有價值的商業工具之一，許多人在首度學習的幾年後，還在持續使用。

談判專家蓋文．甘迺迪（Gavin Kennedy）曾寫到，「準備是談判最珍貴的一部分，這件事情做對了（只是有做還不夠），你的談判表現就會大幅提升。」他的論點獲得實證研究支持，準備方法有對有錯，有浪費時間兜圈子的方法，也有充分利用時間的方法。該怎麼做呢？正如狄亞格的故事所彰顯的，掌握 I FORESAW IT 工具有助於你最有效地利用時間和精力。一項研究發現，優秀與平庸的談判人員之間存在八項差異，其中五項都可以歸咎於準備上的不同。[1]在這些準備操作中，I FORESAW IT 工具涵蓋所有獲得優秀談判人員青睞的做法。

當你面臨危機又時間緊迫時，充分利用準備時間格外重要。這些時刻會讓你忍不住想爭辯、逃避或驚慌失措，隨著時間流逝，可能只會為自己辯解、離開或是做無謂的掙扎。而這項工具可以讓你恢復冷靜，幫助你繞著問題走一圈，找到隱藏的希望與力量。當你組成團隊一起使用這套工具時，可以讓他們也冷靜下來，並用一種有結構、有系統、發人深省的方式，一起思考問題。

值得注意的是，狄亞格並未按照順序操作這套助記法，而是先跳到「事實與財務研究」，再以研究為基礎執行其他事項。雖然 I FORESAW IT 助記法有基本的順序，但你可以跳著用。由於有好幾個環節會激發你對其他環節的想法，因此這套方法原本就具有自行強化的特質。不管你選擇怎麼使用，都可以助你一臂之力。但是如果你討厭規劃，或覺得會耗費太多時間或精力？別擔心，等我向你完整介紹後，就會分享七個缺乏時間和精力時的使用方法。

I FORESAW IT 工具有八成的價值，來自於用不同的方式思考並了解問題。雖然你寫下來的東西可能會成為珍貴的參考工具，但是也不需要覺得自己必須在熱烈討論的時刻，一板一眼地遵循該工具的步驟操作。真正賦予你力量的是，思考與了解問題的行為。吉米．亨德里克斯（Jimi Hendrix）和約翰．柯川（John Coltrane）這些偉大的即興音樂家，每天練習十幾個小時，[2]是這樣的準備賦予他們實驗的力量。同理，只要好好做完功課，即使大考不能開卷考試，你也已經做好準備應對。

話雖如此，但是前往談判時帶著你的 I FORESAW IT 計畫（或交給你信任的談判隊友），還是很有幫助，因為需要時就可以拿出來使用。你也可以把計畫中所取得最重要的觀點，簡化成一項單純的工具，第四章就會介紹。那項工具的使用方式就像教練手上的戰術卡，讓你在激烈討論之餘，有辦法「看一眼就行動」。

I FORESAW IT 工具的各個環節

現在你已經大致了解 I FORESAW IT 助記法，接下來就讓我們更深入探究每個部分。雖然在第一章基本上已經介紹完前三個字母，但還是有一些內容需要進一步說明。

利益。列出背後需求。

分別列出你自己和對方的利益，以及共同利益。試試看能不能各列出數個，包括無形的利益，像是保住面子，記住要特別關注共同利益，更準確來說，是乍看之下並不明顯的共同利益。這一點非常重要，因此到了第十一章還會深入說明。如果是和某個大型組織或多個大型組織的重要談判，列出各方主要參與者的利益絕對大有幫助。

事實與財務研究。了解、了解、再了解。

你需要了解什麼？很多事，舉例來說，依據狀況不同，你可以詢問下述問題：市場價格為何？主要文件寫了什麼？專家怎麼說？公開資訊？對方的名聲如何？預算、現金流、資產負債表及其他試算表，揭露哪些資訊？這次談判結果會對上述財務狀況造成哪些影響？雙方過去的關係如何？文化規範是什麼？對方的組織架構是什麼？

寧可知道太多，也不要知道太少。當你遇上艱難的談判挑戰時，一開始可能會不知所措。這很正常，也不是什麼問題，接受就好。寫下你的問題，還有已經找到的答案。

選項。集思廣益，想出可能的契約條款。

不用想出完整的提案沒關係，盡可能多寫幾個性質不同、不完整的契約條款，之後就可以派上用場。可以單獨成為契約中的條款之一，也可以合併為同一個條款。以下舉幾個性質不同的選項為例，包括較低價、較好付款條件、免運費、批量折扣。不用把「一千美元、一千一百美元、兩千美元……」寫成三個不同的選項，這只是單一選項的不同金額變化而已。現在這個步驟要做的事，就是找到新穎的構想，讓你可以在第一個構想失效時，發揮創意來滿足利益。（別擔心，之後介紹助記法中的T時，就會幫助你設定數據範圍。）

如前所述，為了催生創意，應該加入一些愚笨的想法。例如，準備和隔壁那家噪音不斷的企業談判時，或許可以寫上「用直升機把工廠吊到幾英里外」，之後你可能因此受到啟發，想到一個有用的「選項」：幫鄰居搬遷。

你要想的是，至少可以幫助你滿足我方利益的選項：「哪些選項可以幫助我提供家人更多支援？哪些可以幫助他們強化現金流？」向信任的朋友或同事求助，並請他們提供建議，列出那些可以滿足對方利益的選項也是聰明的做法。

之前也提過，在你盡可能列出大量的想法後，就可以依據主題分組，針對你想談論的每個主題列出六個構想。因為掌握多個性質不同的選項，可以讓你既有力量又討人喜歡地堅持下去，這也是我經常叮嚀學生的一點。

在你針對每個主題都找到六個構想前，不要批判既有的想法，等之後再去蕪存菁，挑選出最好的。

融洽相處、反應與回應。設定和睦基調，並準備好面對強烈抗拒。

在這裡，你要做的事是寫一份計畫，想清楚怎麼開口，並想好對方態度堅決時應該如何反應。首先，要思考你希望這場談判的基調，以此決定開場白。通常在一開始，最好講一些有建設性、樂觀又真誠的話語，你可以把想表達的要點寫成短語。（例如「您好，很高興和您見面。您好嗎？很期待這場談話。充滿希望。雙方滿意。讓我傾聽。」）或是寫下你覺得很真實的明確語句，不用當成在寫逐字稿，只要講出概念即可。（這也是很多頂尖的教師和即興講者的準備方式。）

接下來，準備好在對方抗拒時接招。釋放出你所有的擔憂，想像對方可能會說出什麼讓你難以回應的內容，試想如何應對每種情境。換句話說，就是要進行角色扮演（在第五章會深入說明）。

不要想著自己必須寫出一份劇本，或是試圖預測所有事情，只要寫下幾組不同的問答：「如果賣家那麼說，我就要這麼說。」以下是幾個例子：

如果賣家說：「我們絕對不二價，那是我們的政策。」
我就會說：「讓我們來談談可能做的事。不曉得我的理解是否正確，貴公司提供批量折扣，對嗎？」

如果賣家說：「您說的完全不合理！」
我就會說：「我知道雙方都希望可以公平，所以讓我和您分享自己從產業基準了解到的幾件事……」

試著想出一些回應，把對話導向有建設性討論而非爭辯。你通常可以從 I FORESAW IT 工具的其他部分獲得啟發。以上述第一組問答為例，你就是用到事實研究的結果和創意選項；或者你可以分享獨立標準，也就是第二組問答採用的方法。

同理心與道德。闡述對方的感受，並找出道德陷阱。

首先，設身處地站在對方的立場思考。講述或撰寫一段話，以對方的心聲來闡述目前的情況，對方遇到哪些問題？為什麼親愛的讀者你會讓對方覺得難搞？你會在談判過程中造成對方哪些顧慮？如果你是談判的另一方，希望被如何對待？如果和你談判的對象來自不同的文化背景，試著了解對方的文化與歷史。

試著同理談判對象或許會感覺是在浪費時間，但事實並非如此。同理心可以說是準備工作中最重要的一環，因為計畫的每個部分幾乎都可以從同理的過程獲得啟發。看見對方人性的一面，有助於你建立互信，同理對方也可能揭露出其他的觀察，好比對方在意的事情是否合理。（「您對X的擔憂非常有道理。我想您可能會有這層顧慮，因此先做了一些研究，發現有一種方式可以幫助我們化解……」）

如果和你談判的對象是一個組織，就要考量公司內部鷹派與鴿派的狀況，藉此同理對方的政治處境；換句話說，就是了解組織內，有誰對你抱持敵意，又有哪些人比較友善。*

接著，要考量道德與精神層面。道德考量可以幫助你盡快發覺，實務上、法律上及政治上的陷

* 舉例來說，一九六二年十月爆發古巴飛彈危機時，約翰・甘迺迪（John Kennedy）總統與他的顧問花費很多時間和精力，了解克林姆林宮內部的強硬派與鴿派（如果存在的話）給予總理尼基塔・赫魯雪夫（Nikita Khrushchev）的壓力。依據研究結果，前美國駐蘇聯大使盧埃林・湯普森（Llewellyn Thompson Jr.）建議甘迺迪總統，不要為了拆除蘇聯核彈，而冒著引發核戰的風險入侵古巴，反而建議他向蘇聯提出一份讓赫魯雪夫在國內強硬派人士面前保全面子的協議。湯普森的建議成為和平化解古巴危機的關鍵之一，在甘迺迪總統任內擔任國防部長的羅伯特・麥克納馬拉（Robert McNamara）之後表示：「這就是我所謂的同理心。」

阱。（例如他們要你幫忙避稅，或是掩蓋一些資訊不讓政府知道。）想想雙方可能會各自遇到哪些道德兩難？用列點的方式寫下來。你要如何因應自己的兩難？你會設定什麼樣的道德底線？你是否忽略了什麼，而那件事可能惹惱某位重要人士？* 把上述答案加入清單中。你也可以藉由禱告或冥想，祈求獲得耐心與力量，或是為對方祈福，可能也會有幫助（這份幫助大概與金錢無關），雙方關係緊張時更是如此。陷入危機時，在你開始全面規劃前，先花幾秒鐘的時間呼吸（或許可以藉由冥想或沉思禱告幫忙），讓你的爬蟲類腦（reptilian brain）冷靜下來，挪出空間給目標清楚又富同情心的想法。I FORESAW IT 助記法的這個部分，會提醒你做這件事。

設定與排程。規劃要在哪裡、什麼時候與對方談。

要在哪裡談？靠著打電話？寫電子郵件？視訊會議？面對面談？在哪裡談會讓雙方都比較舒服？如果要見面談，確切地點要選在哪裡？你這邊？他們那邊？還是不屬於任何一方的地點？高爾夫球場？為什麼？

談判的媒介會有影響，即使內容相同，用簡訊發送的訊息和一邊喝咖啡，一邊談，或者在高爾夫球場傳遞的訊息，還是會有所不同。哈佛商學院教授凱薩琳．衛理（Kathleen Valley）的研究顯示，面對面談有一九％的機率會以僵局作結；如果不曾口頭洽談，就用電子郵件協商，則有高達五〇％的機率會陷入僵局。衛理發現，「當互動完全透過電子媒介進行，人們升級衝突的意願會變高，甚至變得極度無理。」她還補充道：「透過電話協商時，最常見的結果就是其中一方取得較高比例的獲利，協商結果並不對等。」[3]這並不代表你只能在同一個場所談判，電子郵件和電話的效率可能會高出許多，兩者各有優點，視訊也是如此。但這裡的重點是，選擇談判媒介時，要有意識地刻意選擇。

另一個問題則是，你們要私下或公開會面？（在大眾面前談判，往往會讓雙方更難在不丟臉的情況下讓步。）寫下你有哪些選擇，先想好如果陷入僵局，要如何調整情境設定，這麼做通常有助於改變結果。

情境設定可能也包含你希望要求這次討論遵循哪些基本原則，把這些原則也寫下來†。

接下來要問的是：什麼時候要談判？在另一件事情發生之前或之後？為什麼？時間點可能至關重要。如果談判涉及多方，你要先和誰談？之後再見誰？幾點談？（如果可以的話，避免在你疲憊或喝醉時談判，這種習慣意外地在世界上許多地方都存在，大家預期你可以熬夜喝酒，同時談生意。如果無法避免呢？考慮找隊友同行，讓他以「代駕」為理由不喝酒，既不會害對方沒面子，這

---

* 回顧一下本章開頭提到乘客受困機上的故事。故事裡，巴斯基醫師的解決方案引發沒有人考慮到的道德兩難，就是讓巴斯基搭乘的飛機靠關係插隊，跳過數十架其他在停機坪上等待更久的飛機，這樣是否公平？如果當時有想到這個問題，巴斯基可能至少會在執行長的妻子提供協助後，再次致電並請對方協助其他等待更久的旅客，或是打電話給另一家旗下飛機受困停機坪的航空公司總裁，或是市長、州長或電視新聞製作人。

† 舉例來說，如果你在談判一開始，就提出要雙方同意「只要有事情談不攏，就不存在任何協議」，可能會激發更多創意，並降低對方在談判後期試圖占你便宜的機會。建立簡單討論規則的力量，留待第十一章再討論。

位隊友又可充當清醒的談判代表。）要不要設定截止時間？或是對方會不會設定截止期限？也在這裡寫下來。知道截止期限有助你保持專注，幫你控制時間並提出策略。排程也可能代表你預想的談判順序，這個概念會在第六章進一步說明。

設定與排程經常是重要的初步談判議題，例如你面臨嚴格的截止期限，多爭取到一天、一週或一個月的時間，就可能改善情況。如果原本只有一份報價，爭取時間可能會幫助你找到另一份報價，增加談判籌碼。相反地，如果你需要速戰速決，與對方斡旋拉近截止日期可能會有所幫助。此外，談判場地與基本規則也值得事先討論。

在重大議題討論上，針對談判的設定與排程進行談判這件事實在太重要了，因此外交官通常會在正式展開談判前，花時間制定這些設定與排程，以及其他先決條件，有時候甚至在談判的幾週或幾個月前就要先討論。

一位年輕求職者為了和未來的老闆談工作條件而備感焦慮，害怕看起來會貪得無厭。隨著他開始思考談判的設定與排程，發現相較於選在週一早上九點到老闆的辦公室進行緊張的會談，不如建議那天到一家不錯的餐廳，進行和睦的午間餐敘，建立融洽氛圍後，再一邊吃甜點，一邊用溫和的口氣，開啟關於工作條件的對話。

替代方案。寫下如果沒有達成協議，雙方各自有哪些選擇。

寫下如果談判破局，雙方各自有哪些可能的替代方案。舉例來說，如果你想買鄰居的二手車，但是條件談不攏，沒買成的話，你確切的替代方案是什麼？搭乘公車？買下昨天在當地經銷商看上的新車？買下你在附近看到、款式非常類似又比較便宜的那輛車？至少寫出五種可能方案。

五種聽起來或許很多，但很多時候你的第一個或第二個答案都不是最好的。例如，「我要告他！」聽起來通常會是好主意，但是身為律師的我可以告訴你，提告通常是逼不得已才會採用的核彈級選項，其他不那麼容易想到的替代方案通常比較好。試著靠研究與創意改進替代方案，你可能會因此發現意外的力量來源。哪一個替代方案對你來說最好？依據定義，就是你的「談判協議的最佳替代方案」(Best Alternative to a Negotiated Agreement, BATNA)。

找到你的最佳替代方案——BATNA

BATNA其實是《哈佛這樣教談判力》一書作者提出的術語，它是一項工具，也是談判者不得不放棄談判時的最佳選項。換句話說，就是談判者無法與對方達成協議時，對他最有利的選擇。舉例來說，如果對你而言，最重要的是車要便宜，還有想要獨立自主，但是鄰居提出的最終價格非常高昂，你的BATNA就是購買那輛與鄰居的車款非常類似，卻不那麼貴的車。

知道自己的BATNA很重要，重要到在一份調查中，有一百五十位上過我的課程的學生表示，這是他們在我的談判課上學過最強而有力的概念之一，幫助你了解什麼時候要說不。當對方提出的最終條件，還不如BATNA可以滿足你的利益，就是你該退出談判的時候。光是了解這個概念，就讓我的學生更容易判斷哪些提案對自己不利、要求對方改善，並且在必要時結束談判。

接下來，列出至少五項對方擁有的BATNA，讓你不至於高估自身（或對方）的力量。知道每個談判方的替代方案，就可以明瞭誰掌握的籌碼較多，這會對談判造成顯著影響。

找出自己和對方各自的「談判協議的最糟替代方案」（Worst Alternative to a Negotiated Agreement, WATNA）也是明智之舉，WATNA就是你們各自面臨的最大擔憂或危險。對談判者來說，某項BATNA或許看起來很誘人，但並不實際，甚至會在你抓住以後消失。

回到剛剛二手車的例子，賣家或許會認為可以把二手車賣給出價比你高的人，但是如果那位買家現金很少、信用又差呢？對賣家來說，最後只剩下一紙爛約（或沒有其他人出價）就是他的WATNA，而你的WATNA可能是必須搭乘公車（因此獨立性大減，更不用說對時間與舒適度的影響）。知道自己的WATNA，可以讓你保持冷靜並記得不要過度強硬，也可能提醒你在談判前先加強自己的BATNA。事實研究可能會顯示，鄰居的WATNA很可能是「好幾個月沒有買家」，因為以他現在的出價，可能要很長的時間才有辦法順利出售。鄰居可能因此無法動用這筆錢購買亟需的東西，巧妙地點出這項風險，可能促使他點頭答應，這個概念留待第九章再談。

人物。列出還有誰可能會影響談判結果。

誰的支持（或反對）可能影響談判？配偶？顧客？監理者？逐一列出這些人。每位談判者分別要向誰交代？誰是鷹派？誰是鴿派？還有誰是你應該拉進談判過程的？你應該找代理人嗎？中間人？有沒有另一個更適合的談判對象？有沒有可以和你結盟的對象？還有哪些你必須阻擋的聯盟？談判結果會對其他利害關係人造成正面或負面影響嗎？如果會，在這裡也要列出利害關係人。他們或許掌握一些可以帶上談判桌的額外資源，考慮把這些人也拉進談判裡。

人物有多重要？克拉倫斯・阿凡特（Calrence Avant）在頂級名流圈是廣為人知的「黑人教父」（Black Godfather），是深獲推崇的談判家，曾為巴拉克・歐巴馬（Barack Obama）、漢克・阿倫（Hank Aaron）、昆西・瓊斯（Quincy Jones）、萊諾・李奇（Lionel Richie）、傑米・福克斯（Jamie Foxx）、吹牛老爹（P. Diddy）等數不清的名流談成關鍵協議，他表示自己的成功關鍵就是：「我沒有問題，我有朋友。」[4]他懂得建立人脈，和誰都能閒聊的能力，讓他具備極大聲量，因而得以為許多遭到忽視或薪資過低的人發聲。

獨立標準。列出公平可信的基準指標。

可以想想有哪些客觀標準是你提出之後，會讓對方了解你提出的條件既公平又合理。找找看有什麼標準是對方應該會相信，而且你無法掌控的。（舉例來說，二手車估價平台 Blue Book 估算的價格；美國《消費者報告》（*Consumer Reports*）分數；雙方共同選定的會計師估價；業界針對標準與操作的聲明；可信的既有契約條款；或是公平的決定方式，如「我切你選」。）獨立標準其實就是讓你可以告訴對方：「不要只聽我說，讓我們看看雙方都相信的東西。」這會比你說：「我現在開出的條件非常公允。」還要有說服力。獨立標準也是你可以測試協議公平性的好方法。

你可能會問：「獨立標準這個類別是不是事實研究底下的一部分？」沒錯，我們把它拉出來獨立成一個項目，是因為提出一個基準有時候極具說服力，並且可以作為談判基礎。

但是，如果無法找到雙方都信任的標準怎麼辦？其中一方說：「這個資訊來源是假的，我們絕對不會相信。」這就是你需要列出好幾項標準的原因，這樣你就能回應對方：「我為了確認，還找到第二個資訊來源，在這裡。」但如果談判對象還是不斷否決你的標準怎麼辦？你可以請對方提出可能獲得雙方尊重的基準指標。你要確保這項指標不會偏向對方，而對你較為不利。如果不同意對方的提案怎麼辦？你可以把這個問題本身視為一項談判議題，有建設性地處理「我們要用哪一套標準？」這個問題。你可以說：「我知道你希望公平，我也一樣，現在看來我們還沒有找到合適的指標，讓我們一起努力找出來。」

你在談判前就預想到他們的反應（「那是假資訊！」）、考量對方的利益、同理對方，也研究有哪些他們較可能相信，而且你願意使用的資訊來源，這很棒。找不到適合的指標嗎？放寬思考的範圍：想想雙方都尊敬的人物，像是某位業界專家，甚或某位仲裁人或顧問；或是思考有沒有公平的決策流程，套用某個公式，甚至隨機丟擲硬幣，或是某個被廣泛接受的常規，如以 Blue Book 上的二手車價格為基礎。

主題、目標與取捨。建立一張看一眼就能行動的戰術表。

最後，建立一張清楚的一頁談判摘要指南，把你利用 I FORESAW IT 助記法其他部分獲得的重要見解去蕪存菁，這張表可以協助你為接下來在談判上的競爭與合作做足準備，在第四章會深入介紹TTT表。

I FORESAW IT 可以當成你心中的待辦清單，協助環顧眼前的挑戰，從不同角度切入。這幾個英文字母通常會相輔相成。例如，有很多談判者都發現，這套助記法會揭露出不明顯、有證據基礎、讓雙方滿意的契約條款，並且扭轉整個局勢。就像狄亞格一樣，許多談判者都自述，在檢視 I FORESAW IT 助記法的每個環節後，對談判更有自信。由於讓他們感受到威脅的因素減少了，會更樂於傾聽對方的說法。這些談判者已經做足功課，遇到對方下馬威、使出申明價值（claiming value）的戰術、出言威脅時，這種自信與開放的心態，可以大幅提升他們的應對能力。他們也會因此更能聽出潛在共識、讓對方卸下心防、以同理心與創意引起共鳴、掌握資訊、知道何時喊停、提出意外令人滿意的協議。雖然未必屢戰屢勝，但運氣總是站在準備好的人這一邊。

I FORESAW IT 面對情緒化衝突的力量

即使在看似不可能冷靜的時刻，I FORESAW IT 也會讓你保持冷靜，即便在你看來世界就要崩塌，甚至是陷入滿溢的情緒衝突，它讓你還是有辦法採取有效行動。通常我們遇到憾事或感覺痛苦時，可能會認為別無選擇，只能反擊或放棄。但即使是這種時候，它也可以幫你找到更好的第三種選擇。

二〇一〇年一月十二日，邁克的未婚妻在海地大地震中身亡，生活瞬間跌落谷底。幾個月後，未婚妻的遺體被尋回，但是邁克卻沒有法定權利決定關於未婚妻的所有事宜，和未婚妻的遺體、下葬、遺產相關的事，全部都由她的父親布萊恩把持，而且從布萊恩的角度來看，邁克根本不存在，這時候你會怎麼做？

如果是我遇到這麼痛苦的事，會幾乎無法下床。但是邁克決定，不管再怎麼難過，也要把這件事當成以愛和條理進行協商的情境，因此他準備一套 I FORESAW IT 計畫。考量「同理心與道德」後，他體會到一件事——布萊恩不是他第一印象裡的壞人，而是一位悲痛的父親。邁克考量設定與排程後，意識到有一個重點是：要在布萊恩最有安全感又可以讓雙方更深入建立連結的地點對談。

最後，邁克選在一個靜謐的週六午後拜訪布萊恩家。邁克先打電話給布萊恩，順利讓對方不情不願地邀請他來訪。在布萊恩家見面時，邁克按照原定計畫，以同情的口吻開啟對話（融洽相處）。他說：「布萊恩，面對這一切，你的狀況還好嗎？」布萊恩起初有些猶豫，後來稍微聊了一下喪女之痛。邁克傾聽好一段時間後，按照計畫（回應）說：「布萊恩，謝謝你，你是超棒的父親，養大這位讓我欣賞又迷戀的女性，你做得真好，好到讓我想和她共度餘生。」邁克接著說：「我還要和你談談另外幾件事。」

之後，邁克溫和地提出幾個預先想好的主題：關於未婚妻的死與遺體處置的相關資訊；他希望能獲得一些紀念兩人時光的物品；甚至表達希望買下未婚妻那艘小船當作紀念，因為兩人過去經常一起搭乘著那艘船出遊。邁克比自己原本預期得更有信心，因為他已經想好多個可能符合布萊恩利益的選項，準備在布萊恩不願配合時提出。也因為他做了完善的事實研究，並找到適合的獨立標準，足以讓布萊恩知道自己的要求十分合理。

邁克最終意外發現，自己不需要動用這些選項與事實研究，甚至連原本對強硬反應準備好的回應都沒有派上用場。對話結束前，布萊恩不只同意邁克的所有要求，還邀他出席他以女兒名義捐贈女兒母校小型圖書館的活動。兩人的關係就這樣建立了，極可能是邁克透過準備獲得的憐憫之心、尊重與冷靜，讓布萊恩感受強烈，進而在深陷悲傷時，依舊給予正面回饋。

你要怎麼和邁克一樣，克服極度的悲痛與無力感，並把雙方的疏離轉化為連結？邁克的準備，看起來幫助他把自己的情感轉化為有建設性的深謀遠慮，並賦予他闡述真心的自由。因為他已經準備好在照顧自己的同時，關心布萊恩。

傷心欲絕的時刻未必要親自談判，有時候找信得過的人幫你協商可能是更好的選擇。那位代表或許可以利用 I FORESAW IT 助記法，和你可以取得的其他幫助，在你需要時派上用場。

不需要花費心思背誦 I FORESAW IT 的內容，只要知道這項工具的力量，並準備好提示工具即可。（參見附錄三，或是上 Professorfreeman.com 下載。）

它不是劇本，不只是告訴你該說什麼，畢竟協商時的局勢瞬息萬變，台詞派不上用場；相反地，它就像一張地圖，呈現出終點，以及你前往終點的過程中會經過的大致地形。所以不管對方怎麼做，你都已經準備好朝著自己的目標前進。

話雖如此，但是你要怎麼開始？在第二部會詳細說明，不過這裡先介紹一個常用的聰明手段：（重新）熟悉彼此、花時間聊私事、設立有建設性的基調、提出幾個簡單的問題並傾聽。你可以在融洽相處的環節提醒自己做這些事。如果是重大談判，在某個時間點提議共同設定簡單的議程，可能也是聰明的做法，這一點到第四章會再詳細說明。

I FORESAW IT 工具的缺點

雖然系統性準備是談判成功的關鍵，但較資淺的談判者第一次使用 I FORESAW IT 時，偶爾會覺得自己投入過深，以至於難以放棄談判，即使對方提出的條件不好，還是不肯放棄；經驗老到的談判者就會避免落入這樣的陷阱，他們的做法不是規避準備，而是做更多的準備，仔細檢驗每項提議是否符合自己的利益、我方最好的替代方案和獨立標準。一言以蔽之，I FORESAW IT 工具也可以幫助他們決定什麼時候要點頭。（等到第十三章再細究要怎麼做。）

如果你沒有任何好的替代方案

當你覺得自己很弱小時，I FORESAW IT 可以從幾個面向幫助你建立平等的談判環境。但是如果你沒有任何替代方案，而且對方既大又有力量，確切該怎麼做？之後會介紹幾個幫助你增強替代方案的工具：Who I FORESAW（第六章）、針對性談判（第六章）、假設性 BATNA（第十二章），這裡先介紹三種應對方式：

一、更努力應用這套助記法。多花一點時間針對助記法的每個部分搜尋理想答案，或許可以請隊友幫忙。力量有很多不同的形態，而 I FORESAW IT 助記法對於揭露這些力量很有幫助，如果有其他人的幫忙更是如此。一般來說，談判者會因為謠言、直覺感到害怕或是單看表面，就假定自己會全盤皆輸，但事實往往並非如此。好好做功課，你就會更清楚哪些事情可行，又有哪些不可行。

二、找到對哥吉拉和你都有利的方法。即使談判對象是可以決定契約條款的哥吉拉，向對方提出更獲雙方青睞的合約，有時候可以幫你贏得幾天的時間，狄亞格就是這麼做的。試想最大的客戶告訴你，大部分的條款都不得更動，而你知道自己沒有任何其他可做的事，好好做準備可能會揭露出你的客戶有什麼隱藏利益，以及可以在對方幾乎無須負擔成本的情況下，給予你極大幫助的選項（反之亦然）。你也可能因此發現有些人物是可以找來幫助雙方，或是得知資訊，像是還有其他具斡旋空間的主題。

三、不要談判。如果你的 I FORESAW IT 結果顯示，完全受制於對方，或者有充分理由相信對手銳不可當，就使用這套助記法幫助你找到避免立即進行談判的方法，例如爭取時間、安排延期、婉拒參與，或達成一項影響相對較小的協議，等到你處於更有利的地位時再重新協商。暫時離開談判桌，可能會為你提供更好的替代方案和選項，稍後在第六章會詳細探討這個概念。

面臨緊急狀況時能否使用？

不過，如果你面臨緊急情況呢？狄亞格和邁克好歹有幾天的時間可以預先規劃，但是如果你只有幾分鐘呢？許多人的經驗都顯示，即使在這種情況下，還是可以運用 I FORESAW IT 工具來挽回局面，例如旅行危機就是常見狀況，遇上旅行危機時使用該工具，可能會出奇有效。

我的 EMBA 學生瑪伊拉在辦理登機報到手續時，得知她從紐約約翰·甘迺迪機場飛往洛杉磯國際機場的航班，因為炸彈威脅而取消。急於見到孩子的她因此求見航空公司主管。在等待對方的三十分鐘內，她制定一套 I FORESAW IT 計畫。

她在計劃過程中發現幾件事，包括幾個可以訴諸航空公司主管的潛在利益，包括滿足瑪伊拉這位身邊有許多頻繁搭機同學的乘客。瑪伊拉也發現，自己可以同理對方需要處理數百名憤怒旅客而面臨的困境。很可能就是這個過程，幫助她將焦慮轉化為建設性作為，並且冷靜下來。換句話說，她並沒有尖銳又不耐煩地對航空公司主管說話（當天肯定有許多人這樣。）雙方交談時，瑪伊拉直接訴諸對方的利益，並指出如果他能幫助自己和孩子團聚，有助於提升航空公司的名聲，也會讓她更有動機向同學推薦。此外，她還注意到許多乘客可能願意更換航班，因為很樂意趁著佳節期間在紐約多待一段時間。

讓她驚訝的是，航空公司主管認真考慮她提出的觀點，並承諾研究看看可以提供什麼協助。在他查看的同時，瑪伊拉進一步做了事實研究，發現有家同盟航空公司當天有航班。當對方回頭告知無能為力時，瑪伊拉將這則新資訊作為一個選項提供給他。航空公司主管顯然感到欽佩，微笑稱讚她的堅持不懈與足智多謀。而後他讓瑪伊拉改搭那班友航的班機，無須支付額外費用，甚至讓她到貴賓室休息。讓瑪伊拉訝異的是，她比原定計畫更早返家。用 I FORESAW IT 工具做足準備，不僅讓她能夠冷靜，並得以委婉提出具體又珍貴的想法。[5]

瑪伊拉不是唯一的案例，其他人甚至曾在更短的時間內，使用該工具來因應旅行災難。我有一位學生和家人在抵達一家超售房間的飯店時，在短短十五分鐘內寫出 I FORESAW IT 計畫，以下就是那份計畫的擴增版本。

I FORESAW IT 計畫——Alpha 飯店案例

（基本上，參照那位學生在十五分鐘內完成的計畫。為了教學目的，我增添一些其他想法，以*註記。）

我家的利益

舒適

平價

安心

方便

受尊重的待遇

Alpha 飯店的利益

讓客戶滿意以維持好名聲

依法行事（不得驅逐客人）

鼓勵消費者再次光顧

盡可能壓低成本

前台人員的利益

讓老闆留下好印象

讓顧客開心

盡可能壓低旅客遷移的成本

保住工作

共同利益

公平結果*

快速得到結果*

避免造成騷動*

事實與財務研究

- 我透過網路和一位在另一家連鎖飯店上班的女性聊天，她之前曾透過 Alpha 飯店總經理的朋友幫忙訂房，但也被換到其他地方住宿。我問她是否熟悉飯店不得逐客的法規，她告訴我法律上確實有這樣的規範。
- 我們打電話給 Beta 飯店後發現，Beta 飯店的房間每晚要價一百五十九美元，而且飯店的位置就在四季飯店（Four Seasons Hotel）正對面。
- 我打電話給一位旅行社專員，他告知一般來說這個等級的飯店，會讓旅客在同等級飯店免費住一到兩晚。*

選項

（每個選項都是獨立且創新的想法，並非整包提案的完整清單，而是各自獨立的建議清單，談判者可以把這些項目用不同的方式組合。）

房間

- Beta 飯店類似房型

- Beta 飯店兩大床房型
- Beta 飯店兩張特大雙人床房型
- Beta 飯店套房
- Beta 飯店兩間房
- Beta 飯店連通房

補償 *

- Alpha 飯店支付兩晚住宿費
- Alpha 飯店支付兩個晚上的額外住房費用
- 改住 Beta 飯店
- 免費入住 Alpha 飯店旗下的任一飯店
- 免費早餐券
- 餐廳免費晚餐

我們可以提供的東西 *

- 同意加入 Alpha 飯店的常客計畫
- 承諾在社群媒體上推薦 Alpha 飯店

- 承諾向主管推薦這位前台人員
- 同意延後入住
- 同意免除房務服務
- 申請飯店的聯名信用卡

融洽相處、反應與回應

*嗨！

*難熬的一晚，對吧？

*有信心我們可以找到解決方法

如果她說：「先生，我很抱歉，但我不能同意您的要求。」

我會說：「我理解，妳願意聽聽看我的建議就很好了。看起來我們已經沒有進一步洽談的必要，我想是不是可以和妳的主管談談？或許他可以批准我們的建議。」

如果她說：「不行，這會違反我們的政策。」

我會說：「如果可以不這麼的話，我們當然不希望害妳違反飯店的政策，可以和我多說一點嗎？我想還有什麼是我們可以做的？有一個可能性也許是……」

如果她說：「我沒有權限按照您說的做。」

我會說：「了解，我想那麼妳能不能告訴我，妳有什麼權限？」

同理心與道德

同理心

「每個人都因為我無法掌控的情況對我大吼大叫，以我的身分就是無法和顧客談條件。我必須讓所有人滿意，但也希望盡可能得體地應對顧客，減少他們的怒火大概是我最大的挑戰，如果處理不當，我就可能失去一位顧客、被顧客大吼，或是讓老闆不滿，搞不好還會被解僱。」

道德兩難

對於明顯沒錯的前台人員，我要壓迫到他們到什麼程度才算合理？

要求比其他顧客得到更多東西是正確的嗎？

飯店已經同意給我們房間，卻沒有兌現承諾，他們有什麼責任？

設定與排程

和前台人員當面洽談，最好是在其他顧客聽不到的地方，對方才不會覺得自己必須採取強硬態度。不要讓長輩參與，這樣他們就不會因為生氣而破壞談判。

接下來幾分鐘。（這場談判有時間限制，因為我們在兩小時後就和人約好要共進晚餐，所以接下來一小時內就得搞定。）

替代方案

我們的

- 在不需要 Alpha 飯店幫助的情況下，入住另一家飯店
- 向執行長投訴
- 住親戚家 *
- 在熱門旅遊網站上抱怨
- 在社群媒體上抱怨 *
- 向觀光旅遊局投訴

Alpha 飯店的

- 遵守不得驅逐旅客的法令，同時拒絕我們入住 *
- 失去我們和其他幾組客人 *
- 如果目前入住的旅客離開，得仰賴其他客人出現
- 社群媒體上的抱怨文被瘋狂轉發（WATNA）
- 對外宣傳自家訂房需求高

人物

- 飯店前台人員
- 經理
- 高階主管
- 我的家人
- 其他顧客*

獨立標準

*無關此事的旅行社專員：在附近同等級飯店免費入住一到兩晚是業界標準補償方法

*弗羅默旅行指南（Frommer's）：被轉送到其他飯店時，合理的補償是一個晚上的免費住宿

*遊客中心：大部分四星級飯店在無法讓已預訂的房客入住時，會讓旅客到附近的同等級飯店免費住宿一晚

主題、目標與取捨

主題	目標		主題間取捨	主題內取捨 *
	（最佳）	（最差）		
換房間	兩房	Beta 飯店一間房。要有一大床、一小床和一沙發床	1	套房 兩大床房型
補償	免費房間	Alpha 飯店負擔超額費用	3	餐券 未來免費住宿 去 Beta 飯店的計程車資
多久？	兩晚	只有週六晚上	2	延後入住 週日 不移動的選項

這個計畫幫助那位學生順利談判（為了方便大家學習，圖表中呈現的計畫是我擴增後的版本）。這位學生和其他客人不同，他說服 Alpha 飯店的前台人員與經理，同意由飯店支付他轉住其他飯店的額外支出。依據協議，他和家人可以到附近同等級的 Beta 飯店，入住兩間房型不錯的房間兩晚。換算下來，他以原本支付三百五十美元的價格，獲得一千兩百美元的價值，這是公平又合理的結果。這個計畫還幫助他，用對前台人員與經理和善且尊重的方式進行協商。

在時間壓力下，使用 I FORESAW IT 的七種方式

挑出其中幾個字母。面臨危機時，我有時候會喜歡用 I、F、O 和 A。有時候我會「去愛荷華」（I、O、W、A）」。或是你可能會想直接跳到 TTT 表，再進行一些事實研究。雖然完整的準備效果強大許多，但是任何字母組合都可以即時提供幫助。我發現最好的方法是在心裡演練整套助記法，並挑選三到四個可以快速使用的部分。不過，通常我第一個選的就是事實研究，巴斯基醫師應該會同意我的做法。（只是千萬不要養成壞習慣，遇到事情就用速成而草率的方法——卓越的談判者會挪出時間做好萬全準備，這是他們卓越的原因。）

請朋友幫你計劃。你可以把工作分成幾個部分完成，拜託朋友或同事處理特定部分，而你處理其他。或是可以請他們和你一起進行，一個字母、一個字母去做。如此一來，你可以用同樣的時間，

獲得更多也更好的構想。如果你的團隊壓力很大，又不熟悉 I FORESAW IT 的概念，就得縮小野心，提出更明確的指令，之後會在第三章更深入討論這個概念。*

向其他人傳授這個工具。如果希望盡可能提高團隊未來挺過危機的機率，你現在就應該教他們這個工具（或是把本章拿給他們閱讀）。如此一來，當危機爆發時，你們就會有一套共同的語言。他們會更了解系統性準備的好處，也較能全力支援。（如同之後將提到的，你自己也能獲得額外好處，畢竟掌握一項工具最好的方法就是傳授給別人。）第三章會探索更多和團隊一起使用的方法。

把它視為一系列訪談問題。找找看你面臨的危機屬於哪一塊領域，打電話給領域內的專家，把 I FORESAW IT 當成一組問題向對方提問。首先，提出一個廣泛的問題，借用對方的整體智慧。「敏

---

* 我想像有這麼一天：Siri、Alexa 或其他聊天機器人，可以幫助我們語音建立 I FORESAW IT 計畫。「Siri！讓我們為接下來的談判寫計畫。我要和櫃台人員討論班機被取消的事！」「好的，你的利益是什麼？舉例來說，你可以說『趕快回家』、『避免中途停留』或『尊重』。」「W、X 和 Y。」「好的，W、X 和 Y。你要不要也考慮一下 Z？」「好。」「好的，Z 也要。那麼航空公司與櫃台人員的利益呢？」（稍後）「好的，你需要做哪些事實與財務研究？你會想聽聽看航空業補貼班機被取消的旅客的常規做法嗎？」「好。」「好的，我找到一個網站……」（稍後）「好，這是你的計畫，裡面包含所有你找到的答案。我特別標記幾個最可能滿足你的利益的選項……」或者我也會想像以下互動：「Alexa！我的班機被取消了，再過五分鐘，我就要找櫃台人員洽談。我需要一份計畫！」「好的。你現在就需要一份談判計畫，讓你就班機被取消的事情找櫃台人員協商。以下是一份基本計畫，我已經特別標記幾個最可能滿足典型利益的選項，你可以依據喜好修改。舉例來說，你可以告訴我談判成員的不同利益。有什麼你想修改的地方嗎？」不過有一個問題是，太多外部幫助未必會是好事，就像找朋友幫你練琴一樣，如果你沒有積極參與準備過程，可能會發現上場時準備不足。話雖如此，但是長期以來，談判者已經發現，有隊友幫忙可以讓他們找到更多、更好也更不一樣的想法。順帶一提，仰賴人工智慧設計的「討價還價機器人」（hagglebots），現在已經愈來愈擅長協助或代理談判者。

儀，妳在旅行社擁有豐富的資歷。我們遇到這樣的狀況，妳會給我們什麼建議？」之後再詢問較細的問題，請她分享一般人不太知道的利益、重要事實、有創意的選項等。（不需要照順序問，也不需要逐一詢問每個字母代表的內容，可以挑選出最重要、必問的關鍵字母就好。）在合理範圍內，盡可能問完所有字母，這麼做可以加速你規劃的速度，也可以把你和顧問談話的時間價值發揮到最大。

留存、重複使用並修改舊計畫。很多談判大同小異，所以要記得保存好你寫好的 I FORESAW IT 計畫，未來遇到相同主題的新談判時，以前的計畫就能幫助你快速啟動規劃流程。

在腦海中使用。你正開車前往一場危機處理的會議，或是在走廊上往老闆的辦公室狂奔，無法停下來好好準備，該怎麼辦？在腦海中叫出這個工具，順過每個字母。思考利益、提出選項、列出可能有影響力的人物等。你或許可以在辦公桌、車子或手機等地方，準備好 I FORESAW IT 字母代表的詞彙清單。

小聲念出來。我有一位學生發現，在面對危機時，光是小小聲講出「I FORESAW IT」，就足以啟動大腦更高層次的功能，促使你預想接下來會發生的對話與可能的結果，進而激發有用的思考內容。

英國首相溫斯頓．邱吉爾（Winston Churchill）有一句名言是：「讓我們把事前的擔憂，轉化為預先思考與規劃。」I FORESAW IT 就會讓你做到這一點。你可以把憂慮拿來冶煉，轉變為沉著、力量與準備。

現在你已經了解這項工具，知道的事情可能已經比自己以為的還多。接下來，我們要分享幾個不同的使用方式，讓你在處理進階版挑戰時，表現得比過去更好。

工具概覽

I FORESAW IT：利益（I）；事實與財務研究（F）；選項（O）；融洽相處、反應及回應（R）；同理心與道德（E）；設定與排程（S）；替代方案（A）；人物（W）；獨立標準（I）；主題、目標與取捨（T）。

小試身手

挑戰：在二十分鐘內使用 I FORESAW IT。本週想想有哪一個重要性中等的衝突、需求、問題或談判，是你希望可以妥善處理的。設定好計時器，並用二十分鐘的時間，盡可能完成 I FORESAW IT 計畫，接著再談判。

第三章 獲得比預期更多的幫助：跟公家機關互動更有效率

工具：又是 I FORESAW IT

使用時機

- 需要和官僚協商
- 面臨強硬的議價策略
- 指導與諮詢某人時需要協助
- 需要幫助團隊解決重大問題卻權力不足
- 需要給對方更好的禮物

在電影《小子難纏》（*The Karate Kid*）的關鍵一幕中，十七歲的丹尼爾拜託公寓裡的日本園丁宮城英夫教他空手道。丹尼爾會提出這樣的要求，是因為霸凌者用空手道揍他，而宮城英夫就是空手道大師。宮城英夫心不甘情不願地答應了，他給丹尼爾的第一項任務就是幫自己的車打蠟，而且打蠟時必須按照特定方式移動抹布；第二項任務是叫丹尼爾以特定方式粉刷他家的柵欄；第三項任務則是叫丹尼爾以特定方式磨平地板。最後，丹尼爾提出抗議，大喊這些任務都與空手道完全無關。接著，宮城英夫叫丹尼爾重複在之前任務中學到的每個動作：「粉刷柵欄！」「汽車上蠟！」「磨平地板！」在宮城英夫喊出每個動作的同時，試著攻擊丹尼爾。丹尼爾發現自己的肌肉記得所有動作，這樣的肌肉記憶讓他順利擋下每一次攻擊。丹尼爾非常詫異地發現，他已經在不知不覺中掌握空手道的基本防禦動作。掌握這些新技能後，丹尼爾就擁有戰勝宿敵需要的第一層基礎。

這段情節凸顯出一個重點：當你學會某件事時，可能會比自己所想的更有力量。同理，現在你已經大致了解 I FORESAW IT，準備好有效使用這項工具的程度，可能會比自己意識得更高。在本章會說明它如何幫助你和官僚周旋、更巧妙地指導或輔導某人、領導團隊，以及因應強硬的議價策略。

與官僚周旋

幾年前，我對受邀前往中國教書感到雀躍不已，不過卻必須為此調整其中一門課的時間，但是新上任的商學院院長才剛設立嚴格的新政策：「教授不得調課。」為了解決問題，我和妻子一起演練 I FORESAW IT 計畫的問題。起初我覺得希望渺茫，但是我們檢視了前四個字母後，妻子發現：「我在做事實研究時看了一下你的課表，學期末有一天是大考日，但你一向不會在那天考試，期末考是讓學生帶回家寫，所以其實不用要求院長讓你調課。何不對她說開會的日期多了一天，請她讓你取消與中國行衝突的那一次會議？」我問她：「這樣會不會覺得我太計較了？」妻子說：「對你們院長來說不會，因為這麼做也符合她的利益，畢竟你不會調動其他時程。」雖然有點懷疑，但我實在太希望可以成行，所以還是去詢問院長。「當然！我覺得取消多出來的那次會議非常合理，你想要取消哪一次都可以。」她說。於是，我就這樣前往中國。

行政人員和其他官僚通常無法認同有創意的「選項」，堅守他們負責掌管的政策顯然符合利益考量，因此如果天真地想要使用以利益為基礎的手段和官僚討價還價，往往會造成反效果。但是就像我的中國行經驗顯示的，I FORESAW IT 可以在許多方面派上用場。

學會說他們的語言。想學會官僚的語言，就要針對組織的政策、時程表、術語、宗旨與規章做事實研究。概念是要找到「魔咒」(magic words)，也就是那些專業術語和說法，讓你用來向對方展現自己的要求符合組織規範，或是證明你的要求並不會觸動某個「魔咒」，導致他們必須拒絕。(這就是我順利敲定中國行的方法，我聽從妻子的建議，向院長證明我提出的要求不會觸發「調動時程」這個魔咒。)

在研究過程中，你會了解官僚的狀況，這有助於你滿足對方的利益，像是政策手冊、前例、法律和規範等很多資訊來源，都是足以說服人們的獨立標準。此外，在了解這些資訊的過程中，你也會較能同理行政人員所下的命令。對他們來說，這樣的同理心很少見，他們又非常重視，你可以找到符合組織規章與魔咒的選項。

例如，你剛加入新組織，人資主管可能會堅持你屬於「G7」（他們幫你歸類的職級），因此必須和所有G7員工接受相同的待遇。但是如果你已經學會對方的語言，就可以回覆：「但我在規範手冊上看到，嚴格說來我是G8——紐約，上司有特別提醒我告知你們這件事，我看手冊說G8可以享有特別待遇。」

用官僚語言說話的效果奇佳，因此甚至有一個職業把大部分的心力都花費在這件事上，那就是律師。律師會跟你說，選字很重要（我的中國行故事也顯示這一點），即使看起來只是說法有點不同，也可能讓行政人員因而得以把事情變得對你有利，I FORESAW IT工具可以幫助你揪出這樣的細節。

有時候官僚行為乍看匪夷所思，但是學會講他們的語言，可以幫助你了解並更善於應對對方。就像耶斯瓦爾德・薩拉庫斯（Jeswald Salacuse）在《與政府溝通的七個祕密》（*Seven Secrets for Negotiating with Government*）一書中提到的，政府機關的官僚（很多其他組織也是如此）在行動時會面臨限制，這就是他們的框架。如果你了解那些限制，即可減輕自己面臨的權力落差。

舉例來說，你認為某個機構應該使用你們的辦公室設備維修服務，因為可以幫對方節省大筆支出，但是對方卻意外地不感興趣，甚至不再回應。後來你做了事實研究發現，這個機構的內規要求優先選擇符合特定環境永續性標準的供應商，這就是一個潛在的利益。你的研究還顯示，自己和競爭對手不同，只要把部分燃料改成綠能即可輕鬆符合標準，這就是一個有效的選項。你再次聯繫該機構，這次對方就比較願意考慮你們的服務。

詢問「你有哪些權限？」當戶政事務所人員、護理師或政府單位櫃台人員告訴你：「抱歉，我沒有權限做你要求的事。」這套助記法可以提供你幾個建議。如果把重點放在你的利益和選項，你可以詢問對方：「好，我想了解有沒有什麼在你權限內的事或許可以提供幫助？」如果把重點放在人物，你可以詢問：「好，你能不能介紹有權限的人給我？」最重要的或許是同理心，以對方應得卻可能鮮少獲得的尊重對待他。但是在做上述任何一件事前，仔細做過事實研究可以給你寶貴的收穫。舉例來說，如果那位官僚附近的告示寫道：「沒有總部核發的通行證就不得進入。」你可以趕快了解一下「進入」(admission）的定義，以及有沒有什麼其他方法，可以讓你不需要被「核准進入」(admitted）就能抵達要去的地方？好比藉由拜訪、參觀，甚至是上廁所的名義。

找到對的人。透過事實研究了解這個組織的架構，還有找到曾遭遇和你相同情況，並且與這個官僚體系交手的人。利用上述兩個方法掌握資訊，藉此找到可以協助你的單位、幫助你達成想做事情的單位成員、其他一定會答應你的人、安排與他們協商的時程或順序。接著，再用 I FORESAW

IT工具的其餘部分準備後續的會談。

避免找錯的人洽談，或使用錯誤的詞彙。因為官方規章可能非常嚴格，而且你說出口的那些詞彙，對他們來說可能具有特殊意涵。此外，一不小心就會把錯誤訊息透露給錯誤的人。例如，很多人因為不懂法律運作的方式，一心想著和警察分享資訊可以證明自己的清白，結果說得太多，反而害自己被定罪；同理，有些領取社會福利的人太過天真，自願與社工分享過多關於子女另一位缺席父母的資訊，可能導致社工進一步調查，試圖了解這名個案是否在詐領社會福利金。[1]因為上述原因，做好事實研究來了解與你對談的行政人員每天使用的詞彙及奉行的規則、搞清楚和誰談才安全、對誰或許不能透露太多，或是該換人洽談，這件事非常重要。

你可以在和官僚協商前，準備一張I FORESAW IT計畫表，把所有想法彙整在一起，擬定一或數個可以在協商當天幫助你獲勝的策略。

針對尖銳戰術做好防備

把I FORESAW IT工具視為你面臨尖銳戰術時的急救箱，例如對方有時候會採取具有道德疑慮、具操弄性或施加高壓的做法來愚弄你。尖銳戰術是高風險、高報酬的操作，可以提供短期利益，因此十分誘人，但是也可能造成嚴重反撲，遇到懂得應對這類操作的人更是如此。很快地，那位懂得應對的人就會是你了。

多數人都不會使用尖銳戰術，因此不用太過擔心，但還是要有心理準備，以防對方真的這麼做。以下是幾個尖銳戰術的例子，還有這項工具如何協助你妥善回應。

尖銳戰術：有限權力。「我做不到，老闆不會讓我這麼做。」說這句話的人通常都不是在說謊，實際上使用尖銳戰術的不是他，而是他所屬的組織，刻意要你去找只能說不的人洽談。（蘇聯在使用這種談判戰術上惡名昭彰，因此這種尖銳戰術已被視為「蘇聯式交易戰術」的一環。）回應方式包括：

人物。「誰是真的有權限的人？我可以和他談談嗎？」

選項。「你有哪些權限？」

替代方案。禮貌地暗示你其實可以直接離開，通常會減少對方使用這種戰術的意願。結合選項的效果更好，例如你可以說：「雖然我可能必須就此離開，並接受其他人的提案，但我實在很想談成這件事，如果……？」

尖銳戰術：吹噓。說謊、極度誇大、嚴重省略、誤導性說辭。回應方式包括：

事實與財務研究。蒐集資訊來檢驗對方的說辭，如同頂尖運動經紀人伍爾夫說的：「你必須建立自己聰明又誠實的名聲。談判前，我會盡可能了解所有事情。」[2]使用研究結果的方法之一，就是委婉提出幾個你已經知道答案的問題，來測試對方的誠信。古巴飛彈危機初期，甘迺迪總統就是用這樣的手法，發現蘇聯大使在古巴的蘇聯飛彈議題上說謊。在商業談判上，供應商或許會告訴你，他們必須收到錢才能出貨。如果你的研究顯示，他們其實經常給予下游廠商六十天的付款條件，你或許就可以巧妙回答：「了解，請告訴我，你們是否曾經破例？」如果對方說：「從來沒有！」應該就是在說謊，要怎麼辦？你要先準備好反應與回應。

反應與回應。當你真的發現對方可能是在說謊（可疑反應），要做的不是像檢察官一樣說：「啊哈！事實其實是……吧！」因為羞辱對方可能讓你取勝，但是卻會付出高昂代價。（「好吧！你說對了，開心了嗎？現在滾吧！」）有時候你甚至不希望對方馬上察覺你已經知道他在說謊，因為還沒想好下一步要怎麼做。當時，甘迺迪總統向蘇聯大使道謝，並禮貌地結束會談，接著才私下與幕僚討論該如何應對不誠實的對手。不過也有些情況是，你可能要有直接戳破謊言的心理準備，一方面是為了顯示自己聰明、誠實又不好騙；另一方面則是要駁斥對方的說辭。但由於你可能還是想和對方合作，而且對方可能沒有說謊，通常較好的做法是，在點出問題時，為自己（和對方）保住面子，例如你可以說：「我有點困惑，這裡是說 X，我哪裡搞錯了嗎？」

選項。提出一個可以保住面子的選項，讓對方悄悄拋棄吹噓的內容。「很抱歉聽到您說，因為天候因素，我們的訂單需要延後交貨，是不是可以在我們等待的這段期間，先借我們其中一個展示用的模型？」

替代方案。表示自己大可放棄協商，是一種在戳破對方謊言的同時，保住雙方面子的方法。「很遺憾聽到您說，需要耗費高成本來聘用新員工才能生產這些零件，或許是因為我們不適合。雖然還有其他廠商報價，但我還是很樂意和您一起多探詢其他的選擇，我們何不……？」或是「聽到您說保固不是您的責任，我很驚訝，因為我的研究顯示，貴公司就是那家保固公司的所有人，希望我可以不用把這件事情上報給司法單位的總檢察長……」

人物。和組織內較不具吹噓傾向的人洽談。

獨立標準。「很遺憾聽到您說，自己從未提供任何保固條款，我找到的業界標準顯示，一般在市場上的操作就是會提供保固，我手邊有三份不同的保固書影本。我向來很敬重貴公司在市場上的領導地位，不曉得兩年保固是否合理？」

尖銳戰術：白臉與黑臉。對方的談判人員中，有一位強硬、一位溫和，但是兩人都想強迫你接受同一份糟糕的協議。回應方式包括：

獨立標準。「律師提醒我，法律寫得非常清楚，這件事情並沒有犯法，因此我不能同意你們提出的四年認罪協商。其他進一步的問題，我會請律師和你們談。」

利益／事實研究。將對方提出的條件與你自身的利益及事實研究結果相比，而不是光看你對那位談判人員的直覺觀感。

替代方案。如果對方提的條件比你的BATNA還差，就不要再談了。

尖銳戰術：致命問題。對方提出無論你怎麼回答都會讓自己陷入危險的問題，例如「之前那位供應商怎麼跟你收費？」「你還有哪些其他報價？」以及「你願意出多少錢？」

反應與回應。委婉地拒絕回答，並轉移話題。「恕我直言，我們認為把重點放在市場價格與有創意的選項，才是最好的做法。所以我在想，現在的市場上怎麼做才算合理？有一個可能性是……」請注意：如果你已經做好事實研究，也找到獨立標準，你的回應會更理想。還有另外一個方法是計畫性地延後討論，和對方說：「讓我們等到雙方都了解得更清楚再來洽談，可以再多告訴我一點關於貴組織的事嗎？」第三種可能的回應則是：如果感覺當下這麼做是適切的，可以技巧性地點出顯而易見的事實：「我想我們都不希望詢問對方尷尬的問題，所以是不是雙方都同意有些事不要再問，像是各自有哪些其他的機會？」

尖銳戰術：承諾戰術。對方宣稱自己已經設下底限，以至於無法讓步，例如她說：「我已經承諾，如果最後的價格高出一分錢就要辭職。」

這和權限不足是一樣的意思，因此你應該：

回應。無視她自己宣稱的承諾，再針對同一件事繼續協商一段時間。

指導與諮詢

I FORESAW IT 工具讓你可以幫助他人自助，因為這項工具會讓你提出強力的問題而非建議。另一位談判人員通常是協商內容的專家，因此可以自己想出很好的答案，最有幫助的反而是你提出的問題。

麻省理工學院（MIT）教授埃德加．席恩（Edgar Schein）在《謙遜的諮詢》（*Humble Consulting*）一書中寫道，他做過最出色的幾次顧問工作，通常都花費不到一小時，而且成功關鍵都是他在和客戶一起從各個面向切入問題時，提出簡單問題的能力。I FORESAW IT 正是要讓你做到這件事。

當某個人遇到衝突或商業問題時，想利用該工具給予指導和建議，只要讓這套助記法提醒你該詢問哪些問題就好。舉例來說，學生找我請益時，我會詢問：「你到底想要什麼？為什麼？你的顧慮是什麼？」這個問題對學生的幫助之大總是令我驚訝。我的問題其實就是在問他們的利益。在十五到三十分鐘的對話裡，你可以很自然地從一個字母跳到另一個字母，不用擔心會遺漏哪一個，只要幾個就足以提供莫大幫助。對話結束前，詢問對方：「這次談話對你有幫助嗎？」通常對方都會說：「有，我從中得到一些很棒的想法與觀點。」最棒的是，日後她解決自己的問題時，可以誠心地說：「我靠自己做到了。」這是你可以給任何人最棒的幫助。

例如，試想有位朋友來找你，他遇到的問題是：哥哥想叫年老的父親不要再開車。

「我先聽你說就好。」你說。接著，你專心聽他說一段時間。

「你覺得我該怎麼辦？」他終於發問。

「你到底想要什麼樣的結果？你有哪些顧慮？」

「這都是好問題。」他說。不久後，他告知真正擔心的是父親會被禁足，導致生活品質嚴重下降。

「你哥哥的利益又是什麼呢？」

「在爸爸記憶力逐漸喪失的同時，確保爸爸的人身安全。」

「那你爸爸呢？」

「開車是一種自尊的展現。」

「有沒有什麼是你們都想得到的？」

「我們都希望爸爸在盡可能擁有自主權的同時，安全無虞。」

「再多告訴我一些關於你爸爸居住地方周遭的交通資訊。」

「我也不是特別清楚，但是可以快速上網看一下。」他說。

「好主意，我也有點好奇你爸爸的財務狀況，還有他如果賣車，那筆錢可以換來什麼？」

朋友想了一下後回答：「我來詢問姑姑艾莉絲，她應該會知道。」他說。隔天，朋友告知他的發現：爸爸算不上有錢，不過有一筆還不錯的退休金收入可以自由運用，賣車可以讓他的生活更寬裕。另外，當地有五家汽車服務公司、一家共乘服務公司，還有一位和爸爸一樣喜歡打保齡球的鄰居看起來也有車。

「你之前說擔心爸爸的自主權和生活品質受影響，考量到你現在掌握的這些資訊，我在想有沒有什麼選項可以化解你的顧慮？」於是朋友依據自己的研究結果，想出七到八個可行方案。

「還有嗎？」你問。他又想了幾個，包括一個他從未想過的選項：要求爸爸只能在車少、自己熟悉的路段開車，如果要去路程較遠或路線複雜的地方，就要叫計程車或找人共乘。你的任務還沒結束，但這已經是朋友首度看到一絲希望。

「很好，這很有幫助。」朋友說。

「但是我完全沒有提供你任何想法，所有做法都是你自己提出來的。」你說。

「沒錯，但是你問的問題真的都很好。」朋友說。

透過詢問問題，你幫助朋友從不同的角度看問題，把問題看得更清楚也更深入，因此不管他最後的決定是什麼，那個選項都是針對他的處境量身設計。*

I FORESAW IT 不只可以幫助你協助他人，還可以幫助你更有效地應對通常有點難處理的對象——你的團隊。

利用 I FORESAW IT 來領導團隊

在第二章中，狄亞格的經驗顯示，這項工具可以幫助你和團隊。首先，如果你像狄亞格和我眾多談判課程的學生一樣，當你與另外至少一個人合作時，就可以提出更好又豐富的計畫，涵蓋更好的想法和觀點。其次，因為該工具幫助你們環顧問題，所以也可以幫助團隊思考，進而和狄亞格的同事一樣，在他們幾乎看不見希望時，找到潛藏的曙光。該工具也可以幫助團隊更快找出潛在問題，並著手處理。

出席會議時，I FORESAW IT 工具的相關知識，可以幫助你提出正確的問題類型。例如，「我們在這件事上有哪些利益？對方呢？有沒有共同利益？有哪些事實是我們必須掌握的？我們有哪些替代方案？誰可以影響談判結果？」這就是狄亞格的做法。

你也可以邀請團隊成員一起練習，一開始先解釋 I FORESAW IT 是什麼、怎麼運作，以及為什麼你認為這項工具對團隊會有幫助。接下來，你的團隊或許可以花費一段時間練習，再把練習結果視為討論的框架。把團隊成員針對 I FORESAW IT 各個部分的答案，寫到白板或掛圖上。

還有一個更厚實的方法是，深入傳授這項工具給整個團隊（或是和他們分享本書）。事實上，我的學生經常教導自己的學生（我的「孫輩學生」）如何談判，通常都會採用這項工具來教學，我

* 請注意：這個例子並未完整呈現故事，也沒有指出正確的選擇。如同 I FORESAW IT 揭露的，還有很多要考慮的面向：哥哥對各項提議會有什麼反應？爸爸呢？有沒有道德問題？爸爸開車會不會對行人造成危險？每個人各自有哪些替代方案？哥哥能不能直接拿走爸爸的車鑰匙？這麼做會有什麼問題（WATNA）嗎？有經驗的顧問（獨立標準）會給什麼建議？等等。但是詢問問題可以為你要幫助的人點亮問題，就像在黑暗的房間裡打開燈。

們都對教學成果非常滿意。一旦團隊了解這套助記法，你就可以發送範本，並請他們各自填寫，接著可以請他們繳交計畫，或是把計畫帶到會議上，和所有人分享自己的想法，逐一討論各個字母；或者你也可以把範本放上Google文件，再請大家填寫。

還有一種做法是，把前面提過的計畫，或是你擬定的草案發給大家，邀請團隊成員修改或增加內容；或者可以像在第二章看到的，拆解這套助記法，請團隊中一部分的人負責前幾個字母，另一部分的人負責接下來幾個字母，以此類推。接著，再召集整個團隊（或在線上張貼內容），分享結果。如果討論時間或團隊成員的注意力時間短，你可以限時或是只挑選幾個字母來練習。*無論如何，重點是要向其他人強調，這麼做是為了大家一起用系統性方式思考，找出你們原本不會發現的觀點（和力量）。

之後會再介紹另外一項工具，可以讓討論更簡單又和諧地進行（第十一章）。

多功又聚焦的工具

I FORESAW IT的前九個字母，讓它成為一項多功能的工具。最後一個字母則讓你可以把準備好的內容精簡後，彙整到一頁文件中，讓你在當下極為專注並做好準備。接下來的第四章，就要說明怎麼做到這一點。

小試身手

挑戰一：和官僚溝通。下一次當你需要行政人員幫忙時，用 I FORESAW IT 學習說對方的語言、提出對方能夠同意的條件、找出該人員掌握的權限、找到可以幫助你的人，以及掌握應該避免的詞彙（與人物）。

挑戰二：尖銳戰術。下一次當你預期某人會在談判中使出踩在道德界線的手段時，把你花費在思考融洽相處、反應與回應的五分鐘拿來：一、預測尖銳戰術；二、利用助記法的其他部分設計好的回應。如果談判時，對方突然施展尖銳戰術，讓你措手不及呢？要求暫停，並在心中想過一輪 I FORESAW IT 的所有字母，思索如何妥善回應，或是暫時結束對話，讓你可以做好萬全準備。

挑戰三：領導團隊。下一次當你發現團隊需要準備談判，或是解決和人有關的重大問題時，不管這是計畫團隊、部門或一群面對旅遊危機的人，都可以利用 I FORESAW IT 提出好問題，讓討論聚焦、有效分配任務或是建立縝密的計畫。

---

* 談到時間，我通常不建議讓每位團隊成員各自填寫一整份計畫，因為要把所有人的計畫結合在一起，既耗時又會讓人摸不著頭緒。不過如果是兩人團隊，各自寫一份計畫可能有助於互補。

第四章 看一眼就能行動的戰術表：讓買家跟老闆都開心的合約

工具：TTT表

使用時機

- 不確定該如何在談判過程中保持專注、好好思考並冷靜以對
- 感覺自己可能難以顧全談判細節
- 擔心自己出價太高或太低
- 不確定自己的談判團隊成員會不會各唱各的調
- 在談判時為了一棵樹而丟了一片森林

- 發現自己在一次又一次的會議中，已經搞不清楚談判的狀況
- 不確定自己的權責範圍
- 需要幫助就單一議題進行競爭性談判

工具用途

- 達到看一眼就能行動的準備程度
- 保持專注與冷靜
- 好好創造財富，並適切地索取財富
- 確保團隊步調一致
- 一次處理多項議題
- 經歷多場會議仍持續掌握談判進度
- 界定清楚的權責範圍
- 準備好就單一議題進行競爭性談判

每次看美式足球賽，你一定會看到場邊教練瀏覽手中那張護貝的戰術卡。電視機前數百萬觀眾緊盯膠著的賽局，現場群眾喧囂不斷，教練的壓力愈大愈大，這時候瀏覽戰術卡就是他的應對方法，每位教練都會利用戰術卡來快速整理思緒，並做出正確決定。大學球隊的進攻組教練馬特·克爾博（Matt Kalb）表示，一份客製化的戰術表「可以成為賽局緊張時，教練最好的朋友」。前NFL教練迪克·維米爾（Dick Vermeil）解釋背後的原因：情勢很快地展開。如同前巴爾的摩烏鴉隊（Baltimore Ravens）教練布萊恩·比利克（Brian Billick）所說的：「你需要這份幫助。」[1]

太空人也需要這樣的協助，在網路上搜尋「巴茲·艾德林（Buzz Aldrin）月球漫步的經典照片」就會發現，他的手臂是彎曲的，可能原因就是：他當時正看著繡在衣袖上的任務清單。[2]同理，資深太空人克里斯·哈德菲爾德（Chris Hadfield）每一次登上太空梭前，一定會確保帶上自製的「一頁文件」。哈德菲爾德為了製作這份文件，會使用自己學過、所有關於重要太空梭系統的內容，並彙整成一張小抄。這張小抄讓他準備好因應危機，就像他本人說的：「你必須有辦法在一次呼吸的時間內就解決問題。」[3]一頁文件讓他在面對極大壓力時，還具備做到這件事的最大可能，也可以減少他的焦慮。

不只太空人和教練，醫生也非常廣泛地使用看一眼就能做決定的工具，而且效果非常好。知名外科醫師阿圖·葛文德（Atul Gawande）發現，檢核表幫助外科醫師減少四七%的術後死亡人數。醫學生也發現，參考卡可以大幅改善他們的操作並減輕壓力，因此七六%的人在首度拿到參考卡的幾個月後，還是會持續使用。美國軍官也會仰賴看一眼就能做決定的小卡片：決策支援矩陣（Decision Support Matrix），有助於因應戰爭中的混亂情況。在航空領域，無論是資深或新手機師，在起飛前和危機發生時，都會固定使用檢查表，即使在引擎突然熄火後，只有幾秒鐘的時間就得做出關鍵決策，也會立即參考緊急檢查表，幫助他們做出關鍵決定，並做好降落的準備。

面對極大壓力時，檢查表、一頁文件和戰術表可以減輕認知負擔，但奇怪的是談判者卻缺乏這樣的幫助。你會需要這樣的東西，特別是在面對高壓談判時，這就是 I FORESAW IT 工具的最後一部分——主題、目標與取捨表格（簡稱 TTT 表），是從高中生到經驗豐富的商業領導者都讚賞的談判工具。當你為一場影響重大的談判做準備時，它可以幫助你濃縮其他準備內容，既單純又有效。就像戰術表或一頁文件一樣，可以增進你對情況的掌握度、減輕心理負擔，並且迅速為你提供指引和選擇，藉此改善談判成果，另一方的談判成效也會因此提升。

TTT 表把你利用 I FORESAW IT 工具獲得的結果，彙整成一張簡單的表格，即時提供指引。它的設計本身就掌握許多談判成功的關鍵，必要時只要幾分鐘即可做好。當你開始一場艱難的談判時，或許會覺得壓力大或脆弱無力，此刻這樣的準備顯得格外重要。這張表會揭露出大好機會，如果沒有這張表，你可能就會忽略那些機會。它有助於你匯聚和集中力量，就像大衛（David）用來擊垮歌利亞（Goliath）的彈弓一樣，在感到不知所措時可以給你信心。

頂尖交易專家對它讚不絕口，曾任萬事達卡（MasterCard）企業發展全球高級副總裁的高拉夫．米塔爾（Gaurav Mittal）表示：「說真的，我們在很多重大交易上都會使用它。」＊他因為職務關係，領導負責進行收購與交易的談判團隊，每年必須洽談十多個案子，每個案子價值都高達數十億美元。米塔爾說：「我發現它極有幫助。在商業領域裡，事情發展非常迅速，往往很容易忘記某個交易案真正重要的事項。」他指出，這張表幫助他和團隊更有效地掌握並管理談判。

談判新手也認為，在模擬激烈談判時，TTT 表可以幫助他們更冷靜、自信，也可以和隊友保持步調一致。這可能是因為談判往往會讓人覺得壓力大到難以承受，而壓力又會讓人難以維持思路清晰、採取理智行動，這是所有人都曾有過的經驗。無論你資歷深淺，都可以用它來提升表現。

基本的 TTT 表是一張包含四個欄位的簡易表格：

「主題」、「目標」、「主題間取捨」、「主題內取捨」

可以把它想成幫助你烤出更大的餅，並好好切分的工具。最後兩個欄位可以幫你用有創意的方式把餅做大，而「目標」欄位則可以幫助你把餅分割得更好。第一個欄位——「主題」是做大餅的模具，可以用來形塑工作的其他部分。

以下是一個簡單例子，試想你是一家電腦零件供應商的代表，要和一個重要的新客戶洽談合約。討論重點只有兩個：你希望拿到超好的價格，並討論買家提出的退款保證條款。兩件事對你都

有影響，但是價格比較重要。你的TTT表可能看起來如下：[4]

開價：一百一十美元＋兩年退款保證

可接受的最糟提案：八十美元＋五年退款保證

創意提案：一百美元加上特定翻新品折價＋五年內保證退換購買其他商品的消費點數

你會發現這是一張像月曆或試算表的表格，總共有四欄加上兩列。（不同出價分開呈現。）TTT表的力量有不少來自於用表格的形式呈現，和一大張清單相比，更容

主　題	目　標	主題間取捨	主題內取捨
單位價格	100 美元至 80 美元	1	最優惠條款 回扣 批量折扣 特定品項折扣
退款保證	2 年到 5 年	2	換新 修理 消費點數

* 米塔爾已晉升為萬事達卡某家子公司的執行長。

易把準備內容視覺化。

之後會再逐一介紹每個部分，首先看看這張實際可用的表格。在和買家如火如荼地對談時，你可能會怎麼使用這張表？

試想這位買家一開始就提出激進的要求：我們必須拿到七年退款保證，單位價格為七十美元。因為怕失去生意，你可能會忍不住想要同意。但是你看了一眼TTT表後，立刻發現問題：買家的要求低於你可以接受的門檻。「目標」欄位提醒你，老闆希望價格至少要八十美元，就連五年退款保證都只是勉強接受，因此不會欣然接受客戶提案；「目標」欄位也提醒你，就算大幅提高價格並提供較短期的退款保證也是合理的。

因此，你禮貌地提出一個強而有力的議價：每單位一百一十美元加上兩年退款保證，並接著表示：「只要滿足我們最在意的幾個重點，其他事都可以談，您最重視的是哪些事？」

買家告訴你比較在意退款保證，你看了一眼「主題間取捨」欄位，想起自己比較在意價格這件事，因此提議：「您特別重視退款保證的話，如果可以提高價格，我們或許就能拉長保證期間。」買家受到吸引，並提出每單位八十五美元搭配四年退款保證的提案。這比原本的提案好，但是你又看了一次自己的「目標」欄位，結果發現距離目標還是非常遙遠，要怎麼辦？

你再看一下最後一欄有什麼創意的想法，接著說：「我們已經取得進展，雖然雙方的想法還是相去甚遠，但是我有信心可以達成讓雙方都滿意的協議。我知道接下來要問的問題聽起來很笨，但是以市場上的合理價格來看，您的出價偏低。可不可以告訴我，您為什麼想把價格壓得這麼低？是有什麼顧慮嗎？」

買家表示是為了確保你不會提供給其他競爭者更低的價格，你又看了一次表中的最後一欄，而後表示：「好，如果我們給貴公司最優惠條款，保證您的價格一定是我們所有客戶中最低的，這樣如何？」

買家喜歡這個提議，她說：「如果是這樣，我們可以接受九十美元。」你心想：這樣很好，但是要怎麼為老闆取得更好的條件？

於是你又瞥了一眼最後一個欄位，然後發現「特定品項折扣」這句話，這讓你想到老闆特別在意新零件的價格要高，因為那些產品的利潤高，可以改善公司的現金流，因此你說：「謝謝您，我們又取得更多進展。為了再向前推進，我想這麼提議。如果您同意新零件每單位一百美元，或許針對特定整新品可以只收取九十三美元。」買家對這個提議還算滿意，願意進一步討論。討論後，雙方都同意特定新品價格九十二美元、新零件九十九美元，搭配三年退款保證。你大大鬆了一口氣。

買家很高興，因為你讓步了，讓她取得部分折扣、最優惠條款及長時間退款保證。你的老闆非常開心，因為你取得的條件非常接近你們的最佳目標、大幅改善現金流、在公司最重視的價格部分做得特別好，而且取得這個結果的方式讓買家也感覺良好。你微笑著心想，我到底是怎麼做到的？答案就藏在表格裡，以下是每個部分的運作方式。

TTT表的各個部分怎麼運作

主題。建立議程。要討論什麼？外交官在談判前，通常會花好幾個月的時間決定議程等事項，會為了敲定這些事舉辦所謂的會前會。這是真的，為什麼？

第一，這會幫助你決定哪些事情是否要討論。當有人告訴你：「價格沒得商量。」就是希望你直接答應他們提出的價格，如果你點頭了，他們在討論開始前，就已經在這件事上獲勝。

第二，議程能幫助雙方好好控制時間。出於上述兩個原因，你可以在適當的時機寫電子郵件告訴對方：「昨天相談甚歡，期待下週的會談。我列出我方想討論的內容，相信這樣有助於我們更有效地利用時間。如果有任何建議，請告訴我。」這是明智之舉。因為如此一來，你就塑造了議程，確保這次討論會涵蓋你想談的內容，而你不太想討論的事項被提出的機率也會降低。設定議程也有助於大家更妥善地控管會議時間。*

第三，議程幫你準備好思考TTT表的其他部分。

第四，如果你們是一個團隊，議程可以讓所有人的步調一致，避免隊友提起你不想碰觸的話題，也可以避免你們忘記重要事項。

最後，同意遵循某個議程，可以減少對方糾纏你的機率，在以為已經談妥時又突然要求你加碼。有一個惡名昭彰的例子是，德國塑膠製造商代表看準美國奧克拉荷馬州材料供應商準備不足，在討論一紙數百萬美元的關鍵合約時，糾纏對方超過一年的時間。德國代表連續七場會議都用「還有一件事」的說辭來打斷會議，結果害奧克拉荷馬州材料供應商差點簽下足以毀了自家公司的協議。[5]

在範例中，我們在「主題」下方列出價格和退款保證，順序可以隨意設定。

目標。從這部分開始，你要為談判的競爭面做準備。想贏就要做好兩個關鍵工作：一、設定範圍；以及二、設定初始提案。在表格的這個部分，我們會把重點放在第一項工作，之後再處理第二項。如果針對每個議題，寫下你在深入研究後提出的明確目標範圍，談判時表現會好得多。換句話說，在一側寫下你的「最佳目標」，另一側寫下「退出」的門檻。

不知道自己的底線就談判，可能會導致毀滅性結果。一九六四年，來自英格蘭北部的二十六歲唱片店經理人布萊恩・愛普斯坦（Brian Epstein），意外成為史上最受歡迎樂團披頭四（The Beatles）的經紀人。愛普斯坦挖掘披頭四，值得高度讚揚，但不幸的是他對談判幾乎毫無概念。當時有數百名企業高層來找他，合作提案如雪片般飛來，他想對這些業者掩飾自己不懂談判也無可厚非。

* 在非正式、相互認識的會晤前，大概不需要特別送上一份議程。事實上，這種做法可能還不太妥當，最好是在進入正式談判後再提出議程。

某天，一名好萊塢高層和導演來到他的辦公室，想要討論可能的電影合作案。愛普斯坦走進辦公室後，一派莊重地坐到桌子前，立刻用他拿捏最得宜的英式口音告訴對方：「我想你們應該知道，我和這群男孩不會接受任何低於七．五％的條件。」[6]兩位電影製作人面面相覷，而後默默接受愛普斯坦的要求。那部電影《一夜狂歡》（*A Hard Day's Night*）席捲全球，票房達到數百萬美元。直到後來愛普斯坦才得知，像披頭四這樣的巨星在電影界一般可以抽成高達二五％，那是兩位好萊塢代表願意支付的價格。但是因為不知道可接受的最高與最低抽成比率，也就是自己的最佳目標和底線，愛普斯坦開出的要求遠遠過低，低估了自己的價值，原本應該開價三〇％，之後接受二五％左右的抽成，但是由於不夠謹慎，他可能因為這一次和其他的談判，害披頭四損失兩億美元的收入。[7]知道自己可以接受的範圍至關重要，使用正確的術語也很重要。

最佳目標。最佳目標是你遠大但不至於不切實際的目標，也是你實際上希望取得的結果。在我們的案例裡，你在價格上的最佳目標是一百美元，保證條款的最佳目標則是兩年，你為了取得這兩個結果而努力。最佳目標不是瞎猜一個瘋狂的數字，而是基於證據提出的目標。在我們的案例裡，試想你在一份頂尖產業報告中看到，賣家取得的最高價大約是一百美元；另一份可靠的報告則指出，賣家提供的最低保證期間大約是兩年，因此你在表格中的「最佳目標」欄位寫上一百美元和兩年，*做得好。

（請注意：最佳目標並不是你第一個拋出的提案，而是你想要得到的結果。初始提案通常會比最佳目標更激進，是你最開始要求的數字。不過現階段先不要擔心怎麼設定初始提案，我們很快就會談到。）

底線。底線就是你可以接受的最糟結果，這也不是胡亂猜測，通常是你的BATNA。[8]在上述的案例中，試想你得知售價低於八十美元就會賠錢，或是你發現其他買家最高出價八十美元，如果接受八十美元以下的價格就不明智，因此八十美元就是你的底線。接下來，針對另一個主題——保證條款，也進行類似的計算。假設另一位買家開的條件是五年，那麼五年就是你的底線。知道底線的談判者不會容許對方逼迫他們簽下糟糕的協議，底線讓你清楚知道什麼時候要「喊停」！

我常聽人說，希望自己更早就知道底線和最佳目標的概念。讓我們來聽聽凱的經驗，在我遇見凱的好幾年前，老闆提議讓他升遷，頭銜更響亮、可以報公帳的額度提高，還加薪一萬美元。凱受寵若驚，很快就答應了，結果卻發現這份新工作讓他得頻繁出差，工時長到身心都受創。幾個月後的某天，他和一群新同事聊天，對方聽到他接受這樣的條件大吃一驚。凱問：「為什麼？」他們回應：「因為每個人都知道，你遠比之前那位主管來得好。不知道你知不知道，但是那位主管和我們的年薪都比你多五萬美元。」幾分鐘的研究就揭露出凱的價值區間，也清楚顯示老闆當時提出的加薪幅度少得可憐。

---

* 在第七章會再精雕細琢你設定最佳目標的能力，到時候會介紹一個叫做「五%經驗法則」的小工具。

主題間取捨。在這裡，我們要排列各個主題的重要順序。這一點至關重要，因為有助於你用自己較不在乎的事，交換你較在乎的事，藉此創造價值。這是許多小孩在學校處理午餐的方式，他們會說：「我用蘋果跟你換一包薯片。」不同主題間取捨可以讓談判雙方都更開心，而且通常會比在每個議題上各退一步後，取得的中庸協議來得好。回到之前提過的例子，你已經決定價格是首要考量，退款保證是其次，你可以在此注明。如此一來，就比較容易拿一項交換另一項。

萬事達卡的米塔爾指出，像這樣的創意不可或缺，但是在思緒紊亂時並不容易做到。米塔爾說：「讓創意奔放的條件之一是，你的思緒必須停下來，並且真正了解什麼事對你來說是重要的。」他進一步指出，一個清楚的架構搭配列出優先順序的清單，可以幫助你專注於明確目標。「關鍵是認清你的優先順序是什麼。或許有數十個議題要談，但如果你知道最重要的五或十項是什麼，就可以專注於那幾件事。」此外，排好優先順序也可以讓你取得更好的談判結果，即使是處理自己不熟悉的技術性議題也不例外。米塔爾表示：「製作ＴＴＴ表可以幫助新手了解部分技術性項目，這是什麼？有多重要？……我或許不了解這些技術性議題的所有細節，但是至少知道它們的相對重要性，以及可接受的結果區間。」

列出優先順序也可以幫助你在自覺弱小時取勝，如果你曾經從一個規模大的談判對象手上拿到一長串規定的草約，很可能會覺得自己：一、不能更動；二、沒有更動的力量；三、無法試圖改動，因為草約太複雜。上述一切都未必是事實，聽聽約瑟夫．巴特爾（Joseph Bartel）這位擁有多年以小博大協商經驗的商業律師提出的建議：

幾乎每一次，我都是談判桌前的大衛。但我每一次都會發現，歌利亞也會有弱點。當他第一次推你一把，並預期你會屈服，可能很難應對。但是當我表現得彷彿和他平起平坐，並看看這個提案是否合理，就會發現你其實可以強迫歌利亞解釋自己的要求，而且確實有辦法取得一些進展。（如果你已經決定不願意接受爛協議，也會有幫助。）幾乎每一次，對方都會讓步。你不能一開始就假定自己很弱，對方很強，他們就是算準你會直接屈服，我知道會發生這種事，是因為他們常說：「從來沒有人問過。」很多時候甚至連他們自己都沒有讀過那份合約。

但是，你要怎麼採取那種大膽而合理的行動？第一步當然是要做絕佳的準備（通常包含要取得絕佳的法律建議）。做足準備，接著排定項目優先順序後，通常可以成功和歌利亞針對幾個你最重視的關鍵議題協商，做法基本上就和巴特爾說的一樣。

只因為某個主題的順位最高，並不代表你要為了顧全它而全面棄守其他主題，不必為了一美元的價格就讓自己受盡委屈。到了某個點，你就會察覺自己付出太多。這可以說是一門藝術，大部分的談判人員都很懂得權衡，知道為了在自己最喜好的議題上，再多得到最後那麼一點好處的成本，什麼時候算太高。你也可以先預演：「如果對方提出價格多一美分，換取多五年退款保證期間，該怎麼做？」9*

如何談論你對各項議題的重視程度，會影響協商結果。不要把任何一件事講得太不重要，例如你說：「我們完全不在乎退款保證。」對方可能會認為這件事情對你而言毫無價值，而預期你會直接奉送。同樣地，也不要展現出自己的渴望，例如你說：「我們願意為了提高價格做任何事。」不過，你或許可以誘惑對方跟你敲竹槓，再要求對方拿最高的代價來交換，較好的方法或許是說：「雖然每件事對我們而言都很重要，但價格是第一順位。」

為什麼不直接說：「每件事對我們都很重要？」聽起來很高明，但是通常會造成反效果：它會讓所有事都變成「切分差額」（split the difference）的戰爭，導致你無法在其他項目上讓步，藉此在你最重視的項目上多換取一些利益。†

主題內取捨。但是，如果你的談判對象完全不為所動呢？完全沒希望了嗎？沒有這回事，你還是有辦法克服僵局並創造大量價值，做法就是聚焦特定主題的創意選項，這個選項可以滿足某個人的潛在利益。拿出你先前在 I FORESAW IT 準備中列出的創意選項，並挑出最好的幾個放入 TTT 表裡，就可能把令人挫折的討論變成更讓人滿意的對話。

二〇〇八年金融海嘯時，一項針對全美人資主管進行的調查顯示，大部分人資高層都開出求職者不樂見的低薪，幾乎沒有往上談的空間，但是人資主管願意針對福利協商，例如多一點假期、延後到職日期、提高搬遷補貼。如果求職者主動詢問，人資高層甚至願意提供比上述更豐厚的福利，但是他們遇到的求職者大多沒有開口，[10]如果那些求職者當時先列出各種可能性就好了。主題內取捨環節，就是要讓你列出這樣一張清單。

為什麼針對每個主題要列出二到四個有創意的好選項？因為再多會讓這張表太笨重，但是少於這個數字又會讓你幾乎沒有機會克服僵局。重點是要把你的想法精華放入表格中，讓你一眼就可以看到，並在感到氣餒時，提出很棒的解決方案。（需要時，你只要查看 I FORESAW IT 計畫的選項部分，就能找到其他解決方案。）如同我們看到的，提出好幾個出色的想法會幫助你既有力量又討人喜歡地堅持下去。[11]

---

* 你可以更進一步。借用經濟學家的建言，你可以精算後，在這個欄位分配，並寫下特定主題每增加一部分創造的價值點數，藉此反映出它的相對價值，例如對我們而言，五年退款保證價值五十點、四年退款保證價值七十五點、三年退款保證價值九十點，以及兩年退款保證價值一百點。八十美元的價格價值九十點、九十美元的價格價值一百二十點，以及一百美元的價格價值一百三十點。（在這個案例裡，邊際報酬會隨著條件愈來愈好而遞減，這也是通例。）接下來，你就可以追求一項為自己創造最多點數的交易。實務上，我發現多數談判者無法做到這麼精確，包括我自己在內，而且我還擁有經濟學學位。不過如果你可以做到，或許會有幫助。

† 如果你無法明確排定各項主題的重要順序呢？試著至少把主題的重要性區分為高度、中度、低度，如此一來，你還是可以發掘一些好的交易方案。

設計整包提案

做出ＴＴＴ表後，最後一個步驟就是要用這張表設計整包提案：緩衝充足的初始提案、最糟糕的底線提案與創意提案。整包提案是一組涵蓋所有主題的條款。研究顯示，整包提案具有獨特魔力，可以促使各方開始討論有創意的提案，這樣的交易結果會讓雙方都更滿意。[12]逐一討論每項議題會造成一場又一場的戰鬥，這有點違反直覺，你了解我的意思嗎？雖然看似較有效率，但每次單純只協商一個主題通常都是錯誤的，因為這麼做會扼殺你找出雙方都偏好協議的能力，還會變相鼓勵雙方針對各項重點獨立爭鬥。[13]（當然，你可以暫時針對某個議題達成協議，但是最好保留再交易的機會。）

所以如果你討厭談判，是因為雙方有時候會變得爭鋒相對，就一定會喜歡整包提案，因為這麼做可以減少爭論。ＴＴＴ表最底下的這部分，就是要幫助你把所有主題包裝起來談判。設計三套整包提案，可以幫你準備好：一、設定對自己有利的談判基調；二、揪出無法接受的反向提案；三、有創意地突破僵局。以下是實際做法。

初始提案。如前所述，為了在競爭性談判時有好表現，資深談判者會創立緩衝充分的初始提案，這部分就是要讓你建立初始提案並寫下來。

首先，將目標欄位的最佳目標謹記在心。

接著，至少針對一個主題保留緩衝空間。

為什麼需要緩衝？因為大部分的談判者都要看到對方讓步，才會覺得自己受到尊重並被公平對待。因此，如果你一開始就說：「我們出價一百美元。」對方大概會預期你降價，如果你堅持不讓，他們可能會感到不滿，認為：「你是哪位？憑什麼自行決定條件？」（但是有些例外，在部分文化和產業中，預設緩衝空間與討價還價的做法較少見。通濟隆集團（Travelex）的一份研究發現，[14]在中國和印度，談判過程一般會經過來回議價，但是在日本和巴西幾乎不會出現這種情況。不過在最重大的事情上，相互討價還價才是常態。）因此，如果你一開始就要求最佳目標，最後幾乎不可能達成。為了取得最佳目標，你提出的初始提案必須預留之後讓步的緩衝。

針對你最喜好的主題加上緩衝格外明智，因為如此一來，你才可以在讓步之後，依舊在自己最在乎的事情上達到最佳目標。（你可能會針對每個主題都加上緩衝，但是要衡量一下風險與報酬，因為你針對愈多項目加上緩衝，看起來就會愈激進。）所以，你要設定多大的緩衝？簡單來說，你可以加上很多的緩衝並快速讓步，或是加一點緩衝卻緩慢讓步（第七章

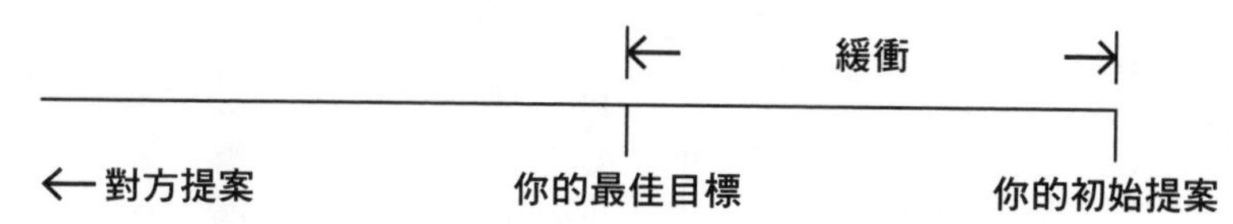

會再討論。）以下的例子就是在初始提案中加入緩衝的結果：一百一十美元加上一．五年的退款保證，或是一百零一美元加上十七個月退款保證。

可接受的最糟提案。要知道什麼時候說不，接下來你得界定「明確測試」(bright line test)，也就是一個至少可容忍的協議。為了做到這件事，請見「目標」欄位，並找到你的底線。整體來看，底線就是你可接受的最糟提案，例如八十美元加上五年退款保證。在一般情況下，你應該拒絕任何比最糟提案更糟的提案。*

創意提案。在這裡，你可以發揮創意，利用「主題間取捨」與「主題內取捨」欄位，至少組合出一個整包提案。背後的概念是要準備好一個有利於雙方的整包提案，在對方不願接受你的提案時，藉由這個整包提案來發想有創意的解決方案。以下是一個例子：每單位一百美元，加上特定品項折扣，加上五年保證期間，期間內退貨可以換成消費點數。最後的協議可能與此極為不同，但關鍵是利用這個整包提案來促進合作思考。

這樣就夠了，你的腳步已經比過去更穩，因為你已經取得這趟旅程的地圖，或者也可以說你掌握了戰術表。

有時候需要協商的其實只有單一主題，例如價格。這時候該如何做準備？只要使用表格中該主題的「目標」欄位（如價格一百美元至八十美元），再加上緩衝（如一百一十美元）即可。

改變範圍，就能改變權力平衡

當你感到無力時，其中一個存活下來並茁壯的方法，就是**改變協商的範圍**。你可以縮小或擴大議程，又或者改變討論的主題數量。當對方要你摘星星、摘月亮、摘太陽時，縮小協商範圍可以保護你。舉例來說，試想一位大客戶想要商談全面性供應協議，要求你好幾年內以低價提供所有的產品，還加上一堆對你不利的條款，這時候你可能就會想要限制討論範圍，只聚焦在一或兩個產品，以保護多數產品線。相反地，擴大議程可以在對方只把重點放在一或兩個重大要求時給你幫助。假設一位議價能力極強的地主堅持大幅調漲租金，你或許就可以擴大議程，把地主依據目前租約答應你卻尚未進行的翻修工作納入討論。一位年輕租客原本面臨一〇％的租金上漲，最後就是靠著這樣的操作，讓地主同意以租客免除翻修為條件換取租金不變。她或許也可以把租約期間納入討論，詢問地主可否一次簽訂兩年租約，但是減少租金漲幅。

你甚至可以靠著決定商討某個關鍵主題的時間點，來縮減和擴大議程。如果你目前的立場較弱勢，但是已經知道取得大筆貸款、投資、主管機關批准、其他提案或學位後，立場就會轉為強勢，可能就會想把討論的時間點列入議程中的重要項目。有一個方法是，現階段先取得有限的協議（如

＊　例外：如果對方的提案有部分並未達到你設立的底線，但是有些通過門檻，這時候你面臨的選擇就較為艱難。如果在你最在意的事情，對方給的很少，最好還是拒絕，但如果未達到底線的是你最不在乎的議題，或許值得考慮。

產品試用），之後再擴大（如延伸到正式銷售）。（不過要切記，如果你一開始就同意對自己較不利的價格，之後就不容易漲價。）另一個商討時間點的方法則是，尋求**選擇權**（option），像是未來六十天內，對方不得和其他對象商談，或是單純討論展延即將到達的截止期限。光是調整截止時間，往往就可以帶來極大改變。

另外，把談判地點列為要初步討論的主題也會影響結果。一九四九年，聯合國調解人拉爾夫·本奇（Ralph Bunche）召開以色列與埃及的和平談判。他刻意挑選地中海羅德島上的玫瑰大飯店（Grand Hotel of Roses）作為談判地點，當地生活條件很原始，食物令人難以下嚥，所有與會者都感染痢疾。本奇的外交官同僚芬羅倫斯·芬可斯坦（Lawrence Finkelstein）回憶，本奇當時「刻意利用他身為主席的特權，要求各方不間斷地談判，直到他們再也無法抗拒協議。」芬可斯坦表示，本奇就是這樣贏得諾貝爾和平獎的。[15]

「在所有事情都達成共識前，不存在任何協議」

如你所見，TTT表也會提醒你，不要一次只協調一個議題，而是要一口氣思考並討論多個事項。你要討論整包提案，並在議題間取捨來創造價值。你可以在談判開始時，就先提出一個討論的基本原則，藉此強化上述的概念。例如，你可以說：「為了幫助我們一起探索有創意的可能性，是不是一起遵循在所有事情都達成共識前，不存在任何協議這個原則？我們當然可以暫時同意某些事，但是在正式簽署之前，讓我們留給彼此修改的空間，才能得出雙方都滿意的協議，這樣好嗎？」

授權與合作

如果你是某一方的談判代表，TTT表特別有幫助，因為可以幫助你了解自己的權責範圍。委託人願意給你多大的自由？希望你發揮多大的創意？通常這會決定你是「試圖」理解老闆的想法，還是「真正」了解老闆的想法；看你是盲目行動，或是看得一清二楚。你可以把TTT表當成採訪工具，向主管問出自己該或不該談論哪些事、你針對每個議程項目有多大的操作空間、老闆最在乎的是什麼，還有哪些創意解法是可接受的。

TTT表也可以幫助你向委託人協調出委任內容。舉例來說，你會不會希望自己像國王或總理一樣，權限大一點，讓你的目標和選項可以設定得較廣？或者你會希望自己的權限小一點，目標狹隘、選項少，讓你差不多就是信使？

當你是談判團隊的成員之一時，TTT表則會幫助你們保持高度協調。米塔爾表示，他和團隊成員握有全體共同彙整的TTT表時，會覺得彼此的方向更一致，也更有信心。米塔爾說：

「TTT表有助於確保所有人的想法一致，也有助於提升團隊成員間的互信與互賴程度，讓彼此完全理解團隊立場。我們發現，這項工具在依據我們面對協議的複雜度、數量和規模，促成這樣的信任感上非常重要。」學生也發現相同的好處。

（對於要一口氣主導多項協議的人來說，米塔爾發現它的另一項優點：「有時候我很難記得所有正在進行中談判的細節，因此掌握一份共同的參考資料，讓我們可以在同時進行多項協議時，保持想法一致，這是一件很棒的事。」）

其中一個在團隊合作時利用TTT表的方法，是把它當成採訪團隊的工具，依序針對主題、目標、優先順序等，詢問每位團隊成員的想法，把答案寫在白板或Google文件上。接下來，把所有成員的想法彙總起來，直到整個團隊達成共識。如果你現在是團隊代表，但是成員之間對於接下來的談判想法不一，這時候上述做法格外有幫助。TTT表有助於建立共識，而且當團隊成員認為自己的意見完整地被傾聽，通常會比較相信談判代表。

TTT表在遠距工作時代對談判團隊的助益

如果你曾試圖透過視訊與多位夥伴合作，可能遇過一個狀況是，其中一位隊友提出爛提議，而你完全無法吸引他的關注，好讓對方停止，讓你的心情愈來愈沉重。這就是在視訊會議前，和團隊分享完成版ＴＴＴ表特別有意義的原因。如同米塔爾所言：「當你無法看到每個人的表情（可能有些人沒有開啟鏡頭）……也無法看到對方的肢體語言，或在桌下偷偷推一下對方時，這種工具就變得非常重要。由於我們在會議前，就已經花時間用這項工具釐清要說的內容，因此在Zoom會議進行時，不需要在其他成員說話時介入或打斷，闡明對方的說辭。」

但無論是不是視訊會議，和團隊共享ＴＴＴ表都可以提升談判表現。第一步要在談判前發布此表，並請團隊檢視內容，讓所有人都知道談判計畫。接著，在會議前進行角色扮演、分派每個人的角色，並回答問題，讓所有人一起做好準備。

管理高度複雜又長串的契約談判

ＴＴＴ表雖然也有助於談判人員處理相對輕微的事宜，但是它的價值會在談判主題龐雜時提升。米塔爾強調，「如果一份契約長達數百頁，寫出一張ＴＴＴ表極為重要。它可以幫助你做到的第一件事，就是在數百頁的契約中，找出那三、五、七個真正重要的議題，那些才是真正的關鍵。在那五或七個議題上，你願意在哪些部分讓步？又有哪些地方必須強硬？你想傳達的重點又是什麼？」

像這樣聚焦，就可以把像海洋一樣無邊無際的議題變成可控的池塘，如果沒有專注在幾個重點，很容易會感覺崩潰並無話可說。幾年前我還是新手律師時，處理一份航空業的租賃協議，這類協議要處理的契約長達數百頁。某個週五，我把一百頁的草約寄給客戶——一家挪威銀行，並請對方在週一前給我回覆。週一早上，我詢問銀行窗口是否收到草約，並且讀完。對方回應：「有。」「有沒有什麼意見？」他回答：「沒有。」當時不管是他、我或我的同事，全都沒想過要釐清他對議題的重要性排序，或是建議他應該把重點放在哪幾個議題，我們只是丟給他海量的法律文件，要求他從那片汪洋快速游回岸上。無所適從的他，原本可以在我們的幫助下，挑選出幾個優先順位可能較高的議題。如果當時掌握了TTT表，就可以幫助我們做到這件事。

協商內容龐雜，是否代表TTT表要超級長？米塔爾給出否定的答案，「我認為你不需弄到五、十、十五頁長，（或許）二到三頁，看高層涉入的程度有多高，如果你公司的執行長也參與協商，超過一頁大概就太長了；如果你有一整個行動團隊，二到三頁大概比較適合；如果你要領導一群重視細節的律師和超重視細節的執行人員，可能需要稍長一些，要視談判的本質與背景而定。」手中握有TTT表的談判者發現，自己不會被超大份的文件嚇到，反而可以更輕易搞懂法律行動。他們可以在更高層的策略與觀點下，遊走於不同議題之間，也具備有效處理特定議題組合的細部能力。

不變的指南星

大部分影響重大的談判都不會只談一次就結束，經常得開數十場會議，可能得橫跨幾週、幾個月，甚至幾年。這時候該如何謹記自己努力的目標？資深談判者發現TTT表恰恰可以幫助他們做到這一點，只要與最新的提案相比即可。如果沒有TTT表，當對方談判人員提出一連串提議時，一不小心就會把重點放在對方最近一次讓出哪些利益，而忘記自己最初的目標。研究發現，[16]即使是經驗老道的談判者也很容易被「定錨」（anchored），也就是在自己沒有意識到的情況下，轉向極端的提議。TTT表就像清楚的指南星，幫助談判人員抗拒這樣的偏見，也讓談判人員可以更輕易把剩餘的會議交接給其他同仁。新的談判人員在進行接下來幾場談判時，可以將之當成參考工具與清楚的指南。

同步推進多項談判

你也可以利用TTT表，將幾個相關或類似的談判綁在一起。萬事達卡的談判團隊發現，一份TTT表可以作為其他TTT表的範本，節省所有人的時間，也幫助他們找到原本可能會忽略的想法。隨著時間過去，萬事達卡團隊已經建立小型的TTT表資料庫，每次談判都可以借用既有表格，使用方式很像律師在套用合約範本。

急就章 vs. 完整準備

面臨危機時，你可以在談話前幾分鐘急就章地做出ＴＴＴ表，用來指引你快速進行研究並發揮創意，當然還是比即興表現來得好，但做好更充分的準備通常是明智的投資，可以締造絕佳報酬。如果你習慣這種趕鴨子上架的雜亂表格，其實是在虧待自己，特別是如果你在列出目標時根本是用猜的。最好還是把ＴＴＴ表做成 I FORESAW IT 工具的整合結果。做不到嗎？何不請隊友幫忙準備，再一起檢視？

重要的自動保險裝置

即使是經驗豐富的談判老手，也常常到了很後期，才會發現自己忘了提出某項要求，或是不小心超出原本設定的限制，又或是忘了提出一個原本可望解決關鍵問題的創意構想。我曾詢問數千名商業談判者，因此在第一線見證過心理壓力和時間壓力，有多麼容易提高犯下這類錯誤的風險。ＴＴＴ表會幫助談判者規避這類嚴重錯誤。

製作對方的TTT表效果極佳

試想你發現對方的祕密內部備忘錄，內容提到他接下來與你談判時有哪些偏好。得知這樣的資訊，可以幫助你更成功地創造並獲取財富。假裝自己是談判對象，另外製作一份TTT表，某些層面上也算是讓你掌握這樣的資訊。在會議前，初步透過研究和猜測盡可能完成這張表。接著在會議進行時，你（或是讓隊友做可能更好）可以傾聽對方說辭，並詢問有助於你精修那張表的問題，例如詢問對方：「對你們來說，各項主題的優先順序是什麼？什麼事對你們來說最重要？第二重要的又是什麼？」（但要特別留意，對方宣稱的未必會是真的。）

資深談判人員會竭盡所能地掌握對方的觀點，而且掌握度必須夠高，至少效力要等同於填寫了一部分對方的TTT表那樣，那張表格可以揭露出寶貴的交易方法。順帶一提，美國國務院官員的標準做法是，指派一位團隊成員在談判前，找出對方對議題的重視程度排序。17

律師（與客戶）要使用不同版本的特殊原因

我一開始介紹TTT表時，特別點名許多領域，那些領域的內部人士都會仰賴看一眼就能行動的戰術表。但遺憾的是，我的第一份工作就不在其中，我做過好幾年的公司律師，或許是出於這個原因，看到協助處理交易案件的律師使用業界普遍做法洽談合約用語時，總覺得格外困惑與不滿。他們出席談判時，多半不會攜帶任何指南，如果有，可能就是稱為「議題清單」（Issues List）的東西。親愛的讀者，我必須承認那種東西讓我很崩潰，我看過的議題清單有四欄：主題、對方立場、我方立場、我們建議的談話要點，這比較像是法律摘要，而不是TTT表，而且幾乎可說就是設計來找人吵架的。

公司律師幾乎不會明確設定範圍、排序主題的重要性，或是寫下有創意的選項，他們幾乎做不到有既有力量又討人喜歡地堅持下去。因此，律師在商業交易中多半不知道自己創造或取得多少價值，不只一位頂尖律師事務所的合夥人告訴我，他們主要只是把交易記錄下來。換句話說，就是確保法律文件的內容確實是客戶想表達的意思，並幫助客戶規避不必要的法律風險、確保合約在法律上可以強制執行。這當然很有價值，但是當我向一位投資銀行家友人詢問對這套做法的想法時，對方卻蹙眉搖頭說：「是呀！那就是我們對自己的律師最不滿意的地方，他們覺得我們只要這些就夠了。」

律師可以為客戶（和談判對象）創造財富的概念，如此重要卻又沒有受到足夠的重視，促使哈佛大學法學院教授羅伯特．姆努金（Robert Mnookin）和幾位作者合著《超越勝訴》（*Beyond Winning*），全書都在講述這個概念。

那麼，客戶應該預期公司律師做什麼？我建議律師可以製作律師版的TTT表，這是經過微調的版本，是我特別為律師設計，用來與對方協商合約用語的工具，利用這張表格有助於律師和委託人擬訂更令人滿意的合約，不僅如此，還能做得更快且更了解自己得到什麼。律師版TTT表對律師可能特別有吸引力，因為可以幫助律師管理協商，並且找出方法來更快速地化解僵局。

製作這種表格還有一個原因：可以更輕易把簽約流程自動化。現在人工智慧幫助律師自動草擬或修改合約的機會愈來愈多，大部分的合約人工智慧軟體要求提供的訊息，正好是律師版TTT表原本就有的內容。所以如果你已經建立了，就可望更進一步加速契約協商流程。[18]

以下的範例中，這位律師要為借款人向貸款方協商貸款協議：

主　題	貸款方草約	借款方修訂	借款方最佳目標	可接受的最糟結果	優先順位	事務所建議回覆
契約條款請見第 ___ 條	任何違約情事只要金額大於 500 美元，即觸動交叉違約條款（cross default provision）；維持最低淨值 50 萬美元	無交叉違約條款；無最低淨值條款	違約金額大於 100 萬美元，才會觸動無交叉違約條款；最低淨值 1,000 美元	違約金額大於 10,000 美元，即觸動無交叉違約條款；最低淨值 25,000 美元	1	借款方需要有空間，在不至於造成公司變得極度脆弱的情況下，應對無關緊要且只是過渡性的現金缺口。考量這項商業計畫料將出現波動，借款人不該被要求維持不切實際的淨值水位。這對貸款方而言，應該不會造成問題。這一點格外值得注意，因為貸款方依據第 ____ 條條款，可以在借款方技術性違反條款且無法在 3 天內補正的狀況下提高利率。 選項： • 有權每季檢視財務狀況 • 有權要求進一步保證 • 立即通知＋違反條款後 120 天起，算是技術性違約
補正請見第 ___ 條	無補正期	21 天補正期	14 天補正期	5 天補正期	6	指出市場上通例是 2 週以上補正期。 選項： • 大部分違約事件都可補正 • 有權在 5 天內要求進一步保證

太空人、足球教練、機師和你

我想像未來某一天，TTT表在談判界的普及度和重要性，可以媲美太空人、機師手中的檢查表，或是球隊教練的戰術表，那一天就是談判人員比現在更懂得合作，也更繁榮發展的時刻。但是在那之前，你可以把TTT表想成自己的競爭優勢，也是合作優勢，這項簡單的工具可以幫助你和團隊，從多個面向提升談判滿意度，特別是在壓力大的時候。

我們現在已經發展出可以幫助你做好心理準備，進而減輕焦慮感的好幾項工具，但如果你還是覺得頭腦準備好，不代表心理準備好了，該怎麼辦？如果你已經可以想像在和對方洽談時，會緊張到影響表現該怎麼辦？你並不孤單，還有另外一項工具在設計上就是可以幫助你因應這樣的挑戰，克服它並加以戰勝，請見第五章。

工具概覽

ＴＴＴ表：一張四欄表格，涵蓋議程、範圍、優先順序、最佳創意選項，以及幾個整包提案樣本。

小試身手

你要怎麼在本週內實際應用ＴＴＴ表？以下有七個不同的建議：

挑戰一：快速實作。花費不到十五分鐘，為即將到來或已經過去的談判做準備，單純感受一下要怎麼立即變出一張表，和朋友一起練習使用表格。（第五章會更深入介紹角色扮演。）

挑戰二：製作完整的ＴＴＴ表。花多一點時間，好好準備一張經過完整研究的表格，為你下一場重大協商做準備，並在協商時帶著。

挑戰三：整合團隊。請主管或團隊幫助你在重大談判前準備好ＴＴＴ表，確保所有人的步調一致，全都遵循那頁文件的內容。

挑戰四：全面發放影本。把完成後的表格，發給團隊中每個要和你一起前往談判的人，簡單向他們說明內容，並請他們在談判時參考這張表，藉此確保大家的步調一致。

挑戰五：製作談判對象的TTT表。假想你們是談判對象，準備（或請隊友準備）一張暫訂版本，強化找出可能的交易模式與提案的能力。讓你們找到自己願意提出、對方又有可能接受的選擇。隨著你們掌握更多的資訊，再進一步調整這張表。

挑戰六：重組。在經過幾輪協商後，重新檢視你的TTT表，看看之前是否忽略某些主題、距離最佳目標還有多遠、可以提出哪些取捨方案來進一步推動協商進程。

挑戰七：傳授知識。最好的學習方式之一就是教人，因此不妨和有興趣的朋友或同事一起坐下來，教他們如何建立TTT表，幫助他們為一場還算重要的談判做準備，詳細提問來幫助雙方學習。

第五章 與哥吉拉共舞：遇到強勢對手前的角色扮演

工具：角色扮演

使用時機

- 擔心在談判時被情緒淹沒
- 擔心自己面對壓力時，會忘記要說什麼
- 對方態度強硬或不友善時，不確定該如何回應
- 擔心說錯話或妥協

工具用途

- 管理你的情緒
- 準備好在壓力下好好表現
- 更了解什麼該說、什麼不該說
- 在安全環境下，練習即時應用其他工具

一九六一年六月，適逢冷戰最嚴重時，甘迺迪總統飛到維也納，參加他首度也是唯一一次和蘇聯總理赫魯雪夫的高峰會談。他很聰明，卻完全沒有整理好心情，走進會議現場時，一心想著自己的魅力和聰明，可以動搖赫魯雪夫這位倖存的史達林屬下。九十分鐘後，甘迺迪總統再次現身，看起來情緒極為不穩，讓幕僚嚇壞了。「每次都是這樣嗎？」甘迺迪總統詢問大使。[1] 後來他接受《紐約時報》（*New York Times*）記者採訪時表示，那是「我這輩子遇過最糟的事，他把我生吞活剝了」。[2] 甘迺迪總統曾在二戰中差點陣亡，他一生中多數時候都為嚴重的健康問題所苦，兩度被發出病危通知，還受到哥哥過世的沉痛打擊，與某個男人在會議室裡的談話要怎麼比這些經驗更糟？

我也曾在談判中大受動搖。幾年前，應一家大型銀行之邀，要我像前一年一樣提供談判訓練。我說：「好，我會提供依據去年合約更新後的單頁合約，然後我們再進一步洽談。」聯絡窗口停頓一下後說：「嗯，關於那件事，我們現在和賣家的合約用的是新版本，我會請律師把檔案寄給你。」我收到時發現，那是一份長達十二頁，而且包含一大堆誇張要求的合約，其中甚至包括這一條：如果這家價值一千億美元的公司被任何人以任何理由索取任何金額的賠償，我永遠都必須賠償。我覺得自己就要破產了，因此聯繫銀行律師亞曼達，告訴她：「謝謝妳的這份草約，我相信我們可以一起寫出一份讓所有人都滿意的合約。我有幾件事必須和妳討論，而我……」話還沒說完，就被亞曼達打斷了，她說：「來，讓我解釋給你聽，合約是什麼？合約就是具有約束力的協議，這就是那份合約。如果你有問題要問我，我會回答，但我們和上百個其他廠商都是用同一份合約，我們絕不可能為了像你這樣的人就修改內容。」

妻子表示在那次對話的幾分鐘後看到我時，幾乎認不出來。我氣到發抖，那天我和亞曼達還說了什麼，已經不太記得了，記得最清楚的只有自己當下直接爆發。「讓我解釋給你聽，合約是什麼？」我瞬間拋開所有良好的談判操作，開始氣急敗壞並大聲喊叫，不停打斷她，也幾乎沒有聽到她說了什麼。如果你看到當時的我，一定會感到很沮喪，心想：「我以為你是談判專家，結果卻如此糟糕！」我確實糟透了，談完後才想到，在那通難堪電話的最後幾分鐘裡，她其實做出一些讓步，直到後來我也才想到，其實有一些創意的選項，原本可以巧妙地處理最主要的問題。最後，我並沒有重回那家銀行授課。

差不多在同一個時間點，一位學生告訴我，他試著針對一份工作合約進行協商，但是遭到雇主強力駁回後，他被嚇到啞口無言，也徹底失去談判該有的樣子。我因為他的分享與自己和亞曼達的經驗，變得謙遜也受到警惕，並從中理解到一件事：我和我的學生，甚至是甘迺迪總統，帶到談判現場的東西還不夠，欠缺某種可以幫助我們逆轉局勢，並應對情緒爆發的東西。

接下來要探索一項我在那之後發現的工具，正好可以做到這件事。這項工具幫助我、我的學生及資深談判人員，而且它仰賴的操作模式和許多其他高壓領域專業人士使用的方法類似。整個過程很單純，完成後你會在感覺自己是遇上哥吉拉的小鹿斑比時，更有信心、做事更有效率，心理準備也做得更完善。

有什麼可以幫助你因應壓力？

幾年前，一家會計公司在與客戶洽談年度審計合約前，聘請談判專家幫忙訓練自家會計師。對多數會計師事務所而言，審計都是利潤最高也最重要的服務，但是這家公司的會計師卻要在幾乎沒有受過談判訓練，也沒有什麼談判經驗的情況下，前去和客戶協商。協助訓練的幾位談判專家做了一個實驗，為其中三分之一的審計員提供基本訓練，重點放在與審計無關的模擬協商，例如購買房屋等物品；另外三分之一的審計員則是獲得如何系統性準備協商的基礎訓練。不過表現最好的其實是最後一組人，他們的談判對象更開心也更滿意，同時談到的合約也對公司更有利。[3]他們多學了什麼技巧？

提示：請看奧運選手在上場前會做什麼。不管是滑雪、體操、滑冰，還是其他運動的選手，常常都會閉上雙眼並旋轉，彷彿在腦海中排練接下來的表演。他們確實會這麼做，在腦海中將上場畫面視覺化，這是多數項目的頂尖運動員的標準操作。我曾遇過會在腦海中想像畫面的頂尖選手，他們專精的項目是游泳、曲棍球、綜合格鬥等。事實上，我從未遇過不這麼做的頂尖運動員，因為視覺化會讓他們做好心理與生理準備。研究顯示，在心中想像畫面與實際執行某件事帶來的好處相當。[4]運動員會覺得更冷靜、準備妥當，真正上場時也會比較放鬆；會有這樣的感受：「去過了、做過了。我可以的！」

政治辯論前夕，政治人物也會請熟悉辯論的盟友扮演對手，並請其他助手扮演提問者，這樣的操作也有類似功效。[5]同理，軍人在模擬戰中也會模擬戰鬥情境，有時候甚至會使用實彈幫助他們捕捉戰鬥時的真實情緒。[6]太空人與任務控制中心人員會持續演練，尼爾．阿姆斯壯（Neil Armstrong）和艾德林登陸月球時，已在休士頓的模擬器中演練過數百次的「登陸」。機師則慣用飛行模擬機，模擬機真實到美國聯邦航空總署（Federal Aviation Administration, FAA）可以接受機師用一小時的模擬練習，抵免一小時實際飛行時數。[7]許多機師在模擬器中會盜汗、呼吸困難，有些人甚至會嘔吐，這個模擬經驗就是如此真實。他們這麼做，就是要為了實際飛行時，可能面臨、最駭人的情況做準備。

角色扮演

回到審計員的故事，最後一組審計員到底學了什麼其他組沒有的談判技巧，讓他們表現得較好？答案就是角色扮演（roleplaying）。他們一起預演，模擬即將與客戶討論的場景。就像他們（以及總統候選人、奧運選手、軍人、太空人和機師）一樣，身為談判者的你，也可以靠著角色扮演獲得莫大利益。角色扮演最好的進行方式是什麼？

丹麥談判學家、政治顧問及角色扮演專家索倫・莫姆伯格（Søren Malmborg）曾做過研究，檢視如何在高壓會談前利用角色扮演的力量。他也持續推廣這種簡單的方法，以下是他的建議：

一、談判前，請一位盟友假裝即將與你談判的對象來做準備。與此同時，你按照平常的做法準備這場會談。
二、你與那位盟友以角色的身分見面，並開始投入談判的角色扮演。
三、五分鐘後，你暫停說話，讓盟友以談判對象的身分批評你的表現並提供建議。
四、繼續進行五分鐘的角色扮演。
五、暫停。盟友再次提供批評與建議。
六、重新開始角色扮演五分鐘。

七、最後，讓盟友以角色的身分評論你的整體表現，並提供總體建議。

簡單來說，就是**角色扮演**、**回顧**、**重啟**。莫姆伯格和其他角色扮演專家強調，準備非常重要。如同知名顧問保羅・舒馬克（Paul Schoemaker）所說，準備和角色扮演本身一樣重要，[8]「放進去的是垃圾，出來的就是垃圾。」角色扮演絕對無法取代準備工作，就像在腦海中視覺化上場時的情境無法取代運動員的練習一樣，這些做法只是強化你的準備，讓準備更臻完美。

在一場成功的角色扮演進行前，你或盟友如果已經各自準備好獨立、精簡版 I FORESAW IT 計畫會有所幫助。精簡版的意思是可以先跳過融洽相處、反應與回應、同理心與道德，因為角色扮演自然會點出這幾個部分。也是出於同一個原因，你甚至可以不用思考對方的利益與替代方案，和你進行角色扮演的對象會找出這幾個重點，莫姆伯格和我把這種做法稱為 I FORESAW IT 2.0。無論如何，都要鼓勵盟友在扮演你現實生活中的談判對象時，做出最難搞但仍符合事實的版本。你也要讓對方知道自己的談判對象是什麼樣的人：他是神經質的大嗓門嗎？還是陰沉寡言？專業又親切，或是忙碌又缺乏氣度？你和盟友準備得愈好，角色扮演的經驗就會愈逼真、情緒也會愈豐富。

該如何審慎應對角色扮演？我曾見證數千場模擬談判，知道雙方一開始常常會因為演戲而忍不住笑場。有時候只要在開始前先說好：「讓我們在會議室洽談，並且從一開始就嚴肅面對。」這樣就能解決問題；或是單純接受那種尷尬感，知道隨著角色扮演的強度增強，雙方自然會進入角色中。事實上，有時候模擬情境最後會變得太過真實，結束後參與者還得設法紓壓。

當談判對象是令人畏懼的哥吉拉時，角色扮演格外有意義。有些哥吉拉很友善，感覺是碰巧掌握極大權力的長輩；但也有些人是極為嚇人的哥吉拉，刻意要惹人厭惡，會霸凌或操縱談判對象。蘇聯外交官就是惡名昭彰的哥吉拉，大家都知道他們會亂丟文件、喊叫、拍桌、丟家具、大發雷霆，反覆說：「不要，不要，不要！我沒有權限這麼做！」還常常會下最後通牒，上述這些算是比較溫和的做法。

一九六〇年，赫魯雪夫在聯合國演繹了蘇聯式談判法，在另一位外交官發言時，反覆用鞋子敲打桌子。你可以在 YouTube 上看到這段影片，看的時候不要忘了，他是當時世界上唯二握有核武的人物之一。這樣你就可以想像，甘迺迪總統在維也納面臨什麼光景。在維也納的會議上，赫魯雪夫打斷甘迺迪總統，警告俄羅斯可能會入侵西柏林，而且如果美國試圖阻止，就會引發核戰。錯愕的甘迺迪總統說：「互相發射核彈將在十分鐘內造成七千萬人喪生。」赫魯雪夫盯著他，回應道：「所以呢？」9

你這輩子或許都不需要面對像赫魯雪夫這樣的人，但是人質談判員卻常常遇到，他們必須面對威脅殺害小孩或前女友的人。為了因應這樣的情緒壓力，人質談判員會固定藉由角色扮演模擬危機，例如歹徒挾持人質，並威脅其他人在六十秒內完全配合要求，否則就要殺害人質。研究科學家、危機輔導員、前執法單位人質談判員傑夫．湯浦生（Jeff Thompson）博士說：「角色扮演至關重要，且不可不做。」他曾訓練全球數千名危機談判員，並密切研究這些談判員的工作。[10]危機談判員接受湯浦生詢問時，經常提到透過角色扮演演練的技能，他們表示：「哇！那真的有效！」

祕訣就是為危難做準備。湯浦生指出，如果要有效，角色扮演必須盡可能逼真，讓你感覺不舒服，進而習慣這樣的處境。這意味著在最理想的狀況下，應該找到真正了解你之後要面臨狀況的人，來擔任角色扮演的對象。為了營造出真實感，湯浦生會要求擔任受訓者演練對象的人，使用人質挾持者、試圖自殺的人、恐怖分子在真實世界中實際使用的說辭，例如「六十秒內給我一輛車，不然她就死定了！」為了增加壓力，湯浦生還會要求受訓者在數十人面前進行角色扮演，他表示：「這是壓力疫苗接種，在一個可以安全犯錯的環境中，營造出類似程度的壓力。」湯浦生還指出，許多研究都發現，角色扮演會幫助危機談判員顯著提振談判效果，其中包括一份美國聯邦調查局（Federal Bureau of Investigation, FBI）所做的研究。[11]「知道這些技巧不會讓你達到預期效果，透過練習獲得、使用這些技巧的能力才會。」湯浦生說。資深的人質談判員是否就不需要角色扮演？並非如此，湯浦生直言：「這件事不會停止，角色扮演就是旋轉木馬的一部分。」這是一個不間斷練習與表演的循環，就連最資深的談判人員也得做。

但是，如果找不到能夠一起好好做準備的盟友呢？以下有三個替代方案：

找一位有經驗的盟友。假設盟友沒有時間準備，但是她認識你的談判對象，或是過去曾做過類似的艱難談判。在這種情況下，她或許不用準備，也可以和你進行角色扮演，而且表現不會太差，足以帶給你顯著的好處。舉例來說，在我和亞曼達談話前，或許可以打電話給和我一樣教人談判，還曾經和大公司協商培訓工作的教授，請他和我練習角色扮演半小時；同理，我的學生當時可以先請職涯顧問，或是在人資部門工作的朋友幫忙；甘迺迪總統可以請之前提過的美國外交官湯普森陪他練習。湯普森曾和赫魯雪夫同住。（之後會提到，古巴飛彈危機期間，湯普森的經驗讓他對赫魯雪夫有所了解，讓他得以提供甘迺迪總統重要建言，進而化解古巴危機。）[12]

一個人進行角色扮演。我有時候會發現，在準備好以後，假裝自己是雙方代表，並實際開口演練很有幫助。假裝我在講電話或是和談判對象坐在會議室裡，先以自己的身分說話，再以哥吉拉的身分說話，之後再自己回應自己，以此類推。基本上，這就是用口語的方式準備 I FORESAW IT 中的「融洽相處、反應與回應」段落。雖然我還是比較喜歡和盟友進行完整的角色扮演活動，但發現即便只是自己一個人練習，也會讓實際談判的場景變得較為熟悉，也沒有那麼緊張。自言自語或許有點奇怪，但我們不是唯一會這麼做的人。美國開國元勛亞歷山大・漢彌爾頓（Alexander Hamilton）當年走在街上時，會大聲排練準備對陪審團和立法人員發表的演說，誇張到某次有位沒有認出他的店員，還以為漢彌爾頓是在店外胡言亂語的瘋子。漢彌爾頓不是瘋子，他或許堪稱那個年代最偉大的倡議者。[13]

錄音。傾聽自己以角色身分做出的發言，可以讓你對自己的口氣和說辭取得新的看法。這些好處就是有些談判指導員會要求學生在模擬談判中錄影並觀看的原因。「原來我是那麼說的？這就是我給人的印象？」在出席會議前得到這樣的回饋，可能帶來極大的影響。

心態與情感的轉換

角色扮演是幫你做好心理準備的有效方法，就像那三個字、I FORESAW IT、TTT表，是幫助大腦做好準備的有效工具一樣。角色扮演會幫你從還有點害怕的狀態，轉變為掌握大局並發自內心覺得已經準備好的狀態。但是如果準備結果顯示，你其實很弱小，而且在此刻進入全面談判，結果會很糟糕，該怎麼辦？接下來，要介紹幫助你克服這種情況的準備策略。

工具概覽

角色扮演：你和隊友可以各自準備，接著進行角色扮演、回顧、重啟。

小試身手

挑戰一：角色扮演、回顧、重啟。本週當你準備和哥吉拉談判對象來一場硬仗前，先準備（或許是用「那三個字」或 I FORESAW IT），接著把準備內容簡略告知隊友，請對方和你一起進行角色扮演、回顧、重啟，整個過程用不到二十分鐘。

挑戰二：團隊角色扮演。本週請談判團隊和你一起進行角色扮演，一些人當我方，其他人當對方。開始前，先決定每位隊友要扮演談判時的哪一個角色，例如領導人、議題專家、記錄員等，大家各自扮演自己的角色，之後再看看是否需要調整。

第六章 愈換愈好，愈飾愈少：用二手耳機換到一輛賓士

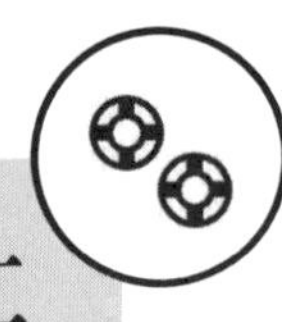

工具：Who I FORESAW*

使用時機

- 自覺弱小，且談判對象看起來過於強大而不會受你左右
- 發現自己沒有籌碼、別無選擇，可能必須接受談判破裂，或簽下爛協議
- 感覺自己需要他人幫助

工具用途

- 靠著一系列的協議建立動能，並放大自己的長處

- 變得更吸引人也更有力量
- 讓談判對象開始擔心你的BATNA
- 掌握你無法靠自己取得的強大資訊
- 找到較可能同意簽下絕佳協議的理想談判對象
- 還有更多

*也可以用在針對性談判（Targeted Negotiation）。

某天，住在亞利桑那州史考茲谷（Scottsdale）的十六歲少年大衛．奧特加（David Ortega），從哥哥那裡得到一副二手耳機。二十個月後，奧特加已經把這副耳機變成一輛賓士（Mercedes）雙門轎跑車，開去參加畢業舞會。

哪個腦袋正常的人會覺得自己能辦到？想像一下，奧特加看到那輛賓士停在鄰居家車道，很想要那輛車，所以走去敲車主家的門。車主應門時，奧特加說：「我看到你有一輛賓士。」車主說：「對，我確實有一輛。」「我有這副二手耳機，要交換嗎？」車主停頓一下後說：「孩子，滾出我的門廊。」但奧特加並不是這麼做的，他做的事非常精明，讓他真的走去敲車主家的門時，對方不僅熱情歡迎，還很開心地進行這筆交易，交出賓士車，奧特加是怎麼做到的？

奧特加在談判桌以外的地方採取好幾項行動，讓他在談判桌前更有力量。過去幾個月，奧特加先用那副耳機換到一個外接硬碟，再拿外接硬碟換到一台電動滑板車，之後再接連換好幾台電動滑板車，最後一次換到的電動滑板車被拿去換成桌上型電腦，再從桌上型電腦換成高級高爾夫球車。奧特加接著拿高爾夫球車換機動船，再用機動船換到二手的皮卡雪佛蘭（Chevrolet）Silverado，最後再用這輛皮卡交換賓士。

奧特加成功體現十六世紀思想家培根爵士寫下的智慧金句，讓我稍微改寫一下，變成現代說法：「在所有困難的談判中，你不能指望一次就種下種子並立刻收割，而是必須逐步為這門生意做準備，然後一點一滴邁向成熟。」[1]所以，當你在面對艱難的談判或衝突（或許對象是哥吉拉）而感到無力時，要怎麼運用這份智慧？

一個重要策略就是，不要立刻和對方談判，而是先找其他人談，在談判桌以外的地方採取行動。這可能意味著要和其他人進行一或多項協議，來強化自己的立場，也可能意味著要找到可以幫助你說服哥吉拉的支持者，或是像某座大城市市長所說的：「找到那個可以跟那個人交談的人，而那個人又可以跟那個人交涉。」小孩很懂得怎麼用這一招：「姊姊，妳可以拜託爸爸買新腳踏車給我們嗎？妳比較大，他會聽妳的。」在談判桌以外的地方採取行動這樣的策略，拯救許多弱小的社運人士、總理、總統和小企業主。如果要駕馭這個手段，只要用不同方式來應用你熟悉的工具即可。

在談判桌以外的地方增強實力

我沒有問題，我有朋友。

——「黑人音樂教父」阿凡特

I FORESAW IT是一套利器，但是總有些時候，單純為了直接對談做準備還不夠。事實上，完成整套計畫後，會更清楚發現自己需要較多籌碼，以及現在談判或許有危險。所幸，你可以利用一個我稱為Who I FORESAW的微調版工具，找到尋求額外談判力的途徑，它可以揭露該去哪裡尋找盟友、資訊來源、貿易夥伴、有影響力的人、保護者等人物，還有更重要的是，你會知道和這些人洽談的順序。基本上，這項工具會讓你知道如何像披頭四的那句歌詞一樣：「我靠著朋友的一點幫忙挺過了。」

第一，更深入地詢問：「誰可以影響結果，或是幫得上忙？」藉此列出一張豐富的潛在協助者名單，利用其他幾個字母代表的概念來回答這個問題，更準確地說：

誰的利益（Interests）和我相輔相成？誰與我利益一致？（**盟友**）

誰掌握了重要事實資訊（Facts）？（**資訊來源；專家**）

在那些潛在盟友中，我可以和誰談成足以吸引哥吉拉的選項（Options）？（**交易夥伴**）
誰對我的作為可能會有負面反應（Reactions）？（**敵人**）
誰會為我做出回應（Respond），例如聲援我？（**有影響力的人**）
拉誰加入可能會增加道德（Ethical）兩難？（**不可碰觸的對象**）
誰可能點出我的所作所為存在道德（Ethical）顧慮？（**批判者**）
〔暫時不討論排程（Schedule）。〕
在潛在盟友中，有誰是我可以協商，藉此找到我與哥吉拉談判破裂後，可以使用替代方案（Alternatives to Agreement）的人？（**保護者**）
還有哪些人物（Who）？（**其他角色**）

即使只回答上述問題的其中幾個也有幫助；找到所有問題的答案幫助更大。

第二，從你列出的人選中，找出看起來最重要的幾位談話對象。

第三，排程：用能夠增強自身力量的方式來排定談話順序，也就是要決定和清單上的人物溝通時，先和誰洽談。排程可以幫助你把自己的力量像雪球一樣愈滾愈大，因為每一次對話都能讓你取得更多的裝備，來應對一或多位盟友或是交易夥伴，進而讓你更有辦法和保護者洽談，以此類推。排程不是完全不能更動。在不同人之間遊走，靠機緣也靠計畫沒問題，這很正常也再自然不過，但是在腦海中選定特定人物，並大致想好對談順序，可以幫助你增強力量，藉此「逐步為這門生意做準備，然後一點一滴地邁向成熟」。

第四，準備和你想要交涉的每位對象斡旋。

第五，如果時間允許，重新檢視你原本為了應對哥吉拉寫好的 I FORESAW IT 計畫，藉此測試你的策略是否可行，自問：「如果我在與哥吉拉談判之餘做的這些協商都很順利，是否會強化我和哥吉拉談判時的力量？又會怎麼強化？」利用你的答案來精修策略。

第六，執行：先與其中一位人物協商，再找下一位，以此類推，直到你準備好與哥吉拉再次談判。

小新創如何拿下業界大客戶

來看看這個概念該如何化為實際行動。想像一位名叫哈娜的創業家，她想在華盛頓州塔科馬（Tacoma）重劃區打造一座新倉庫。這是她第一次創業，已經和好幾個中型客戶簽約，大部分都是飛機零件和ＩＣ產業的公司。她在其他面向上也已經取得進展：一位當地地主同意給她十八個月的選擇權興建倉庫、鎮政府同意給她九個月的開發選擇權、某家銀行已經同意十二個月內可以借款給她興建倉庫。但這個計畫的重點是要拿下主要客戶貝寧，貝寧是業界前幾大飛機製造商，以激進的談判手段聞名。

毫不意外，貝寧的談判代表提出的協議完全偏向自家公司，而且看起來根本不急著簽約。哈娜很擔心這次創業會失敗，畢竟其他協議在幾個月內就會失效。更糟糕的是，如果哈娜沒有獲得貝寧這個大客戶，就沒有其他大型客戶可以替代。她準備好 I FORESAW IT 計畫，但是那份計畫卻凸顯出她的弱小，該怎麼辦？

為了回答這個問題，哈娜使用 Who I FORESAW。

第一，找出誰的利益和她相輔相成，又有誰和她的利益一致。接下來，她想想看有誰掌握寶貴的資訊、可以和哪些關鍵人物協商出有價值的選項、誰有道德問題、誰可以成為自己具吸引力的替代方案等等。這樣的努力讓哈娜得到，她見過最豐富的一張人物清單。清單上包括與她往來的銀行、鎮政府、其他主要客戶、貝寧的競爭對手史凱華德、地主、具影響力的專欄作家丹・亞格（Dan Archer）、大型潛在客戶暨成人影片業者帕席恩、塔科馬開發協會（Tacoma Developers Association, TDA）。

第二，她重新檢視那張清單，自問誰看起來最重要、必須和對方洽談。哈娜考量道德問題，刪除帕席恩，接著又因為發現塔科馬開發協會能給的東西不多而加以剔除。

第三，她和名單上剩下的人排定會談時間。

第四，準備和各個對象協商。

第五，為了測試自己的策略，哈娜試想從接下來幾場會議如期獲得有用的成果後，和貝寧的 I FORESAW IT 計畫會有何改善。她的談判力是否會大幅增強？十之八九。

第六，吃下定心丸後，她實際執行策略。她採取之後很快就會介紹的幾個排序方法，最後決定率先找鎮政府洽談。

和政府官員談判開始不久，哈娜就按照原先的計畫指出，市府需要創造工作機會，也需要房地產稅的收入；此外，政府也必須向大眾證明，重劃區的效益已經開始浮現。上述幾個利益都是哈娜的倉庫可以幫忙滿足的，她進一步指出，如果市政府可以為她免除分區限制，並賦予上空權（air rights），這座倉庫較可能順利啟用。

哈娜會提到這兩點，是因為她在準備時，發現市長曾在最近幾次對當地商會的演講上，提供開發商這樣的承諾。哈娜還提到自己從一位深獲推崇的記者那裡掌握到的關鍵事實：鄰近的西雅圖、溫哥華、波特蘭市市長，都準備對外宣傳它們的重劃區的近期成就，但是塔科馬卻沒有什麼可以拿來吹捧的開發案。因此，哈娜希望市府免除土地分區限制、擴大上空權，並將她開發這塊土地的選擇權期間拉長六個月。市府同意了。哈娜得一分！

哈娜接著去找地主，告知自己和市政府談成的協議，意味她可以把這塊土地變得更有價值。她按照計畫指出，如果地主願意降低租金，並延長選擇權期間，倉庫較有可能啟用。地主同意了。哈娜得兩分。

成功讓地主調降租金，並延後開始收租的時間後，哈娜找銀行洽談，提出極具說服力的方案：拜她近期與市政府和地主談成的協議所賜，現在這座倉庫的啟用風險降低，也更有可能蓬勃發展。如今她希望銀行可以調降借款利率，並延長承諾貸款的期間，幫助她與貝寧（或其他大客戶）談成好結果。銀行同意了。哈娜得三分。

掌握上述優勢後，她接著去找史凱華德這家航太公司，也是貝寧強大的競爭對手。哈娜向對方提案：她掌握一個貝寧很有興趣的倉庫投資案，而且現在把這個投資案變得更誘人，建議史凱華德提供更有利的條件和貝寧搶標，而史凱華德表示會認真考慮這份提案。第四分入袋。

得知史凱華德有興趣後，哈娜又與其他幾個中型客戶開會，告知自己已經快要和大客戶簽約。由於有了最新簽訂的幾項協議，倉庫計畫看起來更有機會實踐且蓬勃發展，也讓哈娜可以提供這些中型客戶較低租金。作為回饋，希望這些中型客戶多給她一點和大客戶談判時的讓步空間。多數客戶都表示同意。得五分。

在上述一連串的談判過程中，哈娜持續與極具影響力的新聞專欄作家亞格私下對談。亞格過去曾批評其他開發商不夠重視環保。哈娜已經預想到亞格在乎的面向，因此告知在建設預算中會提撥一筆綠色資金，為倉庫加上環保特色，這些特色是一位備受推崇的環境學教授推薦的。亞格感到驚豔之餘，強力暗示他不會出面批評哈娜的投資案。得六分。

現在，哈娜回頭去找貝寧。此刻的她比之前更有信心，談判最後期限的壓力降低、經濟支持增加，也掌握更多的選擇。哈娜向貝寧的談判代表傳達極具說服力的訊息：現在這座倉庫比過去更有吸引力，風險也較低。她接著表示，貝寧的競爭對手已經展現強烈興趣。哈娜的新提案提供貝寧一些好處，但是並未全面讓步。她告訴對方，如果他們同意，貝寧就可以取得一座絕佳的先進綠色倉庫；如果不同意，則可能會把這座倉庫拱手讓給主要競爭對手。此外，貝寧其他的選項可能不如哈娜提出的符合環保要求，恐怕會招致批評。貝寧的代表對哈娜的提案印象深刻，加上急著要阻擋史凱華德，避免留下不環保的臭名，因此減少己方要求。最終，哈娜拿下一紙條件絕佳的協議。

哈娜可以連下好幾城，都是靠著善用從 Who I FORESAW 獲得的具體觀點：思考互補利益和共同利益，讓她找到盟友、交易夥伴與保護者。這部分工作締造的成果之一，就是讓她找到自己可以在談判桌以外地方協商的對象，這些人幫助她為貝寧創造更多的價值，也創造出更多讓貝寧需要顧慮的因素。哈娜和重要記者等人物談話，揭露出有說服力卻鮮為人知的事實。哈娜與每位關鍵人物的協商催生出誘人的選擇，她也很小心不要和可能引發道德問題的對象會談，例如成人影片業者帕席恩。

此外，哈娜也預想到重要的批判者亞格可能會提出其他道德問題，因此先拆除這顆地雷。另一個她接洽的對象史凱華德，則成為哈娜強而有力的替代方案。她審慎排定會談順序，按照時程準備協商並測試自己的策略，最後成功拿下一項又一項協議。她的力量愈滾愈大，讓她有能力和哥吉拉談成雙方都滿意的協議，也讓自己有足夠的能力確保即便談判破裂還是可以存活。如果單純為了和貝寧的雙邊談判做準備，哈娜無法獲得這麼大的力量。她能夠突破，是因為 Who I FORESAW 工具讓她在與貝寧的協商之餘，望向更大的賽場。

排定行動順序

請注意：哈娜的故事中有一個關鍵，是她懂得怎麼排定行動順序。你該怎麼做到這件事？以下是幾種可能。

從簡單的開始。其中一個排序方法是「從簡單的開始」，先和最有可能提供協助的人洽談，再充分利用對方的幫助來贏得其他較難說服的人協助。舉例來說，哈娜或許會自問：「我最容易接觸到哪個談判對象，而且對方最有可能給我可以作為基礎、有價值的協議？」如果名單上最重要的角色此刻還不會見你，這時候就滿適合使用這種方法。如果你拿到一些不錯的協議，因而可以提供引發對方興趣的事物，可能就較有機會接觸到那位要角，奧特加就是運用這套手法。

把河流中的巨石移開。另一個排序方法是「把河流中的巨石移開」，先和最重要的人物對談，希望取得這項協議後，就可以輕鬆說服其他人跟進。哈娜可以自問：「哪一個角色是關鍵？」可能是銀行。（有一個及早拿下關鍵合約的技巧是簽訂或有合約（contingent agreement）：例如，「如果你取得租金減免，我們就降低你的利率。」）最適合使用這種排序方法的情境是：名單上最重要的人物有影響力，但是非常容易接觸到，而且你有理由相信自己可以立刻吸引對方。

反向排序。有一個特別有效的排序策略是，從哥吉拉開始反向排序，勾勒出一條協議鏈。這就是哈娜的做法，她的想法其實是「有哪些關鍵角色？好，如果要和貝寧談到好一點的協議，我需要提供更好、成本更低的倉庫。為了讓倉庫更好、成本更低，我可以和銀行協調降低借款利率（等條件）。要讓銀行讓步，我可以和地主協商降低租金（等條件）。要讓地主讓步……」以此類推，直到哈娜找到自己的第一步。先畫出一張地圖，比較容易反向排序。在這張地圖裡，你可以畫出這個局面中的好幾個角色。Who I FORESAW 可以幫助你畫出這張地圖，這種做法最適合用在你可以清楚預想到每場協議的狀況。

談判外行動的威力

哈娜的故事凸顯出一個商業上的事實：創業家經常在談判桌以外的地方增強自己的實力。他們必須這麼做，創業精神（entrepreneurship）的其中一個定義就是「無中生有」。因此，創業家精神有很大的一環就是持續協商，而每項協議都會成為鏈上的連結點，指向下一項協議，直到這個組織準備好起飛。

鮑勃・李斯（Bob Reiss）創辦桌遊公司時，基本上只有一張書桌、一張椅子、一個電話和一位祕書。這家公司在之後十八個月，創造出兩百萬美元獲利。這是怎麼做到的？李斯按順序洽談一連串的合約，一開始先和知名雜誌洽談，之後找到主要投資人，然後依序是桌遊設計者、製造商與銷售團隊。直到這一步，他才準備好和店家洽談。每項之前談妥的協議，都讓他在下一位談判對象面前變得更具吸引力，因此得以拿下一項又一項的協議。

在談判桌以外的地方增強實力，可以反轉看似無望的局面，創造更大財富，甚至是保住總統大位。

史蒂夫．帕爾曼（Steve Perlman）創辦 Netflix 的前身 WebTV，對當時的他來說，把公司賣給微軟（Microsoft）這種大企業是非常誘人的退場策略。然而，帕爾曼的公司尚未證明自己的價值，因此要讓微軟感興趣，就像奧特加把二手耳機拿給賓士車主一樣。如果能取得知名創投業者的大額資金，帕爾曼就較有機會引起微軟的興趣。但是大部分的創投業者都不太相信 WebTV，如果取得索尼（Sony）這樣的企業支持，創投公司的出資意願就會提高。

不過，要怎麼拿到索尼的訂單？當時索尼的銷售下滑，在內容上也必須和搶攻線上媒體的企業競爭，但是該公司對 WebTV 的提案不置可否。後來帕爾曼好運贏得一、兩位早期投資人的支持，讓他得以與索尼的競爭對手飛利浦（Philips）達成協議。飛利浦這家電子產品製造商希望取得 WebTV 的技術，帕爾曼和飛利浦簽訂非獨家合約，再用這份合約提高索尼對合作案的興趣。和索尼談成合作案後，WebTV 就有足夠的可信度，快速取得主要創投業者和好幾家企業的資金支持。

這些支持讓 WebTV 變得夠誘人，進而讓微軟以五億零三百萬美元買下 WebTV，當時距離 WebTV 成立只有二十個月。[2]

從談判的角度來看，帕爾曼的故事有一個重點是，一項協議會成為下一項協議的鑰匙，進而開啟下一項協議，這個工作是你可以刻意操作的。

即使只用到 Who I FORESAW 的一小部分，也足以逆轉令人絕望的情勢。甘迺迪總統遭暗殺後幾天，林登．詹森（Lyndon Johnson）繼任總統，他發現參議院已經排定要在三天後投票表決一項現任政權支持，但是所有人都知道參議院會反對的協議。除了詹森外，沒有任何人意識到這項協議有多麼關鍵，如果這項協議未能通過，參議院就會認定詹森是跛腳鴨，之後他就無法推行任何法案，也不可能贏得隔年總統大選。與此同時，詹森很清楚，參議員痛恨總統叫他們要怎麼做；換句話說，詹森沒有直接可用的籌碼，也幾乎沒有時間和希望，該怎麼辦？

兩天後，詹森在甘迺迪總統的墓前靈光乍現：現場還有美國五十州州長，而他知道參議員會聽從州長指示。因此，詹森指示幕僚盡可能召集愈多州長愈好，請他們來聽他在那天傍晚的演說。總計有三十五位州長出席。詹森懇請他們聯繫州內議員，促請議員支持即將表決的協議，因為那是展現國家團結的重要表徵。兩天後，協議以壓倒性的票數通過，確立詹森的重要地位。那次投票為詹森在幾個月後推動《一九六四年民權法案》（1964 Civil Rights Act）鋪路，也讓他順利在同年的總統大選中大獲全勝。是什麼造成不同？找到那一群詹森可以用他們在乎事情拉攏的人，而那群人又可以有效應對詹森眼前看似無可撼動的哥吉拉。[3]

相反地，如果無法在談判桌外順利展開行動，即使是世界上最好的構想也可能胎死腹中。

讓你失敗的最大可能，就是人的問題

許多管理專家都指出，如果你要影響某個組織，拉攏盟友非常重要，[4]少了盟友，就連最好的想法也可能落空。查爾斯．凱特林（Charles Kettering）的故事就體現這一點，他是通用汽車（General Motors）的御用天才，研發許多產品，包括自動變速器、電子點火系統、安全玻璃、避震器及氟利昂（Freon，冰箱與冷氣的技術基礎）。[5]一位凱特林的同事形容，他是「汽車領域的大神之一，從發明的角度來看更是如此。」[6]因此，當凱特林在一九二〇年提出空氣冷卻的汽車引擎概念時，有充分理由相信通用汽車會給予支持。那確實是一個絕妙的想法，四十年後，福斯汽車（Volkswagen）靠著知名的金龜車（Beetle）在美國市場獲得突破性成功。金龜車仰賴的空氣冷卻引擎，就是受到凱特林的研究啟發而來，然而通用汽車卻未曾採納凱特林的建議，這是為什麼？

因為即便那個想法很棒，凱特林卻沒有花費太多心力在通用汽車內部拉攏其他部門的盟友。或許是因為他認為自己寫下的紀錄已經證明一切，因此不需要努力遊說他人，又或許是因為他在前任執行長任內力量大得多，前任執行長在位時，組織架構較為鬆散，凱特林可能相對不需要主動爭取支持。（新執行長在那一年上任後，凱特林與他人隔絕，在研發部門中埋頭苦幹。）無論原因為何，公司內部很快就出現反對聲浪。一位歷史學家這麼說：「因為空氣冷卻的設計是由通用汽車位於代頓（Dayton）的實驗室開發，而非由各個部門共同開發，部門主管認為這是實驗性又未受檢驗的設計。」[7]當通用汽車董事會將這項計畫指派給雪佛蘭部門時，凱特林認為成功機率很高。

然而，卡爾．齊瑪席德（Karl Zimmerschied）這位雪佛蘭部門主管非常在意自主權，對於董事會指使他推動凱特林的計畫相當不滿。組織問題立刻就浮現了。齊瑪席德因為擔心通用汽車會把雪佛蘭的未來賭在危險的新發明上，不斷對部門內的工程師批評這項發明，導致工程師很快就對這項計畫產生質疑，明明只是很普通的初期設計問題，也被雪佛蘭員工視為空氣冷卻引擎是糟糕想法的證明。關於這項計畫有問題的傳聞甚囂塵上，就像孩子找老師抱怨同學一樣，凱特林選擇由上而下的方法來反擊，拜託通用汽車董事會要求雪佛蘭全力支持新計畫。但是到了那時，董事會已經看到內部反彈力量有多大，拒絕支持凱特林。凱特林擅長發明，卻看不懂通用汽車的新政治，最終決定離開這項計畫，通用汽車對空氣冷卻引擎的投入基本上就此終止。

凱特林當時應該怎麼做？管理學專家指出，要在凱特林面臨的這種組織內鬥中勝出有幾個關鍵，包括：一、和至少有部分權力做決定、提供資金、實際執行的人，組成並商討出重要聯盟；二、建立足夠的聯盟力量來創造雪球效應，讓支持這個想法的人數愈來愈多，進而迫使反對者放棄；三、利用這股態勢贏得高層更實際的支持——資金、人員、獎勵、政策。[8]換句話說，其實就是要在談判桌之外的地方採取行動。Who I FORESAW 涵蓋的概念，可以給當時的凱特林莫大幫助。

凱特林的失敗不是技術問題，而是政治問題，他花費在「人」的心力上不夠。如果凱特林當時自問 Who I FORESAW 點出的那些問題，情況可能就會有所不同。舉例來說，誰的利益與他互補？雖然部門主管對他的想法興趣缺缺，但是他原本或許可以找到其他盟友，好比有影響力的經銷商、供應商、工程師及中階主管。既然規避風險符合部門主管的利益，誰可以幫忙消弭主管面臨的風險？更小單位的年輕主管可能較願意嘗試新事物，進而用實驗結果展現給不放心的部門主管看到這個構想確實可行。誰掌握珍貴的事實？像是消費者需求、競爭壓力等。產業記者、財務部門人員、曾在同業工作的員工，都有可能掌握這些寶貴的觀點。就像這樣一點一滴地回答 Who I FORESAW 的所有問題。簡單來說，凱特林應該考慮並掌握和人相關的事務，甚至是在工程工作本身尚未取得大幅進展前就該這麼做。

在談判桌之外累積實力的策略威力非常大，但還是存在替代方案可以幫助你「逐步為這門生意做準備，然後一點一滴地邁向成熟」、從弱者變身為強者，這套做法仰賴的是相反的策略。使用這樣的策略可以讓失戀的人步上紅毯、慈善機構募得數萬美元捐款，策略基礎就是創業家、行銷人員、採購經理人、人才招募者廣泛使用的手法。為了善用這項策略，我們會再次使用 Who I FORESAW 這項工具，只是用法有些許不同。

利用 Who I FORESAW 進行針對性談判

試想你被捲入一場官司，事情經過一些奇妙的轉折後，你突然掌握決定所有陪審團成員的權力。你勝訴的機率瞬間暴增，因為這個陪審團在設計上自然會是最能同理你的論述的一群人。雖然你在法律上不能這麼做，但是在談判上卻可以這麼做而不悖德；也就是你可以在挑選談判對象上做得極好，以至於達成讓雙方滿意協議的機率極高。要做到這件事就得使用第二個策略，我稱為「針對性談判」。就像奧特加用一對二手耳機交換愈多東西，你也可以採取一連串行動，提高自己拿到絕佳、不易取得協議的機會。不過這一次你不是要向上愈換愈好，針對性談判是要向下愈篩愈少。向上交易可以讓你手中的籌碼增加，針對性談判則是要找到現在就樂於接受你提供條件的人。

在這裡，Who I FORESAW 的用途不是做出一長串的人物清單，列出所有可以幫助迎戰你認為自己不得不面對的哥吉拉，而是要縮減一長串的列表，藉此找到你想面對的人。相較於仰賴其他人的幫助增強實力，這一次你要做的事是縮小關注範圍，藉此找到理想的交涉對象。[9]在你有很多人選，卻沒有幾個好人選時，針對性談判特別有用。這種惱人的情況常常發生在，你要尋求重要顧客、捐款人、放款人、賣方、合作夥伴或客戶時，這時候你會覺得不得不應對不怎麼吸引人、要求又多的對象。

這裡的概念是要先問：「在這個宇宙裡，有誰的其中一個利益與我相融？」利用這個問題的答案，先整理出一張潛在談判對象列表，可能會有數千人。接下來，接連套用不同的篩選條件刪減清單。以下是幾個例子：

「我現在有三千個可能的談判對象，他們都有一項利益和我相符……」

「然後在這些對象中，誰有第二項利益和我相容？在這些對象中，誰有第三項利益和我相容？」

「在這些對象中，又有誰可以通過幾個基本的事實或財務研究門檻（如銷售額超過三百萬美元）？」

「事實研究顯示，有什麼事最能引起這些目標對象的興趣？」

「這些我鎖定的對象中，哪些對於我最想提供的選項會有興趣？」

「在這些對象中，我和誰最容易建立融洽的關係，並回應對方的可能反應？」

「在這些對象中，誰幾乎沒有或完全沒有道德問題？」

「在這些對象中，我較可能和誰在適當時機安排協商？」

「在這些對象中，誰可能沒什麼替代方案，或是替代方案不佳？」

「在這些對象中，哪些是我可能可以透過介紹人牽線的？」

就這樣，一開始也許有數千個可能的談判對象，最後或許只剩下少數幾個極符合資格的談判對象，以及那些組織中可以幫助你找到對的人的聯絡窗口。你不需要用上 Who I FORESAW 的所有字母來縮減清單，只要把每個字母都視為可能有效的篩選條件。

鎖定目標有時候還會給你另一項優勢，就是或許能幫你和比原本預想更好的潛在對象搭上線。你為了找出哪些東西最有辦法吸引目標對象而做的事實研究，可能會提升你實際聯絡上多名潛在對象的機率，這樣的結果會進一步擴大你的選擇。

說服企業捐款的案例：先鎖定目標，其他人就會跟進

一個國際慈善機構推行所謂的「耐心資本」（patient capital），挑選出貧困地區的新創企業進行投資，藉此促進社會福祉，並在這些新創生產必要產品（如蚊帳和農業灌溉用滴管）、聘用當地員工及促進當地繁榮之際，追求些許獲利。這家慈善機構為了難以從紐約企業募得慈善資金的多數世界（majority world）* 婦女設立特別計畫。該機構每個季度都會在知名餐廳舉辦高層晚宴，但是兩年來，這份努力幾乎毫無成果可言。成效不彰有點說不過去，因為紐約很多頂尖企業都有活躍的慈善部門。

於是，一群志工決定採用針對性談判手法。一位團隊成員研究並找出紐約兩千五百家可能捐款的公司，並找出其中約一千一百家在他們所屬慈善機構有運作的國家做生意的企業。接著，從中挑

* 譯注：指的是開發中國家或第三世界，由於過往說法帶有歧視意涵，部分人士開始提倡改稱多數世界。

選出約七百家曾捐款給致力幫助開發中國家婦女慈善機構的公司。在這七百家公司裡約有五百家通過簡單的事實與財務測試，符合規模和可信度的要求。其中大約三百家公司曾表示，偏好捐款來賦予他人力量（而非贈送產品與服務）。三百家全數通過基本的道德門檻。接著，又有七十五家從未捐款給其他同樣在競爭耐心資本的慈善機構；換句話說，它們還沒有「被拿下」。另一位成員發現，在這些公司裡，自家董事和其中十家的至少一位董事有私交。這十家裡有三家公司和他們的關係最好，而在這三家中，MetroBank 最富聲望。如果 MetroBank 同意捐款，其他公司應該就會跟進。

團隊利用人脈與 MetroBank 的慈善長及一位執行副總敲定二十分鐘的會談，並小心翼翼地準備十分鐘的簡報。才開始報告五分鐘後，那位執行副總就打斷簡報，並說：「好，我們買單了，第一年捐款四萬美元可以嗎？」

針對性談判是供應鏈管理的基本特徵，全球知名供應鏈專家凱特・維塔賽克（Kate Vitasek）教授把這項特徵稱為「過篩」(funneling)。[10] 例如，一位顧客要找可以合作的上游廠商，一開始通常會先提出合作邀約，接著再利用一些特定能力來篩選候選人，之後慢慢藉由篩選，縮減清單。原本可能有六十家投標，逐步縮減到剩下三、五家。接著再來談判，確認哪家廠商才是最適合又有意願的合作夥伴。

上交友軟體，就該直接鎖定你想要的人！

就連在戀愛與婚姻中，**鎖定目標也可以揭露細節，並發揮強大效果**。即使你所在的城市有八百萬人，或是你可以透過網路聯繫兩千萬人，在你依據特定標準（如性別、年齡、婚姻狀況、外貌吸引力、教育程度、價值觀與信仰、生子意願、在一年或其他特定期間內見面的機率）篩選後，可能也只剩下數十人是可以審慎考慮的結婚對象。值得慶幸的是，你只需要一位。不過話雖如此，但是假使你聰明地鎖定目標，或許會比原本預想的找到更多候選人。

在《妳可以更挑剔一點》（*Data, a Love Story*）一書中，[11]我的紐約大學（New York University）同事暨數位策略專家艾美．韋伯（Amy Webb），描述自己克服長期交友失敗的過程，做法就是把類似針對性談判的東西套用到線上交友市場。她的著作是用來展現「針對」力量很好的例子，值得推崇與研究。首先，她列出好幾項擇偶條件。這麼做其實就像在進行針對性談判時，靠著列出某個人的利益來篩選談判對象。這項工作可以把可能對象從數百萬人篩選到剩下數十人。

接著，韋伯進行事實調查，研究哪種類型的女性個人檔案可以吸引她鎖定的男性。如同之前提過的，事實研究是在進一步篩選前的重要前期步驟，也可以藉此了解你最想得到的目標會對什麼東西產生反應。利用這項鎖定工作的結果，韋伯張貼修改後的個人檔案。和過去幾次嘗試線上交友時不同，她的新個人檔案完全訴諸鎖定對象的利益。接著，邀約蜂擁而至：數十位男性都想和韋伯見面，這些男性還真的都符合她設定的要件，包括她未來的老公。韋伯的故事讓我特別喜歡的是，她利用系統性手段來了解自己的利益，以及理想對象的利益，再利用這些見解來淘汰不合格的對象，這樣可以幫助一個人大海撈針。

針對性談判與經過時間驗證的推銷手法——利基行銷（niche marketing）關聯性極高。針對性談判的基礎概念是，如果你把焦點限縮在一個自己可以發光發熱的領域，而不試圖接觸所有人、滿足所有人的需求，就會讓你變得更有魅力、具競爭力、有價值，而且做事效率更高。利基行銷和針對性談判的差別是，**針對性談判並不是要賣東西給幾百或幾千位顧客，而是要找到少數幾位談判對象，有時候甚至只有一位，是你可以與之達成絕佳協議的對象**。在過程中，針對性談判會讓你避開哥吉拉，或是發現自己對一或兩隻哥吉拉別具吸引力。

現在你已經擁有靠著加強準備增進談判結果的工具，但是在談判時確切該做什麼和說什麼？這就是第二部的內容。

工具概覽

Who I FORESAW：為了更有效地與哥吉拉談判，你要靠著回顧 I FORESAW IT 的多數部分來自問「是誰……？」，藉此找出關鍵角色。接著在談判桌之外的地方，依序安排一連串的行動，藉此取得更有價值的東西來進行交易，並讓自己變得更獨立、掌握更多的籌碼。

針對性談判：先從眾多候選人開始，利用 Who I FORESAW 逐漸剔除，最後找到理想的談判對象。

小試身手

挑戰一：在談判桌之外的地方增強實力。找出看似在阻礙你努力的哥吉拉，利用 Who I FORESAW 列出可能具有影響力的人，篩選後，排定縝密規劃的一連串對話或協商，每次會談都能幫助你變得愈來愈有吸引力或獨立，直到你已經站穩腳跟，可以更有效地與哥吉拉交涉為止。接著，準備 I FORESAW IT 計畫（或許再加上角色扮演），然後再和哥吉拉見面。

挑戰二：和夢幻對象達成協議。找到你希望進行特定類型的商業交易（或建立重要商業關係）的人，但是這個對象似乎有些遙不可及，或許是業界相當知名的人士，但是與你之間隔了三層關係，或某位財務規模是你組織十倍的決策者。使用 I FORESAW IT 工具列出可能有影響力的人，然後和其中部分人士依序安排一系列的對話或協商，每一次都會讓你變得更具吸引力，直到你站穩腳步，可以接觸夢幻對象為止。接下來，在與夢幻對象會面前，準備好 I FORESAW IT 計畫（或許再加上角色扮演），再去談判。

挑戰三：針對性談判。找出你想和某位（特定）人選簽署的協議，理想上這項協議所屬的領域要有多位潛在對象。舉例來說，決定你想和假想中的理想顧客、捐款者、放款者、賣家或顧客談成的夢幻協議。利用 Who I FORESAW 列出清單，或是找到業界潛在合作對象的資料庫，直到你掌握數十、數百或數千個名字。接著，利用同一項工具篩選（並了解）清單上的人物，最後只留下幾個絕佳人選。接下來，先向幾個最佳人選兜售自己的提議（應該可以使用你之前掌握到的、用什麼方式最能和他們搭上線的資訊）。當某位人選表現出強烈興趣時，你就可以準備 I FORESAW IT 計畫（或許再加上角色扮演），為這場談判做好萬全準備。

第二部

談判

對他們有利，
對自己更有利：
溫暖取勝指南

緩和衝突：
「就是那樣！」挑戰

馴服老闆：
APSO

整合團隊：
共同利益法

促進會議運作：
黃金一分鐘

選對用詞：
重塑架構

好幾年前，我還是年輕的菜鳥，面試工作時，有位面試官一開始就問我為什麼選擇當時就讀的學校，我說：「因為它名聲好，而且不像我可能就讀的其他學校那樣，大家爭得你死我活。」對方回覆道：「真的嗎？像哪一所學校？」這下好了，我可能會不小心說出面試官的母校、冒犯對方，斷送我得到這份工作的機會。我支支吾吾吐出另一所學校的名字。賓果！正好就是他的母校，我再也沒有收到對方的聯繫。

談判時，我們面臨最大的挑戰之一，就是要在情況最激烈時管好自己。面對壓力時，我們可能會舌頭打結、感到困惑又不知所措、嚴重失言，或是忘記說出原本真正打算要說的話。直到會後回想起那段經驗時，忍不住想著：「我當時原本應該怎麼說？」本書第二部分就是要給你可以在當下處理這些情境的工具，而不是事後才後悔。

有幾個非常簡單的範本，可以幫助你說出對問題強硬，對人卻柔軟的說辭，可以讓你和哥吉拉或老闆談判時，施展出很有機會逆轉局勢的方法。要做的不是說一些不真誠的話語或裝腔作勢，正好相反，重點是把想要傳達的訊息換句話說，讓你可以真誠、巧妙又討喜地說出想法。這一點值得特別強調：用對方可以聽懂並接受你觀點的方式來說話。

我現在指導學生、客戶或家人為艱難的對話做準備時，通常會提供說辭範本，然後他們就會說：「真希望我可以用你這種方式來說！你一定是這方面的天生好手。」並非如此，我是在多次失言後，才學到這一部分要介紹的工具。

接下來就會看到，一份簡單的指南就可以幫助你在必要時溫暖取勝，幫你說出簡單而有力的話語，讓你好好創造並贏得財富。另外，我們也會看到你可以用一項簡單的工具，回應對方的怒火與脅迫，回應方式還會讓衝突大幅降溫。降溫幅度之大，讓它成為許多人質談判員仰賴的手法。還有第三項很簡單的工具，是在危機發生時，幫助你在維持尊重態度，又不會害到自己的情況下糾正老闆。第四項工具則讓你可以把會談在黃金一分鐘內變得有建設性。有些簡單的範本（有的只以幾個詞彙為基礎），就足以幫助你在局勢看似無可挽回之際，說出足以服人的話語。還有一項工具的力量極大，從邱吉爾到納爾遜・曼德拉（Nelson Mandela）等領袖，都曾用來扭轉歷史發展。

學外語時，必須掌握像「主詞－受詞－動詞」這麼簡單的句構，才有辦法組成句子。例如，德文 Er hat einen Apfel gegessen 是「他吃了一顆蘋果」的意思。掌握句構後，即可更輕易地傳達數千種不同的想法。Sie hat einen Kuchen gebacken 是「她烤了一個蛋糕」。接下來要介紹的工具運作方式就有點像是這樣，賦予你有用的架構，讓你可以在關鍵時刻使用，避免落入陷阱，並且知道 du hat das Richtige gesagt（你說對了）。

第七章
設定緩衝，溫暖取勝：用五%經驗法則下修你的野心

工具：溫暖取勝指南＊

使用時機

- 害怕你的表現不如談判對象
- 害怕談判後對方會心生不滿
- 不知道該說什麼才能避開這些陷阱
- 需要一項有價值又對自己有利的協議

工具用途

- 真誠地向對方保證你也希望他們好
- 選對說法，創造「對他們有利，對我們更有利」的協議

*還有五%經驗法則（5 Percent Rule of Thumb）。

阿貝爾、貝克、查理這三位主管，在檯面下競爭同一個升遷機會。老闆請他們分別與三個類似的重要客戶洽談合約，對三人說：「我需要你們為公司好好表現，帶一萬五千美元的收益回來。」阿貝爾帶回來的合約為公司創造九千美元的收益，老闆說：「等等，九千美元很少。」但是阿貝爾反駁道：「你不明白，他們原本說要付六千美元，我讓他們大幅加碼到九千美元，而且這比我們過去簽訂最糟的協議還要好一點。」老闆皺眉。

隔天，貝克也帶了合約回來。「這份合約很有創意，我估計它為我們兩家公司總共創造兩萬美元的收益，這都是因為我提出一些有創意的選項。」老闆問：「那我們拿到多少？」貝克聳了聳肩說：「八千美元，但是他們很愛我們！」老闆又皺了皺眉。第三天，查理帶著合約回來了。老闆說：「告訴我，你拿到一萬五千美元。」「哦！比那個好多了，我拿到一萬九千九百九十九美元！」

他們在談話時，老闆收到查理客戶的執行長發來一則簡訊：「協議就是協議，但是我們再也不會和你們做生意，你們把我們榨乾了！」老闆嘆了一口氣，低聲嘀咕道：「就沒有一個人能幫我嗎？」

談判時，一般見解是你可以選擇把重點放在談判或競爭、把餅做大或切分餅、創造或索取財富。市面上許多書籍的重點，不是這兩種手段中的一種，就是另外一種。舉例來說，《哈佛這樣教談判力》就集中在創造價值，沒有花太多時間討論該如何拿到大部分的價值。其他談判書籍和專家則把談判描繪為武裝戰鬥，鼓勵你盡可能爭取利益。就我所知，至少有一位談判講師建議學員要追求取得合約價值的一〇〇%。這是真的：他認為你應該不留一分一毫給對方。我沒有遵循這條路，希望你能諒解。

確實，如果你要賣一輛二手自行車，一心只想著靠講價取得利益或許合理；相反地，如果你正試圖化解一場棘手的衝突，專注於靠著合作創造財富或許有道理，但是大多數時候，只專注其中一種可能會有危險。

研究顯示，非贏即輸的「競爭型談判」(competitive negotiating）中，當一位談判代表「痛擊」另一方時，被擊敗的談判代表最後會懷恨在心，變得不配合並渴望復仇，[1]查理的談判對象就是這樣的感覺。也許你和我一樣，曾在談判中覺得自己被人占便宜，你會做何感想？會很想再和對方做生意嗎？事實上，如果某位談判代表以貪婪聞名，可能會削弱他的談判力。我的談判講師同僚發現，即使你只是誤以為某位專業談判者很貪婪，而實際上並非如此，你的防備心還是會重到讓雙方都無法合作，導致談判陷入僵局，或是最終只能接受一個不怎麼樣的協議結果。在這樣的背景下，想想傳奇運動經紀人伍爾夫的建議，身為當代運動經紀領域的創始者之一，他強調有意識地避免貪婪的重要性：

> 成功的談判不是我得到一切，而你一無所有……我簽過的合約全都可以進一步提高價碼，但是我都會在談判桌上留下那些錢……因為如果把價格提高到一個程度可能會樹敵，以至於額外的一〇%收益其實並不值得。如果有人覺得你占他們便宜，就會報復在你的事業或你身上。你必須給對方利潤，讓他們得以生存。你希望他們繁榮和成長……你不能耍花招，因為你八成會再遇到這些人，或是他們認識的人。你的好名聲非常重要……如果真的只是一次交易，我不會放棄那麼多的利益，但也不會搶到什麼都不剩……2

簡而言之，研究和專家警告，在談判中貪婪並不是好事。但是許多談判代表絕不貪婪，事實上，他們非常害怕變得貪婪，害怕到認為如果他們的談判結果比可接受的最糟交易好一些，就算談得很好了。正如阿貝爾，他們說：「本來可以更糟，所以我已經滿足了。」這種心態還有一個術語叫做「滿意即可」（satisficing）*，是指獲得只比最低要求稍微好一點的結果。接下來會看到，有一些情況確實是應該滿意就好。但通常大家這麼做都是因為害怕或自欺欺人，所以會像阿貝爾一樣，落得不公平又令人不滿的協議。

如果光是嘗試變得有創意、合作愉快呢？也可能會適得其反。多年前，我在哥倫比亞大學（Columbia University）的學生，和來自法國波爾多的素未謀面學生進行一場模擬談判，規模為數百萬美元。在那之前，我為學生進行八週的訓練。與此同時，來自法國的同學只有在模擬談判的幾個月前，接受另一位講師大概幾週的訓練。讓我感到沮喪的是，法國學生掏空了我的學生的口袋，但是學生向我拍胸脯保證自己表現得很好，因為他們像貝克一樣，發揮創意又增進雙方的感情，他們說：「我們相處得超好！」

我對不起我的學生，我先前應該對他們更嚴格，教導他們更平衡的方法。這種平衡手段比合作模式更上一層樓，而非向下一階，否則有朝一日，他們可能會把整片江山拱手讓人。但是該怎麼做呢？如果貪婪、滿足和天真的合作都可能會事與願違，你應該怎麼辦？

不貪婪、不勉強，也能創造大量價值

在不貪婪的情況下創造大量價值，同時取得對自己有利的分潤比例，這是可行的，我稱為「溫暖取勝」（Winning Warmly）。這樣的結果讓你可以發自內心地說：「對方應該感到開心，而我方應該非常開心！」[3]當然也有些時候，並不適合嘗試溫暖取勝，我們在討論的最後一部分會回頭談論這個重要概念。不過在大多數的情況下，你都應該以溫暖取勝為目標，因為它滿足兩個非常常見的利益：好好為我方服務的需求，以及藉由真誠告知對方：「我真心希望這筆交易對你也有好處。」以培養良好關係的需求。

一些有趣的證據顯示，這是有可能的。一項在兩年內調查超過兩百五十名身兼企業高層的談判課學生的未發表研究，探討系統性準備對模擬談判的結果會產生的影響。結果發現，有系統性準備的代表最終達成的交易會多創造一一%的價值。這是振奮人心的消息：對多數組織而言，增加一一%的價值可能意味著盈虧之分、續存和破產之別。這份研究還發現另一件事：相較於沒有系統性準備的狀況，有系統性準備的談判代表為談判對象多創造六%的價值。手腕高超的談判代表準備的方式，可能在某種程度上幫助他們達到溫暖取勝，而且成果顯著。

如果你在重要談判前夕已經建立ＴＴＴ表，你的溫暖取勝之路已經走了八成。ＴＴＴ表是系統性準備的總整理。在此，我想再增加一項工具，幫助你制定格外精巧的初始提案，並用一種周全、真誠、吸引人的方式呈現，讓你可以既競爭又合作。我把這項工具稱為**溫暖取勝指南**

* 譯注：satisficing 是滿意（satisfy）加上足夠（suffice）結合而成的詞彙。

（Winning Warmly Recipe Card），可以用三行文字呈現：

一、為初始提案加上緩衝。

二、針對你最喜好的一或多個主題特別加上緩衝。

三、表明發揮創意的意願。

現在，讓我們進一步解構這三點。

為初始提案加上緩衝。如同在第四章提到的，為你的初始提案加上緩衝通常是一個好主意，這樣你才可以在談判時讓步，並仍舊取得或接近最佳目標。還記得那個概念嗎？針對某個主題設定你的最佳目標，接著規劃好在提出初始提案時，提出比最佳目標更激進的條件。例如，回頭看一下第四章的ＴＴＴ表，在當時的設定中，你是電腦零件商，目標價格是每單位八十到一百美元，最佳目標是一百美元。在設計初始提案時，你要往上加一點，可能會要求一百一十或一百二十美元。

加上緩衝有點藝術，也有點科學，你的緩衝可以很多，也可以很少，各有各的理由。

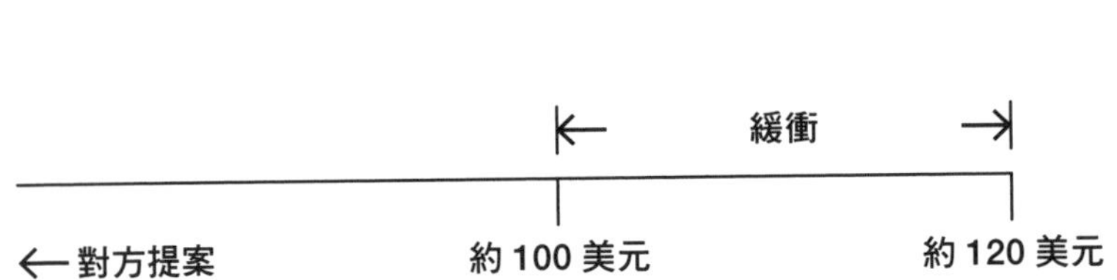

緩衝區大。一份研究發現，談判者設立很大的緩衝，之後快速讓步，會比只設立一點緩衝卻不情不願地讓步，更讓對方滿意。但是加上大量緩衝時，很多人會覺得心裡不太舒坦。沒錯，有時候加了太多緩衝可能會讓對方卻步，但是研究顯示我們往往高估這個風險。有一個用較低風險使用較大緩衝的方法是，利用「軟提案」(soft offer)，在提案時，補充說明以向對方表達自己並不是發瘋或貪得無厭，只是希望對話有一個開始而已，例如「我想開價一百二十美元，可議」、「我希望可以開價一百一十五美元」、「我希望價格差不多落在一百到一百二十美元」，或是「價格一百一十美元或最高出價」。

緩衝區小。不過，你可能還是會覺得加上太多緩衝感覺不太對，特別是如果研究顯示，對你現在的談判對象加上過多緩衝，往往會有反效果，例如找曾經和你的談判對象洽談的同事聊聊，其中一個可以請教對方的問題就是：「他們看到激進的初始提案會有什麼反應？」如果同事說：「他們當然會反彈，不過不會覺得受到嚴重冒犯。」這時候你或許就可以考慮激進一些；但是如果同事告訴你：「哇！你可以試試看，他們立刻就會結束對話。」那就不要這麼做。

同理，在你要應對的領域或文化中打滾多年的老手，或許可以告訴你，一般來說會採用哪種設立初始提案的策略。無論如何，如果不想一開始就加上大量緩衝，你都有另一個選擇。你可以先找到受到推崇的獨立標準，接著把這個標準範圍中的最大值當作初始提案，藉此設下一點緩衝。[4] 如果你用這種方式以某個基準為初始點，讓步的速度就不要太快。你不必在對方每次讓步時都讓一樣多，因為你把產業基準當成開始，就已經展現自己希望公平的想法。但是，要針對哪些主題加上緩衝呢？這就是溫暖取勝指南的第二部分了。

特別針對自己喜好的主題設立緩衝。對你來說，有些主題比對其他人而言更重要。如果你已經利用TTT表做好系統性準備，就會很清楚知道自己最在意的主題有哪些。在之前用來介紹TTT表的故事中（第四章），假設價格是你最重視的主題，為你最重視的主題加上緩衝格外重要，部分原因是那些主題會為你創造最多的價值。針對這些主題加上緩衝，也可以幫助釋放出哪些事項對你而言最重要的訊息。

要不要針對每個主題都加上緩衝？不好說，一方面，全面加上緩衝會讓你有機會在每個議題上都達成最佳目標；但是另一方面，所有議題都加上緩衝後的整體提案，看起來可能會太過激進，導致某些對象失去興趣。這裡是風險與報酬的取捨，會因為文化、市場和其他個人觀感而變得更加複雜。因此，重點在於為最重要的幾個議題加上緩衝，其他主題要不要多設立緩衝則可以再拿捏。[5]

展現出發揮創意的意願

很多人不喜歡談判的原因是動機矛盾；你想和對方合作，但雙方又都想為自己好，感覺就像是要同時跳舞和打拳擊。談判對象也會有和你一樣的矛盾感，這也是一個你們都會覺得壓力大又焦慮的原因。如同所見，希望感覺好一點、雙邊可以合作，非常合情合理。然而，談判的本質就可能造成損人利己的結果。因此，要如何在雙方都很清楚競爭關係存在時，讓對方感受到你真心誠意想要合作、為對方好、試圖一起找出讓雙方滿意的創意選項？要如何在雙方都戴著拳擊手套時，真誠地邀請對方共舞？

溫暖取勝指南的第三部分就可以回答這個問題，它的概念是要做好規劃，讓你說話的方式能透露自己真心尋求合作、真實展現你希望這紙協議讓雙方滿意，而且你知道該怎麼做到這一點。這不是在吹噓或鬼扯，你沒說要把整家店拱手送人或是忽略自己的需求。事實上，你大可承認自己也想得到好結果，你要說的其實是相信世界上真的存在能讓雙方都開心的方法，這件事的優點就是它一點也不假。所以，你到底要說什麼？

一、精心設計的引言。

二、精心設計的提案。

讓我們再次回顧電腦零件合約的例子，看看上述這兩點是什麼意思。

在精心設計的引言中，你要形塑即將提出的提案，你的說法要讓對方開始感受到你滿懷希望、樂觀、有建設性，而不是貪婪、憤世嫉俗或短視近利。在我們的例子裡，你或許可以這麼說：

「好，現在我已經聽過您的說法、了解您的顧慮，也分享我的一些顧慮，讓我提出一個提案，看看您的想法如何。只要我們可以找到符合我的需求，以及您的需求的結果，並不是非要特定數字不可，而我很確定我們可以做到。」

你不需要背誦這段說辭，關鍵是掌握它的精神，這兩句話彰顯出幾個重要的談判操作。你不需要一口氣把這些概念全部說完，重點是要先規劃好在對談時，你要在提案之前先找到一個時機，至少傳達這些概念的其中幾項：

- 這段時間談判進展緩慢。
- 你一直認真傾聽對方重視哪些事。
- 你們有些共同利益。
- 你只是建議，而不是要求。
- 你有彈性。
- 你對自己重視的事情很堅持。

簡單來說，你要把重點放在利益、事實和選項，藉此展現自己既堅強又善良。你展現出對對方的尊重、建立信任且融洽相處，並逐漸了解狀況。為了達成這些事，你花費時間好好熟悉對方、仔細傾聽，因此得以掌握對方的需求。你也幫助對方理解自己的需求，所以他們比過去更有可能接受你的創意提案。不過這並不代表要全面開誠布公，好比你的渴望（例如「倘若我們今天無法成交，明天就要破產了。」），只需要向對方透露，你認為向對方分享很安全也合理的一些資訊就好。

準備要說什麼內容時，可以在I FORESAW IT計畫的融洽相處部分（第二章），把這些要點全部列出來。你也可以和隊友進行角色扮演，藉由練習把這些資訊說出口（第五章）。

有時候，不要提出初始提案會比較明智。如同在第四章提到的狀況：你覺得自己知道的不如對方多，並且希望避免低估自己的身價，但是因為某些因素，你還是必須在當下和對方協商，這時候就不該提案。如果是這樣，你可以使用幾乎一模一樣的開場白：

「好，現在我已經傾聽一段時間、大致了解您的顧慮，並分享一些我的顧慮，讓我們探討一些細節。只要可以找到符合我的需求，以及您的需求的結果，我並沒有執著於特定數字，我確信我們可以做到。您心中的提案大概是什麼樣子？」

如果你提出初始提案，記得用建議的方式提出，而非選定立場似地提出要求。例如，你可以說：「我們可以接受一百二十美元加上兩年退款保證的協議，單位價格還可以再談。」或是「我們建議單位價格一百一十美元，加上兩年退款保證。」講完後不久，你或許可以接著說：「每件事對我們來說都很重要，但價格是我們最重視的。」這種說法可以展現出你準備好做取捨，但是又不至於減損特定議題的價值；相反地，如果你說：「我們在乎價格，不在乎保證條款。」等於是在鼓勵對方說：「好，你何不就給我們超優惠的保證？」

如前所述，研究顯示專家很清楚這樣的技巧。相較於逐一針對各個議題協商，整包提案往往可以促成讓雙方更滿意的協議結果。因此，不要只針對單一議題提案，反而是一次就處理數個或全部的議題。接下來，你就可以把所有議題綁在一起操作，嘗試主題間與主題內的各種取捨情境。你製作的TTT表會讓這件事變得輕鬆。在第一個例子裡，你不只告訴對方「一百二十美元，可議」，還加上「兩年退款保證」，藉此把不同的議題打包在一起。由於打包不同議題會邀請對方進行交易，這是其中一種你為了讓雙方都滿意，能夠刻意使用的手段。（雙方都滿意是你宣稱可以達成的目標。）

最終協議八成不會和你的初始提案相同，但是如果掌握系統性準備的結果（包括TTT表），你就可以考慮不同的提案。你可以在重要性不同的議題之間做取捨、提出各種選項，在不同議題上讓步，這樣談完以後，就可以取得接近最佳目標的協議，而且很可能涵蓋對方也喜歡的創意構想。

利用五％經驗法則展現你的野心，但不至於貪婪

怎麼做到有野心卻不貪婪？做法就是稍微平衡一下自己的野心。為了做到這一點，在設定各個最佳目標時，你要稍微下調到比理想狀況差一點，下調幅度不大但有感。我沒說錯，是要比較差，

這正是因為之前提到的，貪婪可能會用很多不同的方式反咬你一口。

所以，你到底要將最佳目標調低多少？使用五%經驗法則通常會是聰明的答案。這是我自創的小工具，幫助談判人員真誠地說：「我不想要吸乾你的血，真的。我有我的野心，但是真的不貪婪。」做法就是把你的最佳目標刪減五%；也就是在你做好研究後，知道自己在最理想狀況下可以達到的目標，再把這個數值調差五%當作最佳目標。假設你現在要賣一艘船，研究顯示價格範圍落在七萬到十萬美元，最佳目標就不要設定十萬美元，而是九萬五千美元。九萬五千美元是非常好的價格，在談判桌上留下一點剩餘價值是明智之舉，部分原因是它讓你不會散發貪婪的氣息，進而提高你溫暖取勝的能力。*

不過等一下，剛剛我們不是說要加上緩衝嗎？沒錯，初始提案還要加上緩衝。最佳目標是另外一回事，如前所述，最佳目標是你可以有信心地期待的結果；相反地，初始提案則是你最初要求的金額，心裡很清楚之後要讓步。換句話說，最佳目標是你偷偷希望得到的結果，初始提案則是你一開始提出的要求。回到剛剛賣船的例子，你或許可以說：「我開價十一萬美元，但是只要可以滿足我最在意的幾個重點，價格還可以談。」你心裡知道自己希望最終可以用九萬五千美元成交，或許可以在協議中搭配創意選項：

---

* 如果是一次交易，或許稍微有野心一點也合理，但還是不能太過分。

可能的最高價（依據事實研究結果設定）： 十萬美元

利用五％經驗法則削弱你的野心： 五千美元

最佳目標： 九萬五千美元

十緩衝（有許多可能性）： 一萬五千美元

初始提案： 十一萬美元

如果你是買家，五％經驗法則意味著你依據研究得出可能獲得的最佳結果之後，上調五％，藉此稍微削弱最佳目標。假設你是這艘船的買家，研究結果指出八萬美元是最佳價格，最佳目標就是七萬美元加上五％，等於八萬四千美元。

五％經驗法則在許多領域都獲得支持，包括之前提到頂尖運動經紀人伍爾夫的觀察，他認為在談判桌上留下一些錢較為明智；社會科學研究也顯示，貪婪會致命。還有另一個跡象也支持這個理論：《消費者報告》建議，汽車買家不該追求和經銷商進價相同的價格，也就是經銷商買車時支付的金額（如四萬美元），而是應該比進價高三％至五％（如四萬一千兩百到四萬兩千美元之間）。[6]

五％經驗法則有時確實不適用，例如市價範圍小時（如上述買船的例子，市價範圍只有從九萬到十萬美元），或是你要交涉的東西無法量化（如邊間辦公室），這時候該怎麼做？你應該拋開這個經驗法則，但是記得大原則：稍微削弱你的野心。

要熟悉五%經驗法則，不要只聽我說；在幾次談判中試驗，有時候採用五%經驗法則，有時候不使用，再看看自己感覺如何。個人淺見：使用五%經驗法則時，你通常會喜歡上自己的談判手法、人際關係與談判結果的變化。

你是否應該「永遠」野心勃勃？

現在既然掌握可以讓你有創意又有野心的工具，是時候來問這個問題了：你應該很有野心嗎？有沒有哪些時候，野心小一點會比較好？雖然在一本談判書裡這麼說或許有點奇怪，但答案往往是不要太有野心比較好。想想其他幾個不同的選擇。

妥協。有時候平分既合理又符合習慣與預期，這時候要求分更大一杯羹，可能會損害或直接終結你的協議。舉例來說，許多合資和夥伴關係在一開始都是讓各方均分利益。一位資深企業高層在接受哥倫比亞商學院研究團隊採訪時，提到自己的觀察，表示如果自己的公司向合資夥伴要求超過五五對分的分潤比例，對方會覺得他們很自私，造成協商破局。

同理，妥協往往是個簡單、清楚、快速、合理的方式，來與朋友達成協議。(「我們五五分帳吧！」)有時候小孩為了確保公平，會非常有創意，像是切蛋糕時採用「我切你選」的規則，就是確保切蛋糕的人平均切割的方式，因為他切蛋糕時並不知道自己會拿到哪一塊。股東協議裡，經常會出現類似的概念：「如果其中一方想分道揚鑣，就由要離開的人決定股價，另一方則要用那個價格買進或賣出持股。」

滿意即可。有時候達成只比你在其他地方可以獲得協議稍好一點的結果是明智做法，也就是接受比你可接受的最糟情況好一點的協議。買牙膏或決定要看什麼電影時，你往往會因為數十，甚至數千個選擇感到無所適從。貝瑞・史瓦茲（Barry Schwartz）在《只想買條牛仔褲》（*The Paradox of Choice*）一書中提到，研究顯示，在這種狀況下，如果你選擇滿意即可的結果，可能會一樣開心（也較不焦慮）。相較於浪費時間尋找完美的牙膏或最棒的電影，選擇你可以接受的選擇就好。

在很多事情上，拚命擔心協議條件純粹是在浪費時間。我買烤麵包機或聖誕樹時，敢說自己絕對不會在意有沒有拿到最好的條款和條件，你大概也不在乎。甚至在比這個重要的議題上，有時候滿意即可也是明智的，特別是如果契約內容遠遠不如你的時間或精力來得重要時。話雖如此，但是如果你的老闆、家人、慈善機構、企業或是其他你服務的對象，需要你為他們好好表現時，請不要叫他們滿意即可。

下述狀況就不適用滿意即可。一九五〇年代末，馬丁・路德・金恩（Martin Luther King Jr.）在美國國會通過《一九五七年民權法案》（1957 Civil Rights Act）後，面對要求他停止爭取民權的極大壓力，這是一個世紀以來的第一個這樣的法案，但遺憾的是，那次改革對非裔美國人幾乎毫無幫助。如果金恩博士就此感到滿意，會讓需要幫助來克服種族隔離與投票權壓迫等殘酷不公情事的數百萬非裔美國人失望，他面對壓力的回應是引用《聖經》的話說：「不，不，我們不滿足，我們不會滿足，直到『公平如大水滾滾，公義如江河滔滔。』」[7]金恩博士堅持不懈，終於成功推動國會通過《一九六四年民權法案》與《一九六五年選舉法案》（Voting Rights Act of 1965），成為美國人權發展的分水嶺。同理，我見過最激進的談判人士之一就是德雷莎修女（Mother Teresa），她在為孤兒發聲時就像獅子。

大方。該如何與妻子談判？讓我分享一個自己維持婚姻的祕訣。我的妻子有時候會說：「我忘記帶現金了，可以給我二十美元嗎？」我會告訴她：「不，但是我可以給妳三十美元。」或是她會問我能不能等她十分鐘，而我會說：「不，我會等妳三十分鐘。」換句話說，我試圖給她比她要求的更多，因為我愛她，想對她大方一點。許多人都說過，慷慨精神是明智的。華頓商學院教授亞當．格蘭特（Adam Grant）在《給予》（*Give and Take*）一書中提到，那些刻意保持慷慨的人最後會開創出更好的人際關係。有趣的是，這件事會讓他們在事業上更有成就，人生也更幸福。[8]

目標在哪裡，結果往往就在哪裡。如果你認為滿意即可，通常得到的較少；如果野心勃勃，往往會得到較多。但是不管你選擇什麼樣的談判目標，請都不要單純地過分讓步，然後用妥協、滿意即可或慷慨的理由來合理化這些作為，實際上只是因為你膽怯了。相反地，請確保你知道如何懷有野心，立場堅定，而非出於軟弱地選擇目標。這樣無論你做出什麼選擇，都是真正屬於自己的。

工具概覽

溫暖取勝指南：一、為初始提案設定緩衝；二、特別針對你最喜好的主題設定緩衝；三、展現出想發揮創意的意願；四、精心設計的引言；五、精心設計的提案。

五％經驗法則：設定最佳目標時，以你的研究顯示的最佳結果讓利五％，藉此稍微下修自己的野心。

小試身手

挑戰一：溫暖取勝指南。在下一次重大談判前，進行系統性準備（利用 I FORESAW IT，或許再加上角色扮演和 Who I FORESAW）。接著，利用溫暖取勝指南來精心設計引言（如列出要討論的事項），以及精心設計的初始提案。前往談判。接著，在適當時機拋出精心設計的引言，隨後立即或等一下之後提出初始提案。再來，使用你的 TTT 表作為指引，確保談判朝著你的目標方向前進，那個目標或許是具有野心又能讓你溫暖取勝的目標。

挑戰二：五％經驗法則。在幾場談判中，試著有時候使用五％經驗法則，有時候不使用，看看你的感覺如何。

挑戰三：慷慨待人。下一次當朋友或情人向你要求一點什麼，又或者比「一點」多一點什麼時，試試如果你給他們比要求的更多會怎麼樣。舉例來說，主動提議可以等更久、負擔更多小費、提更多包包、捐更多錢給慈善機構，超過對方要求的。你或許還可以考慮在同事請你幫忙某個案子時這麼做（但要小心那些會把善意誤解為懦弱，又喜歡占人便宜的同事）。提供比同事要求的幫更多忙，如果有難處，可以想一個創意的方法，既能無附加條件地單方面滿足同事的需求，又能顧全你的需求。

第八章
靠「換句話說」馴化哥吉拉：用自己的版本重述對方的立場

工具：「就是那樣！」挑戰

使用時機

- 面對氣憤、不穩定、力量大的對象
- 面臨緊張、危險、鬧得很難看的衝突
- 害怕自己會說錯話
- 在任何談判進行時感到焦慮

工具用途

- 讓衝突降溫
- 建立互信與融洽氛圍
- 促成實際連結
- 化解令人害怕的衝突
- 更巧妙地應對任何談判

迪士尼動畫電影《海洋奇緣》（*Moana*）中，[1]主角莫娜是玻里尼西亞少女，必須為大地女神塔菲緹找回被偷走的海洋之心。在關鍵的一幕中，莫娜終於抵達塔菲緹荒蕪的島嶼，卻發現自己必須先通過火山惡魔帖卡的考驗。帖卡用火焰威脅她，這時候莫娜突然意識到驚人的事實：恐怖的帖卡其實就是塔菲緹女神。因此，莫娜直接要求和帖卡見面，帖卡朝著她衝過來，而且看起來愈來愈生氣，莫娜開始高唱：「我知道你的真面目。」作為回應。帖卡呆住了，停下腳步、冷靜下來，低下頭並閉上雙眼。接著，莫娜把海洋之心放進帖卡的心中。火山惡魔瞬間變回那位美麗又愛好和平的塔菲緹女神，給予莫娜祝福。

面對怒火時，莫娜並沒有以牙還牙，她不只看見恐怖的怪獸，而是看穿對方的心。她也沒有陷入要決一死戰或逃跑的情緒裡，只是穩穩地站著，並唱出那首表達自己真正理解對方的歌曲，藉此將對方的怒火轉化為和她同等的平靜。

真實世界的體驗也可以仿效莫娜的故事嗎？

心理學家馬歇爾・盧森堡（Marshall Rosenberg）在以巴武裝衝突期間，曾到巴勒斯坦的難民營演講。現場有一百七十名巴勒斯坦男子等待著，盧森堡一到現場，觀眾就開始耳語說他是美國人。他才剛開口，一名巴勒斯坦男子阿卜杜勒（Abdul）就一躍而上，開始大喊盧森堡是殺人犯，其他人也跟著喊，場面很快就亂成一團。這時候盧森堡轉身面向阿卜杜勒說：「先生，您生氣是因為您希望我的政府可以改變運用資源的方式嗎？」

阿卜杜勒說：「該死！我當然生氣！你覺得我們需要催淚彈嗎？我們需要下水道，不需要你們的催淚彈！我們要房子！我們需要自己的國家……我的兒子生病了！他在沒有加蓋的下水道玩耍！他的教室裡一本書都沒有！」盧森堡說：「我聽得出來您在這裡養育孩子有多麼痛苦；您希望我知道，您就和世界上所有父母一樣希望給孩子好的教育、玩樂的機會，並且在安全的環境中成長……」阿卜杜勒回應：「沒錯，就是基本的事情！人權——你們美國人是這麼說的吧？為什麼沒有更多美國人到這裡看一看？」這樣的對話持續將近二十分鐘。到了那時候，阿卜杜勒和觀眾已經恢復冷靜。盧森堡詢問阿卜杜勒，自己是否可以開始演講，獲得阿卜杜勒同意。演講完畢後，阿卜杜勒走向盧森堡這位猶太裔美國人，邀請他和自己的家人共享一頓齋戒月的晚餐。[2]

面對怒火，盧森堡並沒有還以怒火，他不只看見憤怒的敵人，而是看穿對方的心思；他也沒有陷入決一死戰或逃跑的情緒裡，只是冷靜地站著，做出把阿卜杜勒的怒火轉換為和他一樣開放心態的事。

當某人看起來很生氣時，我們的自然反應往往是認定對方無法溝通，但是就像上述故事顯示的，其實有另一種方法可以達到大叫、辱罵、火上加油或逃跑做不到的事。聽起來很棒，但是要怎麼做呢？如果你不是心理學家，也沒有魔法，該怎麼做？如果你害怕自己在面對不可理喻的對象時失控，或是在艱困時刻連原則都忘得一乾二淨，又該怎麼辦？* 所幸有一項簡單的工具可以幫上忙，可以讓你馴服哥吉拉。

同一項工具還可以做得更多，即使你的對象既冷靜又理性，表現得十分專業，這項工具還可以讓你的談判表現大幅提升。部分原因是它可以減輕談判對象潛藏的焦慮，還有你自己的焦慮。事實上，這項工具賦予你的技巧超有用，讓最專業的談判人員把它視為在任何會談上都會使用的最重要工具。因此不管你眼前的是聖人或電影裡的怪獸，這項工具都可能至關重要。

* 盧森堡利用他的故事來說明「意識和意圖」（consciousness and intent），以及他稱為「非暴力溝通」（nonviolent communication）的一套大原則。我借用同一個故事來說明另一件事：一個我們更能實際習得的做事方法，也可以把它具體變成一項工具。

讓對方開口說出「就是那樣！」

我認識一群人，他們每天都在應對比你我這輩子會遇見的對象更瘋狂又充滿敵意的人，就是紐約市警察局人質談判小組（Hostage Negotiation Team, HNT）。人質談判小組是紐約市警察局首創，並成為全球數百個類似小組的典範。數十年來，他們找到一種讓脅持者放下槍枝、釋放人質並和平走出來的方法。這是怎麼做到的？他們的祕密，也是在他們真正做出馴服哥吉拉的行動時幫助最大的事，可以用他們的座右銘：「和我談談。」（Talk to me.）來總結，關鍵是傾聽。

這或許有點違反直覺，不過精湛的傾聽能力或許堪稱所有談判和衝突管理技能中最強大又最重要的，在面對壓倒性的逆境時更是如此。許多原因如下：

一、傾聽讓你有時間冷靜下來，避免在不知所措時說錯話。
二、傾聽會讓衝突降溫。（相反地，爭論或是過早下定論通常會讓衝突升溫。）
三、傾聽幫助你了解對方在乎的事。
四、傾聽滿足其中一個幾乎所有人都在意的事，就是被聆聽和尊重的需求。
五、傾聽會使對方對聆聽者產生信心和信任感，感覺到這是我可以信賴的人、了解我的人。
六、傾聽幫助你感受並展現同理心，為那個時刻增添人性。

七、傾聽會促進互惠。

八、當你針對有些問題還沒想到出色的答案，傾聽讓你還是能針對所有問題做出適切的回應。

九、傾聽沒有壞處。

也許是出於這些原因，我的MBA校友將深度傾聽列為在談判課程中學到最有價值的技能之一。相反地，我們面對彼此時常用的敷衍式傾聽，幾乎沒有這些好處，在談判和衝突中更是如此，當我們承受壓力或感到害怕時又會更嚴重。首先，這是因為典型的敷衍式傾聽往往是被動的——即使根本不懂，還是點頭表示理解。更糟糕的是，我們在對方發言時已經在心裡排練之後的回應，這通常會削弱我們理解對方說辭的能力，不懂他們說了什麼，又有什麼沒說。例如：

安妮特：「你竟敢走進這裡，告訴我的員工預算要怎麼用！刪減預算一定要先獲得我的批准，不然就走著瞧！」

鮑伯：「聽著，妳嚇不倒我的。我已經得到執行長親自下令要刪減支出，不管妳或妳的員工喜不喜歡都不會改變。」

安妮特開口沒多久，鮑伯就誤以為自己已經了解安妮特的觀點，並開始演練他自以為聰明的回應，進一步忽略安妮特的說法。實際上鮑伯並未理解，這種對他人說辭充耳不聞的回應，會讓對方強烈覺得他聽不懂，而且根本懶得確認。現在安妮特感覺更不被理解、不受尊重、遭到貶低，也變得更不信任、更生氣，同時更不想聽鮑伯說話，而且更希望升級衝突。她可能會提高音量，部分原因是為了讓鮑伯可以聽到她說話，但是這種手法通常會造成反效果，激怒鮑伯並促使他進一步升級衝突，陷入惡性循環。[3]但是如果我們詢問鮑伯，他很可能會說自己是很好的傾聽者。許多情侶、家庭和公司長期以來都像這樣運作，餵養出壓力與憤怒的文化。

逆轉這種功能失調的關鍵之一是，使用我稱為「就是那樣！」挑戰（Exactly! Challenge）的工具。使用時要定時重複概述對方的話，而且要講得好到讓對方說出「就是那樣！」（或者類似說法）。

你可能已經很清楚，重述、換句話說、摘要或複誦對方的話被稱為「主動傾聽」（active listening），這是優秀談判人員仰賴的重要技能，人質談判者也不例外。在這裡，我們要更進一步把這項技能轉化為一項工具，變成讓你必須重複確認，直到你真正了解對方的挑戰。盧森堡在與那位激動觀眾進行長達二十分鐘的對話時，多數時候其實就是使用「就是那樣！」挑戰工具，逐漸扭轉火爆場面，這個概念是不時，而非持續確認自己是否了解，如果衝突很激烈就增加頻率。很多曾與我共事的人都對這個方法的效果感到驚豔，讓我概述其中幾個人的說法：

「它超級有用。」

「她發現我了解她說的話後，看起來鬆了一口氣，簡直到了要昏倒的程度。」

「它讓我們更親密了。」

「光是花一點時間，並專心聽她實際上想要表達什麼，就讓我解決爭端。」

「我一開始主動傾聽，他就放鬆了，開始正面回應我。他只是想要被理解。」

為什麼重述會有幫助？又為什麼在衝突發生時特別有用？首先，因為嚴重衝突會造成高壓，而壓力就像靜電一樣，會讓傾聽變得更困難。重述有助於保持專注，也有助於雙方看清楚壓力是否已經成為溝通的阻礙，或是你們是否克服壓力。重述也展現出尊重與確認，可以建立信任、爭取時間，也可以避免自己不小心說錯話。它降低了壓力、怒氣、速度與怨恨。重述讓人感受到自己有空間、面子和優雅，這種感覺可以促成盧森堡與莫娜故事中那樣的改變。

「就是那樣！」挑戰可以怎麼幫助安妮特和鮑伯？

安妮特：「你竟敢走進這裡，告訴我的員工預算要怎麼用！刪減預算一定要先獲得我的批准，不然就走著瞧！」

鮑伯：「讓我先來看看自己是否了解，妳的意思是說，妳很生氣是因為不想刪減預算嗎？」

安妮特：「不是！我生氣是因為你在我後面搞鬼！你推翻了我的權威性！」

鮑伯：「我只是想確定自己聽懂妳的意思，妳是說刪減預算本身沒有讓妳這麼不滿，妳不滿的其實是希望擔任負責和團隊溝通預算刪減的人嗎？」

安妮特：「就是那樣！」

前幾次使用「就是那樣！」挑戰時，你可能會注意到自己愈來愈常說：「抱歉，我剛才沒聽清楚你說了什麼，可以請你再說一次嗎？」出現這種狀況時，你應該覺得開心，因為這是你傾聽能力進步的證明，好的傾聽者會發現自己不懂，糟糕的傾聽者則常常不會察覺。

有什麼可以幫助你做到呢？以下是幾個小技巧：

- 全神貫注：眼神交會（如果文化上許可的話）、放鬆肢體表情、稍微前傾。
- 不要在心中演練回覆。（你之後會有時間思考回覆。）
- 把對方的說辭視覺化，就像你在看電影，或者更好的方法是，彷彿自己在說話一樣，感受對方的說辭。
- 在心中記下關鍵字或畫面。
- 一開始，試著每隔十五到三十秒重述一次對方的說法，因為說辭愈長就會愈難重述。
- 不用太擔心自己說的不夠精確，即使你說錯了，對方通常也會很高興你做出嘗試，並在你出錯時更正。

你也可以練習重述對方的話，為下一次衝突做準備：

- 在自己的房間裡，私下練習重述。傾聽一位憤怒的電影角色的獨白，大概半分鐘後暫停播放，重述那名演員說話的內容，之後重新播放，確認你的說法是否正確。

- 和隊友一起藉由角色扮演做練習，重述隊友扮演角色說話的內容，特別是他口中最激進或難以回應的說辭。

覺得很難嗎？找一位可以定期和你練習重述的隊友。

乍看之下，「就是那樣！」挑戰好像無法在高壓情境下運作，因為時間太短、壓力又太大。但事實正好相反，太空探險時，在關鍵時刻複誦任務控制中心或太空人的說法是標準操作；商業航空產業裡，複誦塔台或機師的說辭也是標準程序。潛艦人員、特種部隊成員、海軍陸戰隊成員也會複誦長官指令；證券經紀人在收到下單指令時也會複誦；現在醫生和護理師在手術室中也愈來愈常複誦指令。[4]換句話說，在結果影響甚鉅的高壓環境中，如果不主動傾聽，後果不堪設想。

在多數情況下，基本的主動傾聽手法都能運作良好。在許多衝突中（特別是對方展現出強烈情緒時），則可以使用進階版的「就是那樣！」挑戰。這時候你不是要重述對方的說辭，而是對方的情緒，利用簡單卻強而有力的手法進行，稱為「情感標記」（affect labeling）。概念上就是要說出對方當下可能的感受，或許可以用「聽起來似乎……」這種句型。

安妮特：「你怎麼敢來這裡，告訴我的員工預算要怎麼用？有時候我真的無法相信你！每次都這樣，你總是試圖削弱我的地位。刪減預算一定要先經過我的批准，不然就走著瞧！」

鮑伯：「妳聽起來很生氣又沮喪，是因為我之前和這一次損害妳的權威性而覺得擔心，我說對了嗎？」

安妮特：「就是那樣！」

研究顯示，情感標記特別有助於緩解衝突。[5]我也發現，它可以在情感聯繫與抽離之間取得平衡，讓我身為聆聽者，可以站到一旁仔細觀察情感湧現，又不至於會被擊垮。說話的人對自己被如此深刻地理解，通常會感到驚訝。事實上，一開始驅使他們講出難聽話語的原因，往往正是被理解的渴望，基本的主動聆聽技巧和情感標記，都可以引導出「就是那樣！」的回應。我建議你兩種方法都試試，但是注意使用情感標記手法時，要輕柔又不著痕跡地進行，如果做得太誇張，會讓對方覺得你看不起他；如果使用得當，就會有幫助。建議你先在低風險的情境下練習，以掌握技巧。

利用「就是那樣！」挑戰主動傾聽無法取代談判準備，而是要兩者相輔相成。當你為嚴峻的談判做足準備時，往往更能好好地傾聽，因為準備會減少你的壓力；同理，當你放慢談判步調並仔細傾聽對方說法時，也可以更有效率地使用準備好的內容。如果你知道這次談話會很艱難，建議你不要只是即興發揮，並使用「就是那樣！」挑戰。如果一九六一年維也納高峰會上，甘迺迪總統只是主動傾聽赫魯雪夫的說法，赫魯雪夫大概不太可能放棄傳統的蘇聯式威嚇戰術。

但是即便如此，如果你發現自己和哥吉拉發生衝突，先前沒機會準備又不可能直接離開，「就是那樣！」挑戰可以作為應急工具，幫助你穩住局勢，就像安妮特與鮑伯，以及盧森堡的故事顯示的。除了緊急狀況外，這也是你在很多其他情境下可以使用的技巧。

工具概覽

「就是那樣！」挑戰：把主動傾聽或情感標記做到超好，讓對方說出：「就是那樣！」

小試身手

挑戰一：「就是那樣！」挑戰。在高壓衝突或高難度談判中的艱困時刻，試試看主動傾聽。你的表現要好到在談話過程裡，讓對方說出二到三次（或更多）「就是那樣！」（或意思一樣的說法），接著看看會有什麼結果。

挑戰二：居家影音版的「就是那樣！」挑戰。觀看戲劇張力大的反派獨白，或是政治、宗教、受爭議人物的受訪影像，磨練你的技巧，講者要選你極不認同的對象。接著，播放三十秒後就暫停，試著精確重述講者剛剛說的話（或許可以一邊錄下來。）然後，再次播放同一段影片，看看你重述的精確度多高，或是請朋友為你評分。

挑戰三：「就是那樣！」挑戰比賽。這個挑戰超好玩，吃早午餐時，和你心愛的人輪流分享三十秒的故事，內容是講者旅行時遇到的好笑、奇怪或詭異事件。一個人講完後，另一個人要重述那個故事的事實與情感部分，要精確到讓講故事的人說：「就是那樣！」（或類似說法），接著互換角色。你們兩人中，誰主動傾聽的精準度較高？

挑戰四：「聽起來你覺得……」。在壓力有點大的衝突，或是有點困難的談判過程中些許艱難時刻，試試不著痕跡地進行情感標記，有意識地使用「聽起來你覺得……」的句型來說出對方的感受。做得很好的話，對方可能會說：「就是那樣！」（或類似的話）。在對話中嘗試一到兩次，如果發現幫助很大，可以多試幾次。

第九章

重塑架構，讓用詞有力又有禮：善用「正面否定」三明治法

工具：重塑架構、如果我們同意／不同意、你是對的、正面否定三明治

使用時機

- 發現你的話經常莫名適得其反
- 無法說服對方，需要一種新方法
- 害怕說「不」會破壞關係

工具用途

- 有力又迷人地講話
- 改變心意
- 以一種尊重關係的方式說「不」

很久以前，我有一段時間常常說錯話，以至於會搖頭自語：「話還是少說一點比較好！」或許你偶爾也會遇到相同的問題，這對談判人員來說是一個特別的問題，他們常常做出一些不懂裝懂、信口開河、缺乏說服力、毫無必要的冒犯性發言，進而讓最有希望的談判都可能陷入困境。談判學者稱這些破壞結果的談判失言為「刺激語」[1]，經典案例如下：

「你看，我給你的報價很合理。」

「我很公道；你才是有問題的人。」

「真是荒謬，我們先走了。」

「你的報價完全不公平。」

「啊！你在吹牛。」

「是的，但是……」

談判人員經常會因為恐懼而說出這些話，這些刺激語通常攻擊性強、自私又具有侮辱性，但是焦慮的發言者往往認為這些話有說服力。在好萊塢大片中，它們可能有效，但是在現實生活裡，這類言論通常只會像快損壞的汽車引擎一樣產生逆火。2

研究發現，熟練和平庸的談判人員有一個明顯差異：平庸的談判人員喜歡使用刺激語；熟練的談判人員則會像逃避瘟疫一樣，避免使用這些語句。研究也發現，平庸談判人員使用刺激語的頻率是優秀談判人員的五倍；優秀談判人員也會像逃避瘟疫一樣避免使用這些語句。3無論是銷售人員、外交官和人質談判專家都強調同一點：在多數情況下，自私、攻擊性的言語會有反效果，你甚至不必表現出敵意，就能觸發他人的反感。

例如，心理學家長期以來認為，他們逼迫酗酒者改變、警告他們正在自殺，並以權威的口吻談論患者正面臨的風險，是在幫助這些人。這麼做的效果是什麼？研究發現，大多數酗酒者在這類治療後會喝更多酒，因為他們覺得受到強迫又不受尊重。4

那麼，熟練的談判人員究竟會做些什麼？

重塑架構

重塑架構（Reframing）代表尋找一種深思熟慮的方式來表達觀點，同時也考慮到對方的感受和利益。並不需要曲意逢迎、說謊或道歉；正好相反，它是一種堅強又善良的方式，一種讓強烈的訊息也變得富有吸引力的方法。概念是以真誠的方式表達你要說的事，同時也傳達出：「我尊重你，我認真對待你的反應。」我們以上述六個刺激語，看看如何重塑架構：

原版：「你看，我給你的報價很合理。」

改良版：「請幫助我更了解你對這個報價公平性的顧慮。」

原版：「我很公道；你才是有問題的人。」

改良版：「我知道你想要公平，我也是，所以我做了一些研究，找出一些報價依據的指標，請告訴我你的想法。」

原版：「真是荒謬，我們先走了。」

改良版：「雖然其他報價更吸引人，但是如果可能，我們非常願意和你合作，所以我想知道第一個報價能不能有更多的優惠？」

原版：「你的報價完全不公平。」

改良版：「根據我的研究，X元是市場價格，所以我無法同意這個報價，我們是不是可以……？」

原版：「啊！你在吹牛。」

改良版：「你能多說一些嗎？有沒有任何資料來源？你是如何得出那個數字？」

原版：「是的，但是……」

改良版：「你的意思是……我明白，而且……」

每個重塑架構的句子都對問題嚴肅看待，但是溫和對待談判對象。在每次發言中，你要刻意避免說出或暗示對方不公平、瘋狂或不誠實，因為即使是一個字也可能觸發人們的情緒，謹慎選擇用語至關重要。

在第五個例子裡，「有沒有任何資料來源？」會比「你的說法有任何資料來源嗎？」來得好。「說法」暗示對方在捏造事實，可能會引起防衛反應。是否曾遇過在對話中，對方的情緒突然失控，而你卻無法理解原因？有可能是對方聽到一個能觸發他們的詞語。我指的不是觸發警告，而是那種會立即引起不當聯想的詞語。*

---

* 不好的寫作風格可以成為重塑架構的寶貴方式。例如，被動語態可以讓你幫對方保住面子，比較以下兩個句子：「你應該告訴我們這些延誤」和「我們應該被告知這些延誤」，後者的被動版本並未明確指出（即使有暗示）是誰做錯事。同樣地，模糊的詞語（像是「這個」、「那個」和「它」）也有助於避免觸發詞，可以比較「那個錯誤是怎麼發生的？」與「那是怎麼發生的？」還有單調、中立的詞語也有幫助，可以比較「讓我們談談你在暴風雨期間的疏忽和造成的損害」與「讓我們談談暴風雨損害的責任」。直接、明確、簡單的語言有時很重要，但是由於它可能會觸發不良反應，因此了解如何巧妙表達也非常有幫助。

觸發詞是這項工作中的詭雷，因此優秀的談判人員在重塑架構時，會特別小心避免觸發詞。通常只要一個選擇不當的詞語，就能破壞深思熟慮的千言萬語，但是正確、體貼的話語，可以讓對方有退讓的面子和空間。「我知道你想要公平，我也是，所以……」這樣的表達傳遞尊重與誠意，還允許說話者用保全面子的方式舉出公平的證據（如買家的價格手冊）。優雅、空間、面子，很酷，對吧？

母親深知說話寬厚能帶來的力量，「瑪西亞，等這位好心的先生先走再下火車。」「好心的先生」這樣的話語能打動忙碌通勤者的心；「瑪西亞，等他先走，妳再下車」就沒有這種效果。

最根本的祕訣在於，肯定對方通常是明智的行為，不必是他們可能很糟糕的提議或行為，而是你能真誠讚賞的某個方面，例如他們的尊嚴、願景或希望。以寬厚的詞語重塑架構不是胡扯；事實上，真實和善意是至關重要的元素。有時候你可能需要假設尚未確定的事實，尤其是對方看起來不公平或不友善，但對方通常會比你想像中來得好，「待人如同王子，王子就會出現。」這句話是有道理的，寬厚的詞語會帶來對等的回應。你不必重組每個句子；在需要表達困難觀點時，這個方法最有用。重塑架構也不代表你永遠不能直言不諱；如果人們知道你通常會深思熟慮後才發言，你的直接陳述將會具有更大的影響力。

正因為在當下要馬上找到適當詞語來重塑架構可能很困難，所以最好提前準備重塑架構。幸運的是，你已經有可以幫助做到這一點的工具。

I FORESAW IT。記得嗎？這個句子中的R，代表你計劃建立的融洽相處（Rapport）、預期尖銳的反應（Reactions），和明智地做出回應（Respond）。在這裡，你可以準備用對事不對人的方式做出回應。因此假如你預期對方會來回殺價、虛張聲勢或說話苛刻，在那種情況下，你可以計劃重塑架構回應：「如果他們一再試圖壓低價格，我可能會想說自己的報價很公平，但是我可能會這麼說：『根據我的研究，市場價格是X元，我無法接受那個報價，不如我們……？』」嘗試幾種不同的說法，問問自己：「這聽起來怎麼樣？」這種做法就像在模仿偉大的公共演說家、辯論家、律師、牧師和外交官，他們都強調排練的重要性。

角色扮演。可以請隊友與你進行角色扮演，讓他提出直接的要求和其他挑釁的策略，故意讓你感到壓力，並練習在壓力下重塑架構，然後再提供回饋：「聽起來怎麼樣？」或是你可以自己練習，想像自己面對挑釁的情況，練習重塑架構回應。

以「就是那樣！」挑戰或休息來爭取時間。在緊要關頭，你也可以利用「就是那樣！」挑戰來爭取時間，讓自己重新集中精神。必要的話，也可以休息片刻，整理思緒，好好思考一個重塑架構的回應。

我常常練習重塑架構自己的言辭，以因應即將到來的挑戰，這有助讓我更冷靜和自信。過度練習的確會讓人覺得做作，這個概念不是要你背誦一篇演講，而是練習如何深思熟慮又真誠地表達，並測試詞語的選擇。就像經過充分排練的爵士樂即興演奏者，我發現排練能讓自己更自由、更安全地投入當下，因為我已經做好準備，能以討人喜歡的方式表達內心的感受。我更加放鬆，因為有理由知道自己不太可能會說錯話。

那麼，這種練習該怎麼進行？

史坦心愛的年邁阿姨瑪莎，找了唐娜代為看管房屋。唐娜在大多數時間都是好幫手，但是有五％的時間會毫無預警地發火。瑪莎可以要求唐娜離開，但是認真尋找後，發現別無選擇，需要她再幫忙幾個月。史坦曾收到三次不同情況的警告，唐娜突如其來的憤怒，造成家人或鄰居之間的關係嚴重緊張，有一次鄰居甚至報警。所有認識唐娜的人都認為她無法溝通，該怎麼辦？

每次唐娜因為某個問題發火時，史坦都會進行角色扮演，模擬他和唐娜的對話，預測她最嚴重的反應，並且小心翼翼地嘗試重塑架構回應，結束角色扮演後，才會去找她洽談。每次兩人談話時，他開始練習「就是那樣！」挑戰，然後會使用重塑架構的話語，堅定地對問題提出關切，但是對唐娜就會使用輕柔的措辭，一直尋找能保全對方面子的用語，即使他明確指出他們需要改變一些事。

有一次鄰居雪莉告知，唐娜和她發生激烈爭吵，史坦就採取這種方法。雪莉讓她的狗在瑪莎的草坪上大小便時，唐娜在雪莉家門張貼一張用語尖銳的字條：「把你的 @#$#@$ 狗趕出去！」這引發了爭執。後來唐娜甚至進入雪莉的院子裡，從窗戶往屋裡看，意圖升級衝突。不久後，史坦接到警察來電通知唐娜的問題，掛斷電話後，他深吸一口氣，用重塑架構的詞語進行角色扮演和唐娜對話，然後再打電話給對方。

在前十五分鐘，史坦只是聆聽唐娜大聲講述她的故事。「就是那樣！」挑戰使史坦給予唐娜受到認可的感覺，讓她稍微恢復冷靜。而史坦也了解到一些事，雪莉對她的狗跑到瑪莎土地上的態度很隨便，所以史坦能真誠認可唐娜想要捍衛瑪莎的欲望，進一步平復唐娜的情緒：這裡有一個了解她好意的人。然後像事先排練的那樣，史坦溫柔地談到他們作為隊友間的共同需求，幫助瑪莎與鄰居保持和諧。我用楷體字強調他使用的語言，正如他計劃的那樣：

「唐娜，我很尊重妳想保護瑪莎草坪的意願，也很欣賞妳的警覺和關心。我知道瑪莎很在乎草坪，但她更希望以友好方式處理和鄰居的問題。我知道她和妳、我都不想讓警察介入，不想產生敵意，也不想無意中偷窺鄰居的窗戶而嚇到對方。我在想我們能做什麼，避免與對方產生摩擦？」

這樣一來，唐娜在對話中感覺被尊重、被理解，也覺得安全，開始主動提出解決方案，「我可以避免和雪莉談話，把問題轉交給你！」唐娜這個理解與她以往的性格截然不同，而且非常寶貴。唐娜承諾會按照她的建議去做。通話圓滿結束，他們再也沒有和鄰居發生問題。

現在史坦承認，繼續和容易產生這種反應的人合作是不好的，所以經常自我檢視：「我是在這段艱困時期幫助我們管理事情，還是在推波助瀾？」整體而言，唐娜的工作對瑪莎來說很有幫助。當他們共度的季節結束時，每個人都鬆了口氣。但是如果沒有角色扮演和重塑架構，史坦不是會讓唐娜繼續惹麻煩，就是會刺激唐娜而加劇危機；有了這些工具，他能逐步化解緊張，並發揮唐娜帶來的好處。

但最困難的部分，不就是在那一刻找到合適的話語嗎？無論有沒有準備，當我們生氣、困惑、苦惱或驚訝時，都可能無法找到合適的詞語：這都是我們在逆境裡經常面對的感受，該怎麼辦？幸運的是，已經有兩項工具可以幫助你了。

第一，那三個字。如果回顧六個刺激語範例和重塑架構的版本，你會注意到一些奇怪的事：幾乎每個重塑架構的句子都依賴利益、事實或選項來表達相同的意思，例如：

原版：「我很公道；你才是有問題的人。」

改良版：「我知道你想要公平，我也是，所以我做了一些研究，找出一些報價依據的指標，請告訴我你的想法。」

在改良版中，你談論的是利益和事實，而不只是意見，又如：

原版：「你的報價完全不公平。」

改良版：「根據我的研究，X元是市場價格，所以我無法同意這個報價，我們是不是可以……？」

在改良版中，你討論的是事實和選項。

如果你回顧史坦的話，他們也依賴「那三個字」。所以當你處於緊張的談判，又不知道該說什麼時，只要專注在討論利益、事實和選項，通常就能有效表達意見。

第二，「就是那樣！」挑戰。回想另一個刺激語範例：

原版：「是的，但是……」

改良版：「你的意思是……我明白，而且……」

在改良版中，你放慢事情的進程，先進行解釋，以確認你理解（即使不完全同意），然後在不直接矛盾的情況下增加更多內容——這種方法讓你堅定地面對問題，但是對人保持溫和。史坦也用了「就是那樣！」挑戰。

不過如果在關鍵時刻，你什麼工具都想不起來怎麼辦？只要記住一件事：

呼吸。當你情緒激動又無法思考時，可以學習人質談判專家：放慢下來，深呼吸。研究指出，他們的經驗顯示，只是暫停和幾秒的深呼吸，就能讓刺激語誘發恐懼反應的杏仁核平靜下來，讓重塑架構變得更容易。5

重塑架構只是讓用語既有力又有禮的方式之一，讓你能溫和溝通，堅定解決問題。另一個方式則是，當你面對看似無法動搖的哥吉拉時，簡單改變對方的想法。

「如果我們同意／不同意」

某天早上，我的學生克雄從床上爬起來，決定今天是實現他長久以來夢想的日子，他的夢想是：成為名嘴馬克・傑克森（Mack Jackson）主持的全國直播廣播和有線電視節目嘉賓。克雄不僅想成為傑克森聊天的眾多來電者之一，還要走進錄音室成為嘉賓，所以他打電話給節目單位，一位篩選員接聽電話，克雄告知自己可以模仿超過二十位體育名人，並且希望能和傑克森對談。「好，說一個來聽聽。」篩選人說道，於是克雄開始模仿雷霸龍・詹姆斯（LeBron James）（我聽過克雄的模仿，真的很棒。）篩選員說：「哇！請等著和傑克森連線。」在從篩選員那裡得知，當天傑克森並沒有安排任何名人來賓後，克雄在通話等待時間裡，準備運用在談判課程中練習的一個技巧。

等傑克森接聽電話後，克雄模仿詹姆斯。傑克森很喜歡，要求再模仿其他人，所以克雄又表演了幾分鐘。然後正如克雄後來所述，傑克森說：「好的，很棒的表演，謝謝你的來電，再見。」克雄急於實現夢想，提出擔任現場來賓的建議：「傑克森，我親自上場會更好，我覺得你的聽眾願意等我半小時，讓我過去你的錄音室。」傑克森對這個想法不是很熱衷，「小子，我不太肯定這個想法，我覺得這樣就夠了。」但是克雄使用這項工具，片刻後傑克森邀請他上節目。三十分鐘後，克雄在全國電視直播中為傑克森賣力演出。克雄連刮鬍子或換衣服的時間都沒有，一切進展得十分順利，他還受邀到傑克森主持的另一個有線電視節目《奇怪通》（*Strangetoon*）中露面，他覺得自己像個冠軍。你是怎麼做到的？你怎麼能在醒來幾分鐘後，就出現在全國電視上？答案是克雄使用了「如果我們同意／不同意」（If We Agree/If We Disagree）。

「如果我們同意／不同意」是一項說服工具，向對方展示同意你的觀點如何有助於實現他們的利益，以及不同意又會怎麼損害他們的利益。這種方法能成功的原因之一，是能幫助你用對方的語言來交流；如此一來，你能直接與對方談論他們的期望和擔憂，展示你的想法為什麼能解決問題。另外，研究顯示，有些人著重正面因素，容易被機會說服；而另一些人則著重避免負面因素，所以容易受到恐懼影響。[6]它可以同時滿足每種性格的人，說服那些急切和謹慎的人。由於許多人都是兩種性格的混合體，這項工具對不同面向的我們都有所助益。

「如果我們同意／不同意」的基本步驟

一、列出對方的利益。
二、了解事實，發展有吸引力的選項。
三、列出對方的擔憂，就是那些不符合他們利益的談判失敗後的最糟替代方案。
四、使用這些資料，建立兩份清單：
(一)如果對方同意你的提議，對方將獲得的好處，也就是如果對方答應，他們可以實現的利益。
(二)如果對方不同意，可能會發生令人擔憂的事，也就是會損害對方利益的事。

所以在克雄的例子裡，他在等待傑克森通話時寫下：

傑克森的利益：收視率、吸引體育迷、逗人發笑、有趣、好的廣播節目

事實：今天傑克森沒有名人來賓。（克雄已詢問電話篩選員。很好的調查，克雄。）

傑克森的擔憂：節目沉悶，人們轉台收聽運動談話廣播節目。

如果我上節目，傑克森能得到：

＋收視率

＋讓運動迷保持興趣

＋利潤

＋樂趣

＋充實的時間

＋經過驗證，準備好的才能

如果我不上節目，傑克森會：

- 需要填補時間
- 讓聽眾感到不悅
- 可能會因為運動談話節目的競爭而失去收視率

當對方表示抗拒時，在對話中適時使用「如果我們同意／不同意」裡的一、兩個句子。依據這個方案，想想克雄所述與傑克森的對話，你能否找出他如何將筆記轉化為強大又具說服力的陳述：

傑克森：好，做得好，謝謝你的來電，再見。

克雄：嘿，傑克森，我親自上場會更好，我覺得你的聽眾會願意等我半小時，讓我過去你的錄音室。

傑克森：小子，我不太肯定這個想法，我覺得這樣就夠了。

克雄：我就在附近，**你也不想讓你的聽眾失望。我知道你今天早上沒有其他名人嘉賓，而你有這個需要，我現在就能給你所有的名人。**

傑克森：你要做一樣的模仿嗎？

克雄：我還有其他更好的選擇。我喜歡你的節目，我幾分鐘後就能到，你保留一個時段給我，我就出發，就是這麼簡單。

傑克森：好，你可以出發了。

黑體字是克雄使用工具的地方。

注意：語氣很重要，絕對不能讓對方覺得你在威脅他們；你沒有，你的目標是作為夥伴，而非對手的身分進行對話，你真正能看到希望和擔憂的原因，這些原因可能是對方沒注意到的。克雄並沒有不尊重地對傑克森說：「如果你不讓我上節目，你的節目就會很沉悶。」而是借用《哈佛這樣教談判力》裡作者的話，透過做出合理、真實的陳述，向傑克森展示機會與問題，然後讓傑克森自己做出結論。

說服老闆。「如果我們同意／不同意」的工具，甚至可以說服看似無法動搖的老闆，在那種情況下，風險幾乎是最高的。為了理解做法，我們用你可能從未聽過的故事為例——西奧多・羅斯福三世（Theodore Roosevelt III）。身為第二十六任美國總統的兒子，他在第二次世界大戰擔任美國陸軍少將，根據所有的紀錄顯示，他是勇敢、受人尊敬又有效率的領袖，在北非戰役期間表現出色。但是到了一九四四年，他在軍中的處境變得非常緊張，有個朋友犯下嚴重的政治錯誤，因此受到牽連。上級將他調離前線，他很沮喪，也很渴望參加即將到來的諾曼第登陸入侵行動，所以找上長官雷蒙・奧斯卡・巴頓（Raymond Oscar Barton），並請求休假，好登上入侵開始時最早上岸的登陸艇。巴頓是嚴肅的領導者，馬上拒絕，但是有誰能責怪他呢？羅斯福三世已經五十六歲，因為早期的戰鬥受傷而需要拄著拐杖走路，幾乎不適合上前線。此外，羅斯福三世在政治上陷入麻煩，因此可利用的信譽非常有限。此外，他們都知道第一波士兵可能面臨嚴重傷亡，並且在世界上任何戰區的任何軍隊裡，同盟國將領從未身處前線，而羅斯福三世剛好又是現任總統富蘭克林．羅斯福（Franklin Roosevelt）的姪子，如果羅斯福三世戰死，巴頓將會面臨巨大的政治反彈。然而羅斯福三世不畏艱難，幾週後再次詢問巴頓，卻仍得到相同的答案。

但是羅斯福三世隨後寫了一封信給巴頓，促使巴頓召見他。兩人見面時，巴頓說他仍然覺得不該派羅斯福三世上戰場，但又表示不能拒絕羅斯福三世寫的這封信，所以批准這個請求。

事實證明，巴頓的決定是個好主意。一九四四年六月六日，羅斯福三世乘坐最早的登陸艇，抵達諾曼第的猶他海灘，卻發現軍方搞砸了這裡的登陸行動，部隊的登陸地點距離目標地點超過一英里。面對可能危及登陸的混亂情況，羅斯福三世重整部隊，說了一句名言：「我們就從這裡開始戰爭！」他的領導才能極為英勇和寶貴，因而獲得國會榮譽勛章。所以在羅斯福三世寫給巴頓的信中，到底是什麼內容改變局勢？看看你能否發現他如何使用「如果我們同意／不同意」（為了便於理解已稍微改寫）：

> 首批登陸的部隊表現，將決定諾曼第登陸入侵行動的成敗。由於所有部隊都缺乏經驗，每個士兵的表現都會受到第一波行動影響，如果第一波行動失敗，接下來也可能失敗；如果

第一波行動表現良好，接下來也可能表現良好。此外，每批新軍隊在登陸時都需要準確、最新的訊息。同樣地，你需要可以依賴的清晰局勢，我相信如果和第一批突擊部隊同行，我可以完成這些事。而且由於我個人認識這些先鋒部隊的軍官與士兵，相信他們知道我和他們同行，會讓他們感到安穩。

羅斯福三世的信中完全沒有不恭、虛假或具威脅性的字眼，反而展現出一種商務風格（他在戰前曾是主管），最重要的是，這封信著重作者對讀者需求的深思熟慮，以及對他們的關心。

還有另一項工具可以分享，它的力量來自精心選擇的四個字，這個工具特別善於扭轉阻力，因為能幫助你用大家能接受的語言來表達自己。

四個魔法字——你是對的！

多年前，一位名叫瑪姬的演員在一家地區劇院扮演主角，演出非常成功，導演和製作人都向她保證，希望下一季再邀請她回來參與演出。所以你可以想像瑪姬從經紀人得知，他們不想讓她參加主角試鏡時有多驚訝。經紀人說：「他們喜歡妳，瑪姬，但是認為妳不適合這個角色。」對於在以九五％失業率聞名的行業工作的演員來說，就連面對友善又懂得欣賞的製作人都像看到哥吉拉，贏得主角試鏡總是非常困難，而這次試鏡的失敗讓人深感失望，該怎麼辦？瑪姬回家後寫了一封充滿熱情的電子郵件初稿，內容大致如下：

嗨，鮑勃和謝拉！

知道你們不想讓我參加《過敏醫生妻子的故事》（*Tale of the Allergist's Wife*）中李的角色，我覺得非常意外。我不懂！原本以為你們喜歡我的表演！我知道自己可以演那個角色，真的覺得你們正在犯下嚴重的錯誤。我缺少了什麼嗎？

真誠地，瑪姬

瑪姬把初稿寄給我，我們很快就決定不能寄出這封信，所以重寫修訂版，然後寄出。二十四小時後，瑪姬接到經紀人的電話，告知製作人和導演希望她參加試鏡。當雙方見面時，熱情擁抱並親吻彼此。然後製作人說：「妳知道的，瑪姬，我們一開始覺得妳不適合這個角色，但是在收到妳的電子郵件後，我們改變了主意。」

瑪姬依賴一項簡單的工具：四個魔法字，只要正確理解這四個字，在和哥吉拉打交道時，甚至可以扭轉局勢：「**你是對的。**」

這個概念是要先理解為什麼對方說不，他們的利益是什麼？你已經學會第一章的「那三個字」，還有本章的「如果我們同意／不同意」，可以用這兩項工具做到這一點。在瑪姬的情況裡，製作人和導演的合理擔憂是找一個適合李這個角色的人。

接下來，真誠地確認對方的擔憂。這不是拍馬屁，真實展現你理解對方的需求才是關鍵所在。這通常很容易做到，因為即使你認為她「不行」的結論是糟糕的選擇，這些利益通常還是可以理解的。回想一下，之前在第一章曾討論十一歲的賈馬爾想要養貓，他做好準備，等父親列舉出無法養貓的原因後，明智地回答：「爸，你是對的，那些事情確實是我們應該好好考慮的。」他顯然知道父親為什麼反對，那句話標示出一個轉捩點。

「你是對的」是四個魔法字，首先因為正如我們所見，每個人都需要感覺被肯定，當我們給予這種肯定時，就能滿足這種需求。但是我們要做得更多，我們也尊重他們，給他們驚喜，並靜靜引起他們的興趣和尊重：「哇！我本來以為會遇到很多阻力，但是這裡有一個人懂我、欣賞我。」這也提高你的信譽：「嗯！這裡有個人看到我觀點的價值，她太聰明了，我想知道她還有什麼其他的想法。」最後，這麼做表示你很投入，並且邀請對方回應。賈馬爾或許贏得父親的認可，因為他只用四個字就達成一切。

最後一步是向對方顯示，你的想法如何滿足她正當捍衛的利益，這就是賈馬爾所做的，他告訴父親如何解決擔心的每個問題。不要說「是的，但是……」，你應該要說「是的，而且……」你要說「你的問題很合理，而我可以幫你解決」，因此不要只是說「你是對的」，好像這個想法只是要讓人愉快。關鍵在於向對方展現你理解他們的利益，而且你的想法符合他們的利益。

那麼，瑪姬在電子郵件裡寫了什麼？

> 嗨，鮑勃和謝拉！
>
> 我了解你們不希望我試鏡《過敏醫生妻子的故事》中李的角色，是因為覺得我不適合。你們是對的！如果我在選擇李這個角色時，覺得一位女演員沒有A、B和C的素質，也不願意讓她試鏡。你們可能會想知道，我最近在另一家頂級地區劇院——布里斯托河畔劇院（Bristol Riverside Theatre），演出《小夜曲》（*A Little Night Music*）中佩特拉一角，你們可能比我更熟悉，佩特拉這個角色非常講求A、B和C。既然我可能正是你們在找的人，想知道是否有機會試鏡？
>
> 愛，瑪姬

「你是對的」不是詭計，而是代表一種思維和心態的轉變，能迅速讓你們從爭鬥轉變為和諧；從憤怒、反駁轉變為欣賞與照顧對方的需求，同時也尊重你自己的需求。

現在有了幫助你贏得贊同的工具，你可以說些什麼，幫助自己更具說服力但更具同理心地說不呢？

正面否定三明治

當你覺得自己完全無法拒絕，或者害怕拒絕會讓你看來刻薄或不合群時，該怎麼辦？我想在這裡分享的工具可以有所幫助，稱為「正面否定三明治」(Positive No Sandwich)。正如威廉・尤里(William Ury)在《積極拒絕的力量》(*The Power of a Positive No*)中指出的，通常說「不」是必要又正確的，這樣你才能對更多自己關心的事說「是」。但拒絕是困難的，我們擔心在過程中會破壞關係。所以尤里建議一種軟化嚴厲訊息，並以積極語氣結尾的方法。在他的見解基礎上，我推薦使用語言三明治來拒絕，像這樣：

一、真誠地分享你必須保護的利益。(「這個週末我必須照顧生病的媽媽。」)

二、堅定地解釋，由於你必須關心自己的利益，所以必須婉拒對方的要求。(「所以，我週六無法幫你搬家。」)

三、表示願意同意一些對他人有利又不傷害自己需求的事。(「但是如果有其他可以幫忙的，我很高興去做，例如……。」)

如果這個方法看起來很熟悉，可能是因為它呼應之前看到的華頓商學院教授格蘭特的見解。他發現，最成功的人既寬宏大量又懂得自我保護，能運用同樣的方法關懷他人，也能設定明智的界線。

請注意：其中一個祕密成分是誠實。如果你編藉口，正面否定三明治就無法發揮作用：「我那天晚上要洗頭，所以不能跟你一起去舞會。」如果你提到的利益是瑣碎或很容易滿足的，也無法達到良好的效果：「我必須找到弄丟的筆，所以現在無法幫你搬桌子。」

首先，這麼說很無禮。另外，因為對方可能會回答：「沒問題，拿我的筆吧！現在準備好了嗎？」最後，如果你虛假或模糊地提供以其他方式幫助他，也不會有什麼好效果，反而會招致不滿情緒：「如果有任何我能做的，請告訴我。」那種說法是將負擔轉嫁給對方，讓他猜測你能做什麼，因而造成懷疑。更好的方式是舉例說明你能幫助的事，「例如，我能幫你在搬家前處理一些計畫細節。」這麼做表明你真心願意以其他方式關心。

你不必總是使用正面否定三明治，有時候最好的方式就是簡單地說：「對不起，但是不行。」尤其是當你有充分理由不參與，或者無法真誠提供其他幫助時。但是在許多情況下，和同事、家人或朋友相處時，正面否定三明治工具賦予你在說「不」與「好」之間，提供第三個選擇，有助於你照顧自己（和他人），同時也表達出你關心那個被拒絕的人。

精心挑選的話語，會顯得虛偽嗎？

這裡的工具：重塑架構、如果我們同意／不同意、你是對的、正面否定三明治，展現話語經過挑選後的力量，可以讓你避開危險的礁石，朝向康莊大道邁進，但你會認為這是不好的嗎？

在一些文化中，例如美國，人們非常重視直言不諱，以至於深思熟慮的話有時會顯得過於巧妙、狡猾，坦白說就是不誠實的：「少廢話，直說吧！」如果你覺得對方可能會有那樣的反應，就需要調整工具，使用更少、更簡單的話語。即使像美國這樣的低情境文化（low-context culture）中，較難接受微妙與細緻的對話，這些工具仍然可以發揮作用。因為這並非華麗或不誠實，而是選擇尊重、真實又有力的詞語。換句話說，這是以另一種對方會接受的方式表達你想說的話。而且就我在世界各地工作的經驗來看，人們似乎普遍欣賞這些特質，即使在我以直率著稱的紐約市老家也是如此。

工具概覽

重塑架構：以對事不對人的方式溝通。

如果我們同意／不同意：表現出為什麼同意能對對方有益，不同意則有害。

你是對的：肯定對方關心某個利益的看法，然後展示同意為什麼能滿足這些利益。

正面否定三明治：首先，誠實地分享你的利益，然後藉此拒絕，最後請對方同意符合雙方利益的提案。

小試身手

挑戰一：重塑架構。下一次當你遇到激烈的對話時，故意暫停，並使用對事不對人的溫和話語，也就是有助於對方找到寬容、空間與面子的話語，看看會發生什麼事。誰知道呢？也許我會在挪威看到你得到諾貝爾和平獎，發表感言時請記得我。

挑戰二：如果我們同意／不同意。下一次你需要說服某個看來固執己見的人，而且認為「自己提出的方案具有吸引力」，試試如果在對話中，故意計劃並使用如果我們同意／不同意的說法，會發生什麼事。

挑戰三：你是對的觀想。本週請聽兩個人爭辯，想像自己是你同意的那一方，然後在腦海裡重播這場爭論，這次想像自己向對方說出「你是對的」，看看是否可以了解她的利益，並闡明你的角色提出要求符合這些利益的原因。

挑戰四：善意拒絕。如果你發現自己必須為了真正要關心的問題而拒絕一個請求，而且想不到其他創意方法能滿足雙方的需求，試著使用正面拒絕三明治，友善地說不，看看會發生什麼情況。

第十章

糾正你不敢糾正的人：不用挑戰權威，也能提醒上級

工具：APSO

使用時機

- 認為老闆正在犯下重大的錯誤
- 害怕發言
- 不知道該如何在不失禮的情況下糾正
- 看到沒有其他人敢出聲，而且時間緊迫

工具用途

- 安全、有效、尊重地糾正老闆
- 尊重老闆的權威

一九七八年十二月二十八日，聯合航空（United Airlines）一七三號航班從丹佛的斯台普頓國際機場出發，飛往奧勒岡州波特蘭。當天飛行條件良好，機長馬爾本・麥克布魯姆（Malburn McBroom）是公司最有經驗的飛行員之一，飛行過程一切正常，直到飛機進入波特蘭領空時，起落架出現問題，飛機需要在空中盤旋，以便機組人員嘗試修復。

過程中，副機長羅德・畢比（Rod Beebe）和飛行工程師福瑞斯特・曼登霍爾（Forrest Mendenhall）發現飛機燃油即將用罄。畢比問道：「我們現在還有多少燃油？」曼登霍爾回答：「四千磅！」但是理所當然的，專注於起落架問題的麥克布魯姆並沒有聽見這段對話。幾分鐘後，畢比說：「我們只剩下大約三千磅燃油了。」麥克布魯姆回答：「好，如果在著地時起落架（塌陷）……。」又繼續談論起落架的問題。

隨著時間流逝，等麥克布魯姆準備開始下降時，另一位機組人員說：「我想四號引擎剛剛停止了，機長。」麥克布魯姆沒有回答。片刻後，畢比重複一遍：「機長，我們將要失去一具引擎了。」麥克布魯姆第一次回答：「為什麼？」[1]但是為時已晚，幾秒後燃油耗盡，四號引擎停止，過了一、兩分鐘，另一具引擎也停止運作。片刻後飛機墜毀，造成十人死亡，包括曼登霍爾、一名空服人員和八名乘客，麥克布魯姆機長受到重傷，不久後就辭職了，在身心承受嚴重打擊的狀況下度過餘生。[2]美國國家運輸安全委員會（National Transportation Safety Board, NTSB）收到的調查結果中，存在一個謎題：具備兩萬七千小時飛行經驗的機長，怎麼會讓飛機耗盡燃油？

美國國家運輸安全委員會驚人的發現，促成商業航空史上最重大的變革之一，這次墜機不是由於機械故障或無能，而是由於恐懼、服從和無力感所致。

在航空界，機長在機組人員心中一直是備受尊崇的人物，就像該領域的領主，他們的地位讓人聯想到人們長久以來對航空英雄查爾斯．林白（Charles Lindbergh，又稱為「孤鷹」〔Lone Eagle〕）的敬仰。在機艙裡，機長是王者；航空公司文化規定機長掌控一切，其他機組人員即使發現他犯下嚴重錯誤，也不敢挑戰。在一起與一七三號航班類似的事件中，副機長對燃油不足提出疑慮，卻遭到機長嘲笑，機長還對飛行工程師講笑話嘲弄副機長，那班飛機也造成許多人喪生。

研究人員發現，在南韓和委內瑞拉等這類特別重視服從權威的國家，飛機上這種順從問題特別嚴重。從多起空難的機艙通話紀錄檔案顯示，副機長經常意識到機長沒有注意到的問題，卻不知如何溝通。通常副機長會「暗示並希望」——像是自問自答一樣，例如「嗯！油量表很低，希望我們能抵達目的地。」或者副機長會以迂迴的方式說話，模糊緊急情況，例如「你認為我們應該向飛航管制人員報告燃油情況嗎？」

或許你曾面臨類似的困境，看到老闆正做錯事，也許是災難性事件，但卻害怕如果說出口會冒犯老闆，擔憂遭到斥責，甚至會可能失去工作。在那樣的時刻，很容易保持沉默、少說話，或者說得非常含糊或間接，以至於無法因應危險。你需要找到一個方法，同時展現尊重與急切的擔憂：對問題要嚴肅，對老闆要溫和，而且需要它快速有效。

換句話說，你需要談判——正如字典定義的「正式交談以達成協議」，因為你需要得到肯定的回答，而你無法下令。雖然我們通常認為談判意味著物質交換，例如「如果你給我三顆西瓜，我會給你一個煎鍋」，但是實際上它的內涵遠遠不止如此。舉例來說，大多數的人質談判，實際上與物質要求（雖然有些有）幾乎無關，而是和滿足心理需求有很大的關聯。

的確，可能有人會說，在談判中愈能運用亞伯拉罕・馬斯洛（Abraham Maslow）著名的需求層次金字塔，解決心理需求，就愈能創造更多的價值；[3]馬斯洛認為自尊、尊重、地位和認可是人類最高層級的需求。所以你能向老闆提供的，就是他最需要的東西——自尊、尊重、地位和幫助；也就是說，認可他的權威，同時提供關鍵的協助。你需要的只是尊重和安全感。這裡的工具可以幫助你進行談判，並且安全獲得那個關鍵的肯定回答。

幫助副機長與機長之間溝通是航空業面臨的挑戰，而他們解決了這個問題——事實上，做得非常成功，每百萬乘客飛行英里的死亡人數，從一九七八年代的八人降至二〇〇八年的零點八人，下降九〇％。在一九七〇年代和一九八〇年代，喜劇演員以講述航空公司的笑話為生，因為人們害怕飛行；到了二〇〇八年，喜劇演員需要新的素材，飛航成為最安全的交通形式，考量到其中運作的各種力量，這是一個引人注目的成就。他們成功的關鍵在於一個劇本，航空公司教導機長和機組人員使用這個劇本，它由四個字母組成，你可以在緊急情況下藉此拯救你的老闆、公司和工作。

在壓力下安全地向機長提出意見

借鑑美國太空總署（NASA）的創新，航空公司開始引進一套幫助機組員以團隊方式工作的原則、工具和流程的系統，稱為機組資源管理（Crew Resource Management, CRM）。聯合航空率先在一九八一年採用，也就是一七三號航班空難發生後三年。起初資深機長對這個變革感到不滿，擔心會削弱他們的權威，但讓他們驚訝的是，最終卻發現機組資源管理實際上在某些方面提升他們的權威性，也的確提高他們的情境認知和全體機組人員的士氣。同時，副機長與空服員發現，機組資源管理讓他們能安全地向機長提出意見，為他們提供在壓力下能同時表達尊重和嚴重關切的好方法。機組資源管理其中一個關鍵特點是一項簡單的協議，要以尊重、清晰的方法向機長表達意見。本質上，它教導機組人員要說四件事：

注意（Attention）：當你希望引起機長注意時，清楚地稱呼機長：「嘿，麥克布魯姆。」或「嘿，機長。」

問題（Problem）：直接表達你擔心的事，包括事實和情緒：「我們只剩下五分鐘的燃油，擔心我們可能無法抵達波特蘭機場。」

解決方案（Solution）：提供一個解決問題的清晰想法，「立即降落，通知塔台，並且準備因應可能的起落架故障。」或是「我認為我們應該改變航道，到兩英里外的普雷斯頓。」

這樣好嗎？（OK？）詢問是否接受或考慮，以確定機長做出決定：「機長，你覺得這樣好嗎？」或是「你覺得呢？」

我將這項協議翻譯成一個簡單的首字母縮寫——**APSO**：注意、問題、解決方案、這樣好嗎？APSO的每個部分都扮演重要角色，為了解原因，我們檢視一七三號航班在沒有它的情況下，會遭遇不幸的原因。（我不是要攻擊處於極端壓力下經驗豐富的飛行員；我知道如果易地而處，我也會表現得很糟糕；我的目標是學習，而不是批判。）

一七三號航班的副機長犯下的第一個錯誤是，未能清楚直接地獲得機長的注意（A）。老闆很忙，尤其是在有壓力的情況下，而機長麥克布魯姆擔憂起落架問題是合理的，所以副機長和飛行工程師之間關於燃油的對話，對他來說只是噪音，即使副機長認為自己正緊急、大聲與清晰地討論問題。後來，副機長的確直接告訴麥克布魯姆：「我們只剩下大約三千磅燃油了。」但是他並未先完全吸引緊張機長的注意力，所以就連那個訊息聽起來也像是干擾。

副機長犯下的第二個錯誤是，沒有清楚告知機長問題（P）所在。以明確、簡潔的方式陳述特定問題，同時傳達問題的嚴重性，能給領導者更好的機會應對。沒錯，副機長最後說：「我們只剩下大約三千磅燃油了。」但是麥克布魯姆沒有回應，顯然是因為未能理解問題所在。副機長需要明確表明這是一個嚴重又緊急的問題，而且他非常擔心。他並沒有這麼做。注意：焦點應該放在問題上，而不是領導者的失敗或無能，沒有必要說：「你會害死我們！」或是「你正在犯下重大錯誤。」機組資源管理特別訓練機組人員避免使用這類言語，因為容易引起自我防衛。事實上，它其實為了讓團隊成員向某人提出不失禮貌的挑戰時，提供特定的語句，例如「我對……感到不舒服。」和「我對此表示擔憂。」

副機長沒有給機長任何解決方案（S）；只是加重機長的負擔。提供解決方案真的有助於解決問題——給予老闆一個選擇，因此更容易領導，而且讓你成為團隊中更完整的一部分。

最後，由於忙碌的領導者可能沒有意識到需要做出決策，所以用明確的訊號來強調做出選擇的需求，這一點是很重要的。這也表現出尊重，因此要問：「這樣好嗎？」（O）正如一位航空機組資源管理專家強調的，只使用APSO的一部分並遺漏最後一部分會讓效果減弱。

以下是在商業環境中使用APSO的例子，試想你發現公司即將支付的貸款款項出現嚴重問題，但是上週老闆揮手表示這不是什麼大事，她還有更重要的事要擔心。事情變得更糟了，所以你去見她，然後說：

注意：菈奎莎。

問題：妳或許記得，銀行要求我們在週一上午九點前提交財務報告——距離現在還有四十八小時。而我們正面臨七十二小時的現金流危機，我擔心如果現在提交，銀行可能會認定我們違約，進而引發其他貸款發生一連串違約的情況。

解決方案：根據我們之前完美的報告和強大的財務評等，我建議現在立即向在銀行的聯絡人提出七十二小時寬限時間。

這樣好嗎？：妳覺得呢？

請注意：APSO不僅告訴你該說什麼，還引導你遠離不該說的事。每個詞語都要專注於解決問題，而非批評老闆，才能讓溝通對雙方更安全。

APSO在高壓環境中的應用

機組資源管理（尤其是APSO）的強大功效如此引人注目，其他領域開始紛紛採用。即使領導者不知道什麼是機組資源管理，像APSO這樣的工具也能讓下屬安全又有效地提出意見。例如，緊急醫療技術人員現在接受機組資源管理的培訓，包括APSO提煉的禮節；同樣地，醫院也開始使用機組資源管理和APSO。在《超越檢查表》（*Beyond the Checklist*）一書中，作者蘇珊・高登（Suzanne Gordon）、派翠克・曼登霍爾（Patrick Mendenhall）及邦妮・布萊兒・歐康諾（Bonnie Blaire O'Connor），討論如何以解決困擾機組人員和機長之間尊重問題的方式，解決護理師與醫生之間的問題。

他們指出，如果沒有使用機組資源管理，護理師要是提出對醫生做法的疑慮，恐怕會被醫生認為是不服從和自以為是。更糟糕的是，如果沒有機組資源管理，醫護之間往往會像陌生人，甚至是競爭者，不確定如何解決關於病患照護的衝突。然而，那些使用機組資源管理的醫院（包括培訓護理師如何尊重地溝通以解決分歧），在病患護理與醫護人員合作方面獲得顯著改善。[4]

我現在訓練學生在日常商業生活中使用APSO，他們很快就能掌握，並發現這個方法有助於和老闆交流時更自在，因為這讓他們能建設性地解決衝突，即使是緊急情況。我經常為學生安排一個情境，你也可以想想自己會怎麼做，試想你和同事正開車趕往一場在四十五分鐘後開始的重要跨州商務會議，快要遲到了。你們在高速公路上，開車的是老闆，你知道距離目的地大約還有五十五公里，導航和無線網路在幾公里前就停止運作，收不到訊號，你的手機也沒電了。當你們靠近加油站時，你注意到老闆（一位強勢又有自信的領導者）正開在右側車道，準備在兩分鐘後駛上一條主要公路，出口指示牌寫著：「四九五號州際高速公路處」。

你感到一陣焦慮，很清楚記得這場會議是在另一個方向，而主辦方在邀請函上寫著「請走二七〇號州際高速公路」。州際高速公路上的出口很少，現在分秒必爭。確實，你們有一個共同利益，就是準時赴會，但是此刻老闆抱持非常不同的立場，選擇不同的駕駛路線，而且駕駛人往往不願意更改行車路線，有多少已婚夫妻是因為這種爭論而吵架？在這種權力不平衡的情況下，似乎唯一安全的做法就是保持沉默，但是什麼都不說也會導致災難，那麼你會怎麼說？

你可能會想要暗示或帶著希望說：「嗯，我想知道我們是否走對路……」或是保持沉默，又或許可能會忍不住大叫：「你在幹什麼？你走錯路了！我們永遠到不了那裡！」但是APSO給你另一種選擇，你可以這麼說：「席菈，我擔心我們要走錯路了，我記得應該走二七〇號州際高速公路，如果我們轉錯彎，就會錯過這場會議。現在導航或無線網路都不能用，所以我建議在這個加油站停下來問路，妳覺得如何？」

APSO和機組資源管理的基礎理念是，團隊之所以會在單一領導者可能失敗的情況下獲得成功，成員要對完全參與有安全感，並且領導者也覺得自己的權威受到尊重。APSO和機組資源管理，讓這種團隊合作化為可能。航空業那種團隊合作的力量，在一七三號航班空難後幾年變得更明顯。

一九八九年七月十九日，另一架聯合航空二三二號航班，載著兩百九十六名乘客，從丹佛的斯台普頓國際機場起飛，目的地是芝加哥。起飛後不久，突然發生大部分飛航控制儀器嚴重故障，這樣的事件極為罕見，機上的飛行員從未見過類似情況。這場危機有點像是你駕駛公車下山時，方向盤與剎車都突然失靈的情況。在一般情況下，這樣的故障意味著必然的災難，可能會導致機上所有人死亡。但是不知為何，飛行員和機組人員成功將這架看似無法控制的飛機，引導到愛荷華州蘇城（Sioux City）的蘇城港機場。儘管飛機在那裡墜毀，造成一百一十二人喪生，但是還有一百八十四人倖存，這是一項非凡的成就。機長艾爾．海恩斯（Al Haynes）認為，機組資源管理在那天挽救他和其他人的性命：

在一九八〇年之前，我們一直抱持著機長是機上唯一權威的這個概念，他怎麼說，就怎麼做，我們也因此損失了一些飛機。有時候機長並沒有我們想得那麼聰明，我們可以聽他指令，並按照他的話去做，卻不一定明白他在說什麼。而二三二號航班機艙中的人員共有一百零三年的飛行經驗，在試圖降落時，卻沒有任何人實際練習過那種故障的情況，連一分鐘都沒有。為什麼在那種情況下，我會比其他三個人更知道該怎麼降落？所以，如果我們沒有使用（機組資源管理），如果我們沒有讓每個人參與，無疑是無法成功的。5

順帶一提，當極度緊急情況發生時，機組資源管理教導機組人員，基本上要大聲提醒大家有危險，即使不知道該怎麼辦。但是即便如此，機組資源管理仍然強調尊重的重要性，教導機組人員避免說出會引起機長防衛反應的話，例如「這很蠢！」或「你會害我們賠上性命！」而是使用類似「危險信號！」或「等等，我對現在做的事有疑問！」的話語。沒錯，在生死關頭，重塑架構非常重要。

沒有一套腳本永遠有效，你可能需要根據所處的文化來調整APSO。不過，機組資源管理和APSO中的理念，在全球的航空公司與醫院都取得良好成效，所以它對你來說也可能很有幫助。

工具概覽

APSO：注意、問題、解決方案、這樣好嗎？

小試身手

挑戰一：APSO。下一次如果有資深同事（或是你愛的人），即將做出你認為可能會為他們帶來一些中度麻煩的事情時，請使用APSO來尊重地、清楚地引起他們的注意，幫助他們解決問題。

挑戰二：APSO卡。在汽車儀表板、冰箱或書桌上貼上一張小貼紙，列出APSO這四個字母——「注意、問題、解決方案、這樣好嗎？」這樣發生危機時就可以參考，手機也貼一張。

挑戰三：APSO教學。和同事分享APSO，這樣下一次你使用時，他們就知道你在做什麼，明確表明你將用它作為表現尊重與幫助的方式，如果你願意的話，也可以分享它在航空業、急救人員和醫院文化裡的效果。邀請同事在看到你犯錯時，也使用這項工具。

第十一章 沒有權力，照樣有領導能力：「黃金一分鐘」的力量

工具：黃金一分鐘、共同利益法

使用時機

- 預計會有很多干擾的不良會議
- 或惡意行為
- 發現正阻礙團體合作的敵意
- 發現有內鬥、憤怒、嫉妒及自私在主導
- 發現團隊正在像一盤散沙

- 沒有告訴其他人該做什麼的權力

工具用途

- 幫助陷入困境的團隊能有效地合作
- 展開一場建設性討論

第二次世界大戰中，讓納粹最擔憂的盟軍最高指揮官有什麼特點？如果你必須猜測的話，可能會合理列出戰略願景、勇敢、戰場上沉著應對、個人魅力、狡猾等因素。但是請考慮一份關於英美聯合部隊指揮官德懷特・艾森豪（Dwight Eisenhower）的機密納粹德國空軍報告，該報告警告：艾森豪的「最大優勢，據說是能調整個性以適應彼此，並化解對立觀點。」[1]換句話說，最讓德國人擔憂的是，艾森豪能夠有效地主持會議，幫助衝突當事人相處融洽，這是怎麼回事？

沒有一座雕像刻畫坐在會議桌前的將軍，或是將軍讓兩位憤怒的同僚軟化並握手言和，然而納粹最害怕的是艾森豪促進和諧的能力。讓我們深入討論這一點：和諧。

大多數人都認為軍官只會發號施令，但是我遇到的幾乎每位軍官都告知同樣的事：軍事領導更多是關於建立共識與談判。為此，美國西點軍校（United States Military Academy West Point）有一套完整的談判課程。軍事領導者與一般領導者必須進行談判，這是為什麼？因為和普遍的認知相反，身為領導者通常代表處於壓力、不利及無力的位置，你不能直接告訴別人該怎麼做時，就需要獲得他們同意。

一九五三年一月的某個早晨，即將卸任的美國總統哈利．杜魯門（Harry Truman）與年輕助手李察．紐斯塔特（Richard Neustadt）坐在橢圓形辦公室（Oval Office）裡。杜魯門那天想了很多事，然後和紐斯塔特聊起幾天後，艾森豪將取代他成為總統這件事。杜魯門對此笑了笑，表示：「他會坐在這裡，說『做這個！做那個！』但卻什麼都不會發生！可憐的艾森豪，這和軍隊一點都不像。」[2]紐斯塔特對這個想法感到非常震驚，並恭敬地反駁杜魯門，身為總統，他是世界上最有權力的人，可以投下核彈或引發韓戰。但是杜魯門不同意這個看法，他說：「我整天坐在這裡，試圖說服人們做一些他們本該有足夠理智去做的事，而我卻不得不說服他們，這就是總統所有的權力。」

紐斯塔特不能相信這一切，因此在政府任期結束後，進入哥倫比亞大學成為政治學家，並花費好幾年研究這一點。他最終在一九六〇年，於著作《總統權力》（*Presidential Power*）發表結論，該著作最後成為該領域的經典。紐斯塔特得出結論，杜魯門是對的，他幾乎找不到一個案例可以說明，美國總統能直接宣布一個決定，然後順利執行。他發現，身為總統需要進行大量的談判和共識建立，或者用另一種方式來說就是和諧。正如你知道的，艾森豪將軍所做的那樣。[3]

如果你曾經領導團隊，或許知道杜魯門在說什麼，你可能發現自己承擔很多責任，但是權力卻遠遠不足，也就是我們在閱讀第一章「那三個字」時，開始努力解決的問題。你發現不能直接命令別人按照你的方式做事，並且期望他們這麼做。你並不孤單，大多數領導者都面臨相同的困境。《哈佛商業評論》（*Harvard Business Review*）刊登的一項經典研究發現，管理者經常與同事、下屬及外部人士進行談判，其他研究也得出類似的結論。[4]正如紐斯塔特發現的，當領導者不得不命令人們時，其實是在表現自己的弱點。

即使你不是領導者，可能發現所在的團體很容易陷入衝突，危及你們希望共同完成的任何事。這時候你可能想過，如果領導者能讓每個人做好自己的工作該有多好。祕密是領導者可能試過，就像杜魯門一樣，卻發現說來容易，做來卻很難。然後呢？諷刺的是，正如我們看到的，即使完全沒有權威，你也可能有能力將不和諧變為和諧。

或許你的團體沒有領導者；你們是彼此平等的團隊，或是面臨困難問題的家庭，抑或是正在處理學校問題的非正式家長聚會。會議看起來漫長無比、敵對、乏味，而且團隊成員的行為就像一群小孩。你可能會想，沒有果斷的領導者，這個團體無法有任何進展。然而，一個強大的權威人物可能不是這個團體需要的。

正如一開始在閱讀「那三個字」（第一章）時發現的，以及杜魯門、艾森豪、紐斯塔特和《哈佛商業評論》提出的，權威並不是領導的唯一關鍵。這表示即使你完全沒有正式頭銜，仍然可以幫助增進和諧。先前已經討論「那三個字」這項工具如何發揮助力，但是還有其他談判工具能幫上忙。

不過，如果你不是在處理需要領導的團體，只是在進行直接的談判呢？請放心，如果你只是雙方（或多方）對話的參與者，這些新工具一樣有用。事實上，我有很多學生主要就是這樣使用，而且有一項工具在直接對話方面非常有效，以至於被校友們評為最喜愛的談判工具之一。

在此，我想向你介紹「化敵為友的利器」：兩種出奇簡單卻強大的方法，無論你是試圖讓陷入困境的團隊能良好合作，或是想讓敵對的對手和你合作，而非與你對抗，這兩種方法都能有所幫助。

黃金一分鐘

想了解第一項工具如何幫助你協助一個團體，可以想想這個問題：有效的領導力是什麼樣子？情況通常和我們想像的有所不同。

多年前，我以前的MBA學生貝瑞曾參與一個團隊，他們在一項全國計畫競賽中贏得一萬美元的獎金，有十二個團隊參賽，包括來自哈佛大學、史丹佛大學（Stanford University）及德州大學（University of Texas）的學生。讓他們脫穎而出的事發生在計畫的最初時刻，其他團隊一得到任務就開始著手進行，貝瑞則建議團隊先花一點時間達成一些簡單的討論規則。貝瑞在團隊裡沒有正式的職權，然而他相信那個建議，以及他想要協助制定與執行規則的提議，可能就是贏得比賽的關鍵。

諷刺的是，艾森豪的領導方法和貝瑞相似。艾森豪初次抵達倫敦的盟軍遠征部隊最高司令部時，特別重視與每個人見面，並清楚表明他開放、誠實又平易近人的態度。出於經驗使然，艾森豪也敏銳地察覺到內鬥很容易讓軍事組織陷入停滯，在倫敦尤其如此，他必須領導英國和美國這兩支軍隊，這個任務極具挑戰，因為很少有聯合軍事行動能夠成功。

他很快發現這兩支軍隊的領導者不喜歡對方，軍官之間充斥著誹謗中傷與侮辱，會議充斥著虛偽，雙方彼此爭奪資源。所以，艾森豪很快制定處理衝突的規則。首先，他警告美國人，如果有人侮辱英國軍隊裡的任何人，就會被降職送回美國，甚至可能遭到監禁，還宣布在所有會議上，每個人都會受到平等尊重地對待，也會進行開放式討論，不要再有拍馬屁或打壓下屬發表意見的行為。

和諧開始取代敵意，艾森豪採取類似方法，處理像是喬治・派頓（George Patton）與伯納德・蒙哥馬利（Bernard Montgomery）將軍之間的衝突，雖然不一定總是會奏效，但是他的方法似乎有助於取得勝利，正如德國空軍所擔心的。這裡有一種衡量成就的方式：自一百三十年前，威靈頓公爵（Duke of Wellington）在拿破崙戰爭中成功領導一場重大的聯合戰役以來，就沒有將領能做到這一點。[5]

艾森豪和貝瑞依賴的是某種可以影響團體的事物，就像船舵能影響船一樣：他們制定討論規則。他們的經驗說明一種鮮為人知但強大的方法，可以改變團體的方向，這個方法借鑑最佳談判行為中得到的見解，也就是禮貌和聆聽是進行更好對話的關鍵。事實上，他們依賴的事物不只是領導的祕訣，你也可以用於任何具挑戰性團體或是一對一談判，即使你只是平等參與的一員也可以，只要一開始願意建議大家嘗試，就能做到。

團隊、談判團體及許多團體都能受惠於那個建議，即使是和睦的團體也經常有缺乏聆聽、混亂、疏離和低認同的困擾。(「那場會議是關於什麼？」「誰知道，我們去吃午餐吧！」) 衝突可能會讓情況更糟，讓困惑變成憤怒、不參與變成疏遠、低認同變成敵意。會議有時可能會變成沉悶無意義的事務，人們抱著雙臂點頭，然後走出會議室，忽視他們同意的一切。如果會議讓人感覺不公，特別會有這種情況，例如房間裡有人主導談話，其他人保持沉默，或是有人嘗試發言時卻沒人聆聽。

不過如果人們感覺會議是公平的，而且每個人都會被傾聽和尊重時，善意通常會隨之而來。研究發現，當談判人員或參與者認為過程公正時，會傾向投入群體達成的共識，[6] 即使有人對實質結果不太滿意亦然。你明白了嗎？如果過程令人滿意，不一定要讓每個人都喜歡結果。[7]

但是，有良好帶領的討論不只能促進較好的參與和認同，也能產生更好的結果，許多領域的領導者也注意到這一點。例如，像ＩＤＥＯ這樣的頂尖設計公司，在設計團隊開始一個計畫時，就堅持要有討論規則；同樣地，建設公司和開發商透過導入名為「建築夥伴關係」(Construction Partnering) 的流程，將彼此失衡又糾紛不斷的合作關係，轉變為良好的合作關係，使得開發項目能準時完工、符合預算又減少受傷人數，它們同樣是以制定討論規則開始。從討論規則開始這個卓越的流程，也曾拯救異常的合約關係，節省數十億美元。8

接下來的內容可以大幅幫助你協助團隊，請確保你不要侵犯領導者的權威，如果有疑慮時，請先取得領導者的許可。話雖如此，你可以使用我稱為「黃金一分鐘」(Golden Minute）的工具，用良好流程給予團隊力量。

基本知識。黃金一分鐘是指在會議開始時花費六十秒，提出幾個簡單的討論規則。以我作為調解員接受培訓時，使用的討論規則為模型，這些規則看似瑣碎，卻能產生巨大的差異。簡而言之，你可以說一些類似下述內容的話：

一、在開始之前，我建議花六十秒談談我們將如何進行討論，讓對話具有建設性，並善用時間，好嗎？

二、我們能否同意互相傾聽、不打岔，並且不做其他事情？

三、（如果局勢緊張）我們能否同意以尊重彼此的方式溝通？

四、（如果你願意的話）請問是否有人幫忙做筆記，並不時總結？

五、我們能否友好地幫助彼此遵守這些規則？

由於黃金一分鐘只有六十秒，所以人們很可能願意花這段時間討論流程，尤其是你提出它是為了之後可以節省時間。否則，他們可能會傾向說：「我們能直接進行嗎？」因為你一開始就請求同意一個小建議，而這只需要六十秒，所以很容易獲得認同，這對你來說是一個微小卻極具價值的勝利；贏得第一個肯定的答覆，會增加在其他建議上得到肯定答覆的機會。大多數人願意同意互相傾聽，許多人也會為此感到欣慰。承諾不做其他事情，能進一步確保人們專注，這一點也很重要。一項研究發現，如果你在上課時上網，和喝醉酒來上課沒兩樣。更糟糕的是，坐在你旁邊的人可能和你去酒吧一樣，聽課的能力也會大幅下降。9

不打岔。不打岔規則可能是改變局面的重要手段，尤其是如果會議進行時，有人提出挑釁或刺激的言論時。多年前，我曾調解兩兄弟和妻子之間的糾紛，兩對夫妻長久以來一直很和樂，直到去年感恩節，一個兄弟誤以為另一個對他的妻子有意思，接著就是爭吵和甩門。在接下來幾個月，兩對夫婦避開對方，直到某天，兩位懷孕的妯娌在人行道上相遇，發生爭吵，最終推擠並扭打。警察到場，法官將兩對夫妻轉介到我的調解中心，我們坐在一起。在設定一些討論基本規則後，每個人依序發言，直到一位妻子淚流滿面地談到自己有多麼心碎，因為即將出生的兒子將永遠無法認識他的叔叔、嬸嬸。

「不要說那個！」她的丈夫試圖打斷，但是後來我必須提醒他，他已經同意不打岔規則，所以讓她繼續說下去，這是第一次，包括她丈夫在內的每個人，都聽到她的悲傷和痛苦。不久後，輪到另一位妻子時也開始哭泣，並表達相同的感受。「不要說那個！」她的丈夫也試圖打斷。但是不打岔規則再次被提出，因此每個人都聽到以前沒有人知道的事。過了不久，兩對夫婦擁抱彼此，手挽著手離開了，而留在房間裡的我有些震驚，也對剛才發生的事感到驚奇。

不打岔規則具有強大的威力，甚至在似乎常常無法達成重要協議的美國國會也能發揮助力。例如，二〇一八年一月十九日，在蘇珊・柯琳絲（Susan Collins）參議員辦公室舉行的一次會議裡，十七名中間派參議員在討論如何防止政府關門，談話愈來愈激烈，參議員不停打斷對方說話。因此柯琳絲運用黃金一分鐘，她拿起別人送的馬賽（Masai）發言權杖，宣布只有拿著權杖的人可以發言。在接下來兩天的激烈週末會談裡所做的突破，讓參議院以八十一票贊成對十八票反對，通過一項支出法案，而許多立法者後來都將這項突破歸功於柯琳絲。柯琳絲後來談到發言權杖時表示：「發言權杖在控制討論方面非常有幫助，因為你可以想像，房間裡有那麼多的參議員，他們同時都想發言，我知道你會因此覺得驚訝。」10

不打岔規則還能防止所謂的「跳位」（leapfrogging）現象。在這種情況下，聽眾認為自己明白演講者的意圖，於是停止聆聽，錯過重點，打斷演講者，並大膽反駁錯誤的觀點。毫不意外，跳位會激怒發言者，讓事態變得混亂，加劇衝突，也會促使其他人覺得，唯一被聽到的方式就是大喊大叫，於是大家都開始憤怒地發言，會議也因此失控。同時，打岔的行為可能會引發不尊重的感覺，這種感覺會影響第一位說話者聽取打岔者觀點的能力。對某些企業（和家庭）來說，不斷打岔是文化的一部分，往往也是壓力的來源。一些勞資雙方的對話就像吵架比賽，即使有好想法，也會在會議的嘈雜聲中失去。如今許多醫生在病人進診間的第一時間，就會開始打岔。[11]

禮貌。禮貌規則——彼此尊重地談話，如果房裡存在衝突和敵意時，這項規則特別重要。在盟軍司令部，艾森豪特別制定禮貌規則，正是因為惡言謾罵會破壞合作。禮貌規則為那些害怕被羞辱、冒犯或忽視的人提供安全的環境，如果沒有這項規則，惡言會引發更多惡言，並且通常會加劇噪音，削弱聆聽的能力。這是因為即使對惡言謾罵看似漠不關心的人，也經常會感到受傷，並對此做出不好的反應。

你或許會好奇，美國議會和國會裡的立法者在稱呼彼此時，為什麼會使用如此尊重的語言：「尊貴的先生」、「傑出的同事」、「尊敬的參議員」？因為稱呼和你意見不合的人是馬屁精（或更糟的話），帶有極危險的誘惑性。一七九八年，美國國會第一會期中爆發一場互毆事件。[12]一八五四年，麻薩諸塞州參議員查爾斯．薩姆納（Charles Sumner）稱呼伊利諾州參議員史蒂芬．道格拉斯（Stephen Douglas）為「吵鬧、矮胖又身分不明的禽獸」，後來又嘲笑道格拉斯的盟友——南卡羅萊納州參議員安德魯．巴特勒（Andrew Butler），將對方對奴隸制度的支持比擬為召妓。

不久後，巴特勒的親戚、國會議員普雷斯頓．布魯克斯（Preston Brooks）走進參議院的舊議會廳內，用金屬頭手杖痛打薩姆納，導致薩姆納不得不休養兩年，而且無法完全康復。[13]幸運的是，國會和議會中的肢體衝突非常罕見，一旦發生就會成為電視新聞與歷史的話題。禮貌規則或許就是這種事件罕見的關鍵原因，[14]正如過去不好的經驗所示，如果你覺得沒有這個規則，人們可能會失禮時，就最需要使用禮貌規則。

哥吉拉與禮貌。在一對一談判中，面對想用激進言論、打岔、侮辱、忽視或威脅等恫嚇你的哥吉拉時，引用包含禮貌規則的黃金一分鐘，可能會是有用的回應。如果你有理由預料到這種行為，可以在談話一開始就使用黃金一分鐘，在努力建立良好的關係，並建立建設性氛圍後，順其自然地導入它，也許就像這樣：

「好，漢克，在開始前，讓我花一點時間提出另一個建議。為了能最有效地利用時間，並互相聽取意見，我建議我們在不打岔的情況下聽取對方意見，也同意保持彼此尊重地進行對話。我知道你也希望對話可以保持尊重，我也會這麼做。你覺得這樣好嗎？」

即使漢克以可疑的理由反對，說：「嘿，我完全尊重你；是你在侮辱和打斷我！」你可以這樣回應：「對於你感覺到我不尊重你，並且打斷你，我很抱歉。既然聽起來我們都不希望那樣，雙方都承諾尊重彼此，並且不打斷對方，應該很簡單，這樣好嗎？」

另外，如果你發現自己受到攻擊，而之前沒有採用黃金一分鐘，就可以暫停正在進行的事務，在進一步做實質性談話前導入。換句話說，如果有必要，雙方可以在過程中協商如何談判，可能可以這麼做：

「好的，漢克，請暫停一下。在我們繼續之前，需要先弄清楚我們希望這一次對話的進行方式。如果我們能夠真正地傾聽彼此，並且尊重地交談，就更能理解對方，也能找到更令人滿意的交易條件。我可以承諾這一點，你覺得怎麼樣？我們要試試嗎？」

請注意：當你傳達這些觀點時，你要堅定但友善。永遠不要用膽小怯懦、憤怒或評判的情緒，提出黃金一分鐘的討論規則，你的情感愈冷靜，哥吉拉愈有可能將這個建議視為一種力量的象徵。你可以找朋友一起進行角色扮演，讓對方扮演哥吉拉，好準備說出這樣的話。黃金一分鐘不是面對恫嚇的唯一可能回應，但是可能有所幫助。

筆記和總結。請求其他人做筆記和總結，有助於確保團隊的進度。從不同的聲音中吸收大量細節並不容易，而總結能讓每個人有另一次機會再次聆聽，並且明確了解目前的狀況。通常，這個任務就是一個啟示。

當我還是初級企業律師時，曾陪同名叫布萊恩的知名資深律師參加會議，當其他人都在交談時，布萊恩只是坐著，看似什麼都不做。我不禁懷疑，這個人拿薪水到底做了什麼？他連話都不說。接著大約半小時後，布萊恩說：「我看看自己是否清楚目前的情況。在第一個問題上，我們同意可以接受W。在第二個問題上，我們同意想要做X。在第三個問題上，我們決定需要更多的資訊，並且我們還沒有解決第四、五、六、七個問題。我的理解是對的嗎？」一陣沉默後，每個人都點點頭。在布萊恩發言前，我（還有或許是大多數人）甚至沒有察覺到，我們已經在兩個問題上達成共識，而且對其他問題還沒有明確的認識。布萊恩的一句話，可能省去一小時不必要的討論。

執行規則。黃金一分鐘提供一項工具，讓眾人支持討論規則，讓你以最小的成本和風險擔任討論領導者的關鍵角色。但是根據設計，它不需要你正式主導接下來的討論：協助之後的對話。那是因為良好的協助需要一套技能，而儘管本書有很多內容實際上為你提供許多技能，但要完全達成這個任務，就超出本書所能涵蓋的範圍。

不過有一個問題：假如嘉蒂一直違反小組已經同意的討論規則，該怎麼辦？如果沒有人干預，嘉蒂的違規行為可能會引起其他人仿效，直到討論變成喧鬧的自由爭論。但是，如果你未經小組同意，就獨自負責執行這些規則，可能會像嘮叨的人，或者更糟：「誰讓你成為這一次會議的負責人？」這就是在黃金一分鐘最後加入這個問題的理由：「我們能否友好地幫助彼此遵守這些規則？」你可以成為幫助提醒嘉蒂遵守承諾的其中一人，減輕你的負擔，並運用團隊的影響力。如果你預期或已經遇到對規則的爭執，或許可以提名其他人來禮貌地執行：「我想知道是否有願意成為幫助我們遵守規則的人？穆罕默德可以嗎？」在極端情況下，你可能還想暫停討論，然後私下要求另一位參與者協助執行規則。但是還有另一個化敵為友的妙招，可以讓你將對立變成和諧，這是一項非常珍貴的工具，我的課程裡有超過一百五十位校友評為學習到的三個最受歡迎概念之一。

共同利益法

頌雅在部門人員配置的工作會議中，遇到一件令人困擾的事，因為工時愈來愈長，甚至更嚴重的解僱下屬情況，導致壓力愈來愈大，局勢很快變得緊張激烈；一種匱乏和恐懼的感覺充斥在會議室裡，讓同事開始相互挑釁，直到每個人變得短視盲目，彷彿燈光熄滅了。但是當頌雅說了兩句話後，就好像燈光重新亮起；同事很快開始軟化語氣，重新專注手頭的任務，而且讓她驚訝的是，他們開始合作了。那麼，頌雅說了什麼？雖然我無法引用她的原話，但是可以分享大概的意思：

「聽著，我們不是敵人，我們站在同一邊。如果我們合作，就可以公平處理人員分配，並且保住最優秀的人員；比起執行長自己決定要解僱誰，這樣對大家都好。」她發揮作用的祕密是什麼？訴諸「共同利益」(Common Interest)。

共同利益是指你和其他人透過合作，可以實現的共同目標；這是每個人都共有的利益，可以透過合作來實現。換句話說，這是大家都希望抵達的目的地，你們要合作才能到達。這是團結人們的強大方式，有多強大呢？

有個理論認為，團體、部落或國家的團結，很大程度上取決於它能否確定共同的目標和敵人。[15]的確，在最壞的情況下，共同利益可能會促成集體仇恨；但是在最佳狀態下，可以培養出一種無法解釋的能力，達到看似不可完成的目標。在很多早期的大型人類聚居地，我們發現了紀念碑、城牆及其他大型建設，雖然它們通常具備功能，但更大的目的似乎是為了共同的願望或威脅，來團結一個團體。並且正如針對偏見的研究顯示，你可以利用共同目標，幫助團結來自不同群體，甚至相互仇恨的人們。[16]

但是專注於共同利益，可以帶來更多的效益。一九六〇年十一月，甘迺迪總統以不到〇．二％的普選得票率贏得總統大選，[17]許多人質疑他根本並未真正勝選。如果易地而處，你會在就職演說中對一個分裂又不信任的國家說什麼，好幫助國家能在你的領導下團結在一起？甘迺迪總統的回答是訴諸共同利益，他說：

> 現在號角再次響起——不是為了拾起武器，儘管我們需要武器；不是召喚我們作戰，儘管我們嚴陣以待——而是號召我們肩負起持久且勝敗未分的鬥爭，年復一年，「在希望中喜樂，在患難中堅忍」，對抗人類共同的敵人：暴政、貧窮、疾病和戰爭。我們是否能夠締結遍及四方的全球性偉大聯盟來對抗這些敵人，來確保全人類享有更富足的生活？你們是否願意參與這歷史性的努力？……因此，美國同胞們：不要問國家能為你們做什麼，而要問你們能為國家做什麼。全球的同胞們：不要問美國能為你們做什麼，而要問我們能共同為人類自由做什麼。

甘迺迪總統的支持率在就職那週達到七二％，是當時歷任總統中最高的，並且在總統任期大部分的時間都保持在那個數字上下。他去世後，很多社區將演講中的那部分文字刻在建築物上作為紀念。五十年後，內閣祕書和參議員都表示，這篇演講激勵他們投身政府工作。[18]

這類演說不只有甘迺迪總統一個人發表，在二十世紀和二十一世紀許多富有影響力與令人難忘的演說中，你都會發現領導者訴諸共同利益來團結分裂的人民。例如，邱吉爾在英倫空戰期間發表「最美好的時刻」(Finest Hour）演講，試圖用共同利益來團結國民與抱持觀望態度的美國，以對抗希特勒：「如果我們起身反抗……這個世界可能邁向一個廣闊、陽光普照的高地。但是如果我們失敗了，整個世界，包括美國、我們所熟悉和關心的一切，將陷入新的黑暗時代之深淵，而那些扭曲的科學之光可能會使其更加險惡，並且或許更加漫長。」19

詹森總統為《一九六五年選舉法案》向國會發表的演說中，提出與甘迺迪總統類似的呼籲：「這些就是敵人：貧窮、無知、疾病，它們是敵人，不是我們的同胞。」金恩的「我有一個夢」(I Have a Dream）演講裡，也以呼籲共同利益作結，他說：「所有上帝的孩子，黑人和白人、猶太人和外邦人、新教徒和天主教徒，都能攜手歌唱古老黑人靈歌：終於自由了！終於自由了！感謝全能的上帝，我們終於自由了！」一九六六年，曼德拉在演說中表示，南非尋求了解過去的真相，不是為了報復，而是希望整個國家無論任何種族，都能「共同前進」。十九世紀，我們可以在亞伯拉罕．林肯(Abraham Lincoln）的蓋茲堡演說（Gettysburg Address）裡看到類似訴求，他最終呼籲同胞們致力於偉大的共同事業：「這個以人民為本、由人民執政、為人民服務的政府不該從地球消亡。」

專業談判人員同樣喜歡訴諸共同利益，一項研究發現，優秀談判人員思考與談論共同利益的次數，比平庸談判人員多兩倍。20為什麼在不同時代和地方，會有那麼多人訴諸共同利益，尤其是在利害關係重大的時候？

共同利益能將戒備轉化為信任、將對手變成夥伴，以及將競爭者變成合作者，因為他們向聽眾展現彼此不是敵人，只要通力合作，就有更好的機會獲得他們需要的。

要如何有效地運用共同利益？就是「共同利益法」(Common Interests Hack) 發揮作用的地方。

一、開場白要能將注意力轉移到共同利益，例如：

「聽著，我們不是敵人，我們是同一陣營的。」

二、然後你可以加入用「如果我們合作」開頭的句子，例如：

「如果我們合作，我們就能……」

三、最後要說出特定的共同關注點，並且應該是：

- 以我們為中心（不是自利的）。
- 有說服力（不是瑣碎的）。
- 具體（不是模糊的）。

或者用更好記的方法，「我們，哇，是怎樣」(We, Wow, What Exactly)。

例如：

「我們能活下來，並且打敗英軍。」

「我們可以避免破產，保住我們最優秀的人才。」

「我們可以避免像去年那樣的糟糕假期，擁有我們都喜歡的假期。」

這些例子都很完整，也明確說出所有人都想達成的具體、有說服力的目標，就像結束暴政、貧窮、疾病和戰爭；就像從納粹主義的深淵中拯救世界，進而邁向陽光照耀的廣闊高地；就像以民為本的政府，每個句子都在說：「我們，哇，是怎樣。」

相較之下，「我們都希望自己快樂」是以自我為中心的、「我們將省下一美元停車費」不具說服力、「我們都想要達成共識」則是模糊不清的表述。

所以試想一對正要離婚的夫妻，需要解決一些常見的問題，包括贍養費、子女撫養費、出售房屋、最近在餐廳裡發生的難堪場面，以及金錢煩惱。配偶之間如何運用「我們不是敵人……」，還有「我們，哇，是怎樣」等句子，將敵對和爭執的局面轉往合作？這裡有一個可能性：

「聽著，我知道我們有過分歧，但我們並不是敵人，我們是同一陣營的，我們都愛孩子，希望給他們最好的；我知道你是這麼想的，我也是。如果我們一起合作，就能減少法律費用，取得更好的房價，這樣就能有更多的錢用於孩子的教育。同時，我們能用可以減少他們情緒痛苦的方式溝通，也能避免出現讓大家名譽受損的場面。」

同樣地，一對因為金錢問題而爭吵的年輕夫妻，也可以使用同樣的策略化敵為友：

「聽著，我們不是敵人，我們是同一陣營的。如果我們現在削減一些開支，就可以存下足夠的錢償還貸款，並且更早買到我們夢想中的房子。」

再舉一個例子，在長時間關於利潤分配的爭論毫無成果後，數一數一方在以下回應中提到多少次共同利益：

「聽著，我們不是敵人，我們是同一陣營的。如果我們為了小錢小利而繼續爭吵，就無法在展覽會前及時完成原型，競爭對手會獲得所有熱度、媒體關注和合約，他們會搶走我們的生意。所以，我們要快速達成公平的協議，我知道你想要公平，我也一樣，這樣我們就能及時完成原型，參加大會，獲得熱度、媒體和業績，打敗競爭對手。」

將共同利益放入 I FORESAW IT。將共同利益的好處納入計畫中的方法，是以單獨類別將它們放在利益之下。它們非常強大，值得作為獨立的子清單。雖然具體情況常取決於事實，但是在你為商業談判建立 I FORESAW IT 時，可考慮以下幾個共同利益：

- 降低共同成本
- 合法減稅，並共享節省的資金

- 快速解決問題
- 互惠互利的長期關係
- 公平（大多數人認為這個看似模糊的共同利益非常有說服力且有用）21

結合化敵為友法

共識建立者常常使用兩種方法——「共同利益法」與「黃金一分鐘」，幫助將敵意轉為和諧，你也可以這麼做。在設定討論基本規則後，讓每個人輪流不受打斷地發表意見、分享你自己的觀點，讓記錄者複述討論內容。接著，你可以進行觀察，透過強調人們無意識提及的共同利益來鼓勵團隊。例如，「聽起來我們都希望購物中心能盡快開幕營運，這樣我們才能超越鎮上另一家購物中心，我們都希望開幕當天購物中心就能有大量人流，也都希望店鋪能盡快開業，這樣購物中心才能有良好的第一印象，這樣對嗎？」這麼做可以幫助團隊成員合作，並且更願意接受創意想法。

兄弟姐妹不必再吵架！

在你沒有權威又面臨棘手的衝突現實情境中，如何運用化敵為友法？

爭吵已成為阮氏和兩個兄弟的節日傳統。每年十一月，他們都會對要送父母什麼禮物、由誰付錢、付多少錢而發生激烈分歧。為了避免新假期再次引起不愉快，阮氏決定在一年一度的送禮討論中採取另一個策略。首先，她建議到出門度假的朋友家裡舉行會議，而不是像平常一樣透過電話聯絡。這個變化的幫助很大，手足可以一邊在廚房製作小吃，一邊面對面交談，還能一邊喝葡萄酒。阮氏發現，從一開始，他們的對話就比以往更具合作的氣氛。

為了開始對話，阮氏先用黃金一分鐘提議一個簡單的討論基本原則：輪流表達自己的觀點，不能打岔，之後再開始討論解決方案。這種做法非常有效，因為它幫助每個人都能聽到其他人的意見。過去，他們從一開始就會互相打岔和爭執。阮氏也計劃最後發言，這樣就能總結他們的意見。每個人發表完意見後，她簡要概述大家的觀點，並指出一個重要的共同利益：他們都覺得最重要的是找到父母會喜歡的禮物。她還提到另外兩個共同利益：平等參與和共同分擔費用。

這時候爭論明顯轉為合作，阮氏轉向兩個兄弟，確認他們都同意總結後，又詢問他們認為下一步該做什麼。在進一步討論後，他們決定選擇禮物的最佳方式是，指定一個人挑出兩個價值相等的選項，然後投票，以便遵循多數的人決定。每年都由不同的手足提出兩個選項，他們也同意支持其他人做的選項，每個人都很高興，這是他們第一次將對話進行得如此順利，甚至沒有過去曾忍受敵意的影子。

阮氏的結論是什麼？透過設定討論規則，總結討論內容，並指出他們的共同利益，她幫助這個家庭將焦點集中在所有人關心的事，而不是各自的觀點。

工具概覽

黃金一分鐘：對話開始時，用來建議討論規則的時間，例如：不打岔＋禮貌（＋如果適合的話，記錄者和總結者）＋幫助彼此執行這些規則。

共同利益法：訴諸具體、有說服力又不自私的共同目標（「我們，哇，是怎樣」）。

小試身手

挑戰一：黃金一分鐘。在下一次艱難的對話或會議中，請求花費六十秒的時間訂立一些簡要的討論原則，幫助讓討論更順暢和有效。然後建議一個「不打岔／不多工」的規則、一個禮貌規則，以及如果你願意的話，還可以請某人做筆記並定時總結，然後請大家一起幫忙執行規則。

挑戰二：共同利益。下一次當你發現一個團體或談判達到僵局時，可以用這個句子：「聽著，我們不是敵人，我們是同一陣營的。如果我們一起合作，我們可以……。」然後導入至少一個以我們為中心、有說服力又具體的共同利益（「我們，哇，是怎樣」）。

挑戰三：I FORESAW IT 的共同利益清單。在下一次重要的談判或會議前，在 I FORESAW IT 計畫中的利益部分，列出幾個共同利益。

第三部

決定

沒有其他提案：
假設性 BATNA

測試提案：
成功指標儀表板

發現定時炸彈：
WIN LOSS

《紐約時報》曾發表一篇令人困惑的報導，標題為「瑪莎・斯圖爾特（Martha Stewart）未能與凱瑪（Kmart）達成新交易」，[1] 看著這個標題，或許你會覺得可憐的斯圖爾特失敗了，真可惜，畢竟生意和談判的重點就是要達成共識。只有閱讀完全文後，你才會知道凱瑪一直在破壞斯圖爾特的品牌，而她正準備與家得寶（Home Depot）達成新交易。根據那個標題的邏輯，可能還會有一篇類似的文章，標題為「乘客未能留在正沉沒的船上」。

獲得一個好提案是什麼意思？你怎麼知道何時該答應？特別是當你感到無力時，可能會覺得正確答案就是同意。畢竟，正如《時代》（*Times*）雜誌的文章所說，我們生活在一個肯定即是成功，否定即是失敗的文化裡，而你想要成功，不是嗎？先不說壓力可能會讓你想要趕快結束談判，尤其是因為我們已經看到，談判本質上「不是休閒」，而當你同意時，會感覺到非常愉悅的完成感。

拒絕別人總是很難做到，社會學家史丹利・米爾格蘭（Stanley Milgram）曾派學生到地鐵上，要求面前的人讓座，有六八％的地鐵乘客毫無異議地讓座，[2] 這是在紐約市。在談判中也一樣，我們經常會接受，相信自己做了很好的交易，不管條件是什麼。你需要更好的決策方式。

任何人都可以達成協議，我的十一歲女兒就能辦到：「親愛的，只要在這裡簽名就可以了。」關鍵是如何明智地同意或拒絕，並且確定這一點。無論是接受不好的交易，或是交易太少，都可能會導致企業破產。許多員工接受不公平的薪資補償、很多零售商「促銷活動」其實不划算，以及大多數的併購都失敗。企業家、員工、顧客和執行長經常還會慶祝不好的交易，很多談判課程無意間教導學生，他們總能找到一個好答案。一位最廣泛使用的談判模擬出版商曾告訴我，在他們提供的兩百多個模擬題中，只有一個正確結果是「沒有協議」，就只有一個。這意味著許多學生接受系統性訓練，相信總有一項好協議等待他們發現，那並不是真的。

所以，本書的最後部分將會先提供給你工具，讓你能專注在目標，並做出相應的決定。然後當你認為自己別無選擇時，可以利用創新的工具來幫助因應，這項工具是基於經過時間考驗的商業經驗和決策科學而設計的。接下來，結合書中的許多工具，告訴你如何使用多種工具，獲得能解決問題的明智協議。

第十二章 沒有其他更好的選擇：我該接受薪資不理想的工作嗎？

工具：假設性BATNA

使用時機

- 必須面對一個糟糕的選擇，並得盡快做出決定
- 沒有明確的BATNA

工具用途

- 明智地在壞選擇和可能的未來選擇之間做決定

一七三〇年代，年輕的班傑明．富蘭克林（Benjamin Franklin）創辦一份名為《賓夕法尼亞公報》（*Pennsylvania Gazette*）的報紙。計畫並不順利，富蘭克林意識到，如果情況沒有好轉，他很快就會破產，前途未卜。某天，一位顧客提出如果富蘭克林願意刊登某篇文章，就會給一筆可觀的金額。只有一個問題：富蘭克林意識到，這篇文章不誠實，還有誹謗內容。

富蘭克林對要刊登這篇文章感覺到極大的壓力，但是他以一種非傳統的方法來看待這個問題，這種方法違反最受讚譽的談判原則，也完全改變他的思維，他拒絕那個提議。[1]儘管花費一些時間，但是《賓夕法尼亞公報》最終成為美國最成功的報紙，印刷等業務蓬勃發展，經濟學家認為富蘭克林是當代最富有的美國人。

談判的一個基本原則是，如果最終提案比你的BATNA更糟，你應該準備拒絕並離開。正如在第二章的 I FORESAW IT 所見，如果你和對方的談判代表無法達成協議，BATNA是你可以在沒有對方的情況下做的最好的事。舉例來說，如果你正與供應商進行談判，除了和該供應商達成協議外，你可能還有其他選擇，包括向另一家供應商購買、自行生產零件、使用替代品，或是以價格壟斷提起訴訟；而根據定義，這些選擇中最好的就是你的BATNA，你不該選擇其他薄弱的最終提案。

可是，如果你根本沒有BATNA呢？倘若你只有一個提案，沒有其他選擇呢？要是你像富蘭克林一樣，是否會覺得無法拒絕對方的最終提案？

通常我們這些教談判的人會建議你應該進行研究、發揮創意，以便開發出更好、更出人意表的BATNA。這樣的建議通常有用，例如雜貨商的上一個肉販離開後，肉品部門變得一團糟，而唯一一個優秀的應聘者要求的薪水，卻是雜貨商老闆無法支付的。雜貨商老闆可能會找到新的協議替代方案：將空間租給外面的肉販，或是把整個部門完全外包。其中一個選擇的效果可能不錯，雜貨商老闆就能對應聘者有更好的談判立場。因此，我之前在第二章 I FORESAW IT 的建議是，至少發展五個可能的替代方案，就是這麼簡單。

但是，如果你意識到現在可以選擇的協議替代方案，都不會奏效呢？或是如果此刻你沒有其他選擇，感覺完全受制對方，又該怎麼辦？從理論上來說，你應該接受任何事情，因為似乎沒有最佳替代方案。但是，你應該接受對方提出的一切嗎？你應該一年支付一百萬美元僱用一位肉販嗎？接受一年一美元的工作？以五〇%的利率貸款？以一分錢出售房屋？和一個誹謗者做生意？

假設性 BATNA

我在這裡想要介紹一個概念，也就是利用「假設性 BATNA」(Notional BATNA) 來幫助你決定該做什麼。這是我為彌補談判文獻中的空缺而開發的工具。[2]使用假設性 BATNA 時，要先預測即將得到什麼選擇，根據你的風險容忍度調整它的價值，然後再和手邊已有的提案進行比較，這便是你調整後未來最佳替代方案。假設性BATNA的基礎來自古老的諺語：「二鳥在林，不如一鳥在手。」它讓你思考，如果你可以合理期望很快找到三隻鳥，一隻鳥的提案是否值得接受。[3]

舉例來說，想像你拿到最後的工作邀約是薪資五萬五千美元，假設薪資是決定性因素，根據你的初步研究，這份工作的報酬相對偏低。現在沒有其他機會，你在未來幾個月，面對坐吃山空的壓力，每分錢都很重要。你只有幾天可以考慮，而你認為自己別無選擇，只能接受，該怎麼辦？

一、估算未來選擇的價值。假設你進一步研究，發現有很大的可能在三個月內得到更好的工作邀約，具體來說，試想：

你閱讀可靠的調查和職位公告，並且諮詢了解當前市場的人。[4]

查看歷史資料，例如和曾面臨相似選擇的朋友交談。[5]

通常從這類研究中，可以看到你在其他地方可能會有多少薪水。假設在這個市場上，價格範圍很大，估算值從十萬到四萬美元不等。計算平均數作為假設性BATNA的基礎，即七萬美元。*

* 然而，如果你的研究發現其中一個數字是離群值，並且大部分可能性多傾向範圍的某一部分，可能就要用加權平均數進行估算。一種方法是排除極高和極低的數字，舉例來說，如果你看到十萬美元、八萬美元、七萬六千美元和四萬美元的薪資，你可以取八萬美元和七萬六千美元加以平均，也就是七萬八千美元；另一種方法則是，列出全部可能性，然後取平均值，即七萬四千美元。

還沒結束，這個數字暗示你可能想拒絕當前的邀約、要求邀約的公司提出更高薪水、要求三個月後重新討論可能性，或是直接放棄。做這樣的研究，可以讓你對近期的可能性有基本的估算。

二、測試你的內心。但是人生和人心有時候很古怪，有些人較能接受風險，而有些人不能，所以為了調整風險容忍度，可能會想要測試你的內心。

有一種方法可以做到這一點，就是依序觀想你的希望和恐懼，然後觀察自己的反應。

首先，想像一下如果接受這個工作幾個月後，你得到另外一個遲來的機會，邀請你以十萬美元到其他地方工作，你的研究曾看出這是很有可能出現的機會，但是現在卻無法接受，你會有什麼感受？如果你能拿到那麼多薪水，情況會如何？你能接受自己錯過那個機會嗎？還是會悔不當初？

然後，試想如果你拒絕這個工作機會，九個月後才找到一份只有四萬美元的工作機會，會有什麼感受？你能接受那樣的發展嗎？你的財務和生活會是什麼樣子？當你閉上眼睛想像時，會有什麼感覺？

這麼做不是為了讓你過於自負或驚慌，而是試著看看不同的未來可能性。一開始，你可能會害怕最壞的情況，只是後來發現最壞的情況也還好，這能增強你的決心。或許你會覺得這很可怕，讓你更加堅定選擇確定的選項；反之亦然，起初你可能會想選擇確定的事情，直到發現自己會因為錯過之後更好的機會而感到沮喪。沒有正確的答案，只是要測試你的內心，而你也要接受自己的決定。

在想像這些未來後，你有什麼感覺？比之前更能承受風險？如果是這樣的話，你可能希望稍微提高假設性ＢＡＴＮＡ，例如提高到大約八萬美元；相反地，如果你比以前更無法承受風險，可能會希望降低假設性ＢＡＴＮＡ，例如降到六萬美元左右。

富蘭克林在考慮是否要發表那篇含有誹謗內容的文章時，也測試了自己的內心。為此，他進行一項實驗，看看在企業倒閉後，能否靠著估算自己可能賺來的微薄薪水生活。他吃了麵包、喝了水，然後在房間地板上睡著了。讓他驚訝的是，發現自己還是很滿意這樣的生活，所以即使沒有其他機會可以拯救他的報紙，他還是拒絕刊登這篇文章。

三、請教具有相反風險容忍度的智者。在你做出決定前，最好請教一位你信任、經驗豐富又和你風險容忍度相反的顧問，也就是如果你是樂觀主義者，請和一位有智慧的悲觀主義者交談；如果你是悲觀主義者，請和一個有智慧的樂觀主義者對話。（提示：許多律師和家長在風險方面往往保守；而許多企業家與投資者對風險容忍度更高。）如果你已經進行這樣的對話，太棒了！如果你只和同類人交談，試著找到與你相反的人，如此可以調整你的情緒，給予寶貴的觀點。

以知名投資者華倫．巴菲特（Warren Buffett）和查理．孟格（Charlie Munger）為例，他們是極為成功的波克夏海瑟威（Berkshire Hathaway）董事長與副董事長。巴菲特是名人，以他開朗的性格、幽默和樂觀積極的態度聞名；孟格不那麼有名，卻有著壞脾氣的名聲，他是極為理性的人，對認知偏誤非常敏感，傾向悲觀主義。孟格的每個商業決策都經過嚴格測試，巴菲特多次回憶，當他和團隊準備批准一宗大規模收購案時，孟格有時會在最後一分鐘否決這筆交易，因為無法通過他的某個測試，這種模式促使巴菲特親切地稱讚孟格是「愛說不的討厭鬼」。[6]然而，兩人已經一起取得少數人能達到的成功。[7]

顧問不是來替你做決定的，如果事情不順利，任何顧問都不該成為你的代罪羔羊；重點是讓他人來測試你的結論。俗話說：「三個臭皮匠勝過一個諸葛亮。」要向和自己不同的人請教的另一個原因是，這在一定程度上能幫助你抵抗誘惑，讓你不會藉著決策工具來合理化個人傾向。

所以在我們的例子裡，試想你非常害怕風險，以至於傾向將假設性BATNA價值只訂在五萬美元。相較之下，對方提出的五萬五千美元薪資看起來不錯。但是假設智者顧問告知，你太杞人憂天了，結果那麼差的可能性非常小。她的建議減輕你的恐懼，所以你從五萬美元提高到六萬美元，這個結果表明，你仍有一些談判的理由，好獲得更高的薪資，並且如果無法有顯著提升，就有放棄的理由。還是想像一下，你有足夠的風險容忍度，所以傾向訂在六萬美元，這個數字使得對方的五萬五千美元薪資相形見絀。但是現在試想智者顧問告知，你的期望過高，不太可能會有那麼好的結果。他的建議調整你的期望，所以你將高達約六萬美元的假設性BATNA調降到五萬五千美元左右，這個數字暗示著接受對方的提案可能是明智的選擇，或者要小心謹慎地進行談判。*

總之，你已經發展出一個代表：一、你的理解、二、你的內心，以及三、各種性格混合的假設性BATNA。這樣可以避免你因為錯誤的絕望而接受不公正的提案，或是因為錯誤的希望而拒絕還算不錯的提案。

有一個簡單的方法可以用來記住，如何思考你的假設性BATNA。在電影《綠野仙蹤》（*Wizard of Oz*）中，桃樂絲結交三個朋友：想要大腦的稻草人、想要一顆心的錫人和想要勇氣的膽小獅。每個人最終都會發現擁有自己渴望的東西，像稻草人一樣，首先要用你的大腦來估算未來；像錫人一樣，要用你的心來判斷風險容忍度；像膽小獅一樣，你要利用勇氣向智慧而性格迥異的人挑戰自己的評估。

不確定性下的調整：假設性BATNA

假設性BATNA和決策者在快速變化又不確定的世界裡，所使用的其他幾種決策方式有密切關係。例如，投資者通常透過調整來做出大部分的財務決策；首先，將預計的未來成本和利益轉換為現值，從而確定評估的基準，然後根據風險進行調整，再使用數種不同成熟方法做出決策。有些方法偏向樂觀主義、[8]有些偏向悲觀主義，[9]有些則是介於其間；[10]有些嘗試將決策者未來可能產生的遺憾降到最低。[11]我們說的假設性BATNA過程，就借鑑這些方法的智慧。

同樣地，大多數企業都會根據未來收入和成本的預測來做決策，同時以這些預測出錯的可能

＊ 請注意：如果你的決策會對其他人產生強烈影響，比如配偶、公司、商業夥伴，你就要和他們進行討論，直到達成共識為止，這個過程就需要談判的技巧。

性進行調整。許多科技公司和電子製造商在規劃、設計，甚至打造產品時，會基於合理又有證據的預測，期望產品完成時，晶片能變得更強大。押注於未來更好的微晶片，有點像是對自己假設性BATNA的賭注。[12]

大多數的談判學生表示，BATNA是他們在基礎談判訓練中最重要的工具之一，然而學生最常提出的問題是，如果他們沒有BATNA時該怎麼辦？在不確定的世界裡，你需要指引，而**假設性BATNA有助於填補這個關鍵的空缺**。

並非所有假設性BATNA都會更好。你的假設性BATNA不一定優於明確的BATNA。如果你是人質，你的BATNA就是被一槍斃命，你的假設性BATNA可能更糟；像好萊塢動作英雄一樣逃生，不僅大幅增加喪命的可能性，還可能導致其他人質也遭到殺害。同樣地，一項研究發現，大部分原告與許多被告接受和解後，會比在法庭上冒險來得好。[13]

假設性BATNA如果作為準確的數值，無法發揮最好的效果，而是作為一種印象的方式，透過結合心靈、情感和智慧，更清楚地看待選擇，它兼具藝術與科學。

比較提案。你的決策通常不只是一個數字，例如價格，而是一連串事物的綜合考量（好比談論電腦配件銷售時，包括價格、資金、交易截止日期、保證事項等）。以假設性BATNA考量整包提案時，先思考其他提案：你在合理時間內有希望在其他地方找到的機會。然後，用你的心、找一位明智的顧問來測試這個假設性方案。假設它禁得起考驗，就將結果和你正在考慮的提案進行比較。回到電腦零件的例子，假設你收到買家提出的提案：

- 預付款較少（第一優先）
- 低價（第二優先）
- 繁瑣的保證（第三優先）
- 延遲交易截止日期（第四優先）
- 一般的交貨條款（第五優先）

你調整後的假設性BATNA——三個月內出售給另一個買家，會給你：

- 最多預付款（第一優先）
- 好價格（第二優先）
- 可接受的保證（第三優先）
- 一般的交易截止日期（第四優先）
- 一般的交貨條款（第五優先）

如此一來，你的假設性ＢＡＴＮＡ更具吸引力，你可能也因此有理由爭取更多的權益，延遲進一步的對話，或是直接走開。

結合假設性ＢＡＴＮＡ和其他工具

一旦確定你的假設性ＢＡＴＮＡ，請納入 I FORESAW IT 計畫的替代方案。當你建立ＴＴＴ表時，可以使用假設性ＢＡＴＮＡ定義你的底線目標和最低可接受提案。在你進行角色扮演時，可以在腦海中練習談判。由於將ＢＡＴＮＡ告知談判對手通常並不明智，因此提及你的假設性ＢＡＴＮＡ也不明智。當你進行角色扮演時，請練習從假設性ＢＡＴＮＡ提示的優勢立場進行談判，然後看看內心和隊友告訴你什麼。聽起來令人信服嗎？你感覺非常焦慮或舒服？

假設性ＢＡＴＮＡ和離開談判桌的舉動可以相輔相承，兩種方式都能隱晦地在談判桌上權衡並增強力量，而且每個方法都能強化另一個方法的效果。例如，要是你的假設性ＢＡＴＮＡ較薄弱，試想如果使用 Who I FORESAW 發展，會有什麼結果，不一定要發展到明確的ＢＡＴＮＡ，但是至少要有一個可信的假設性ＢＡＴＮＡ。

例如在我們的案例裡，如果你對以六萬美元找到另一份工作的機會感到不安，考慮使用 Who I FORESAW 來發展，就能看到真正的可能性。

相反地，假設你正打算離開談判桌，在這種情況下，如果你的假設性BATNA看起來相當強大，就能在對每個關鍵交易都會到位還不那麼有自信時，與哥吉拉般的人物談話。回想一下第六章中哈娜與貝寧關於倉庫的談話，雖然哈娜在再次見到貝寧前，最好能和史凱華德達成協議，但是如果時間較短，而她有很好又經過深入研究的理由，認為史凱華德很快就會提出強力的提案，同時這個提案也通過她的內心與明智顧問的考驗，就可以將史凱華德視為假設性BATNA，然後和貝寧談判。*

假設性BATNA並不是吹牛和祈禱，也不是為了說大話，又暗中希望一切能順利的藉口；反而是在你目前沒有選擇時，可以仔細評估未來機會的方式。它的目的是幫助你更準確地估計自己的價值，而不只是簡單地使用BATNA所能產生的價值估計。所以，如果你容易忽略風險、向他人兜售你的夢想或自欺欺人就不要使用，因為它可能會讓你和其他人都走上錯誤的道路；但是如果你容易妥協，又在稍微思考後就發現賤賣自己，它可能是一項有價值的工具。

* 如果她有合作夥伴或董事會，也要考慮他們的意見。

超越假設性BATNA：運用I FORESAW IT

最後，如果你盡全力，卻發現無論BATNA或假設性BATNA都不是好選項呢？正如在第一章探索「那三個字」時指出的，通常最好的方法就是更努力執行I FORESAW IT的其他部分。這意味著更深入地理解利益和事實，開發出更好的選擇，讓你和對方都能比原本糟糕的提案受益更多；也意味著更積極接觸那些具有影響力的人，更認真運用你的TTT表等。或者你可以選擇暫時限制或避免談判，而這本身可能也需要談判，還是可以使用本書中的其他工具。

「其他工具」一詞帶出一個關鍵點：當你結合數種工具，即使在比本書探討得更嚴峻的情況下，你能做的可能比想像中更多，第十四章會再討論這一點。

在此之前，需要先問另外一個問題：你怎麼知道一個提案好不好？

工具概覽

假設性BATNA：未來可能替代方案的調整價值。

小試身手

挑戰：假設性BATNA。下一次面對談判時，當對方提出的方案是你唯一選擇，但有證據顯示該提案薄弱，並且可能不公平時，請做這個挑戰。首先，研究並開發目前可能的替代方案，列出至少五個你現在可以單方面執行的事，並從中找出最好的一件作為假設性BATNA，然後分別：一、了解你可以在合理時間內合理期望從其他地方獲得什麼，然後估算該可行替代方案的價值；二、根據你的風險容忍度進行調整；如果你難以想像這個選項無法實現時會是什麼樣子，就大幅降低其價值；如果你想像自己接受這個提案，但是很快獲得更好的提案時會感到不悅，就大幅提高其價值；三、最後，如果你還沒有這麼做，請至少與另外一位你尊重的人討論這個替代方案，最好是和你性格不同的人：如果你傾向悲觀，請尋找樂觀主義者，反之亦然。相應地調整你對該提案的估值：如果對話讓你感到放心，削減的幅度就不要太大；如果讓你更擔心，削減的幅度就要更多。將對方的提案與你的BATNA和假設性BATNA進行比較，如果對方的提案較薄弱，就可以提出更多要求，推遲進一步的討論；或是認真考慮退出，然後採取自己的BATNA；或是追求假設性BATNA。

第十三章

成功達成的糟糕交易：運用儀表板決定何時說Yes

工具：成功指標儀表板、WIN LOSS

使用時機

- 不知道要不要接受一個提案
- 感覺到要說「是」的壓力
- 害怕僵局＝失敗
- 害怕說「是」會帶來悔恨
- 不知道什麼時候該說「是」

工具用途

- 衡量測試一個提案好不好
- 發現隱藏的陷阱
- 自信地決定什麼時候說「是」、「不是」或「還沒」

二〇一一年，二十二歲的音樂歌手克蕾小姐（Kreayshawn）發現名下只剩三百美元。但是後來不可能的事發生了，她收到一紙來自索尼的一百萬美元唱片合約。之所以會收到這份邀約，是因為那一年稍早時，她在 YouTube 上發布一支名為「Gucci Gucci」的音樂影片，該影片在三週就獲得近三百萬觀看次數。她迅速接受邀約，很快銀行帳戶就有數十萬美元。

一九九三年，十九歲的創作歌手珠兒・克爾奇（Jewel Kilcher）發現自己無家可歸，只能住在車上，而車停在南加州。然而，不可能的事情發生了，她也收到一紙來自大西洋唱片（Atlantic Records）的一百萬美元唱片合約。之所以會收到這份邀約，是因為她擁有一大批忠實粉絲，以及她的試唱帶在洛杉磯一家頂尖電台廣播中獲得聽眾熱烈迴響。但是後來她做了非常奇怪的事，就是拒絕大西洋唱片的邀約。

想像一下，當你在那個年紀又無家可歸時，竟然得到一百萬美元的唱片邀約……哪個心智正常的人會拒絕那筆能改變人生的錢？顯而易見地，其中一位歌手並不害怕成功，只是選擇過著她的最佳生活，另一個人就挺瘋狂的。

但是在二〇一四年，克蕾小姐在推特（Twitter）上表示，在索尼的首張專輯只賺到零點零一美元。後來在二〇二〇年七月，她又推文說：「不要買『Gucci Gucci』或是在網路媒體播放，我一分錢都拿不到，還欠索尼八十萬美元……。」[1]

克爾奇從未遭受那樣的命運，反而成為千萬富翁。藝名珠兒（Jewel）的她在殘酷的音樂產業裡做了少數歌手能做到的事：賺到很多錢，並且留住這些錢。[2]怎麼做到的？為什麼克蕾小姐最後破產了？部分答案是：珠兒做了功課，知道如何分辨糟糕的提案，而克蕾小姐不知道。

克蕾小姐不知道的是，索尼的一百萬唱片合約中附帶一個條件，公司不是單純給她錢；而是將這筆錢借給她，在合約裡稱為「可扣除費用」，也就是克蕾小姐必須支付專輯製作費，還有所有巡迴宣傳的費用。如果專輯的收入超過一百萬美元，她就可以得到版稅。第一張專輯失敗了，她只賺到一美分，還欠索尼一百萬美元的預付款。

珠兒在大西洋唱片的合約中也發現類似陷阱。怎麼發現的？她去圖書館，找到一本關於唱片業的書籍，學到可扣除費用、後期費用、版稅、預付款、銷售量，以及其他唱片業常用術語。她還諮詢一位業界資深人士的建議，增進自己的知識，後來這個人成為她的經紀人。然後珠兒問自己真正想要什麼，並且意識到一大筆預付款和巨大的唱片銷售壓力會剝奪她的快樂，她意識到自己的利益是，藉由創作她相信的音樂而產生的滿足感，還有如果專輯大賣後能得到的高額版稅。換句話說，她一開始冒的風險很小，但是要求以後會有大回報，如果首張專輯失敗了，她也不會背負任何債務。所幸，首張專輯沒有失敗，珠兒的首張專輯《破碎的你》（*Pieces of You*）反而成為史上銷售量最高的首張專輯之一，總共賣出一千兩百萬張。

克蕾小姐和珠兒的故事，彰顯談判一個重要又鮮為人知的觀點：即使你發現自己處於看似絕望的境地，往往說「不」才是正確答案。

談判的目的似乎通常是達成協議。最知名的談判書籍《哈佛這樣教談判力》，內容就是關於達成共識。我們為達成交易者喝采、喜愛討價還價，並且舉辦擠滿記者的盛大簽署儀式，有時甚至還會施放煙火，博物館裡有許多描繪人們簽署條約與憲法的畫作。無論是業務人員還是執行長，常常根據完成的交易數量來獲得報酬。

但很多（也許大多數）的交易都是糟糕的，以貝利．奈勒波夫（Barry Nalebuff）為例，他是經驗豐富的企業家，後來成為耶魯大學（Yale University）商學教授，並且因為創辦誠實茶（Honest Tea）而成為千萬富翁。他警告學生不要成為企業家，因為即使數十個交易條件都寫得很好，只要寫錯一、兩個，就會失去整家公司。他回憶自己有好幾次都差點同意破壞性交易條款，而差點失去公司。[3]研究發現，大多數在前十八個月贏得大筆投資交易的新公司失敗率極高，這些交易通常是導致它們失敗的原因。[4]

不僅企業家面臨這種陷阱，研究一再發現，七成以上的合併案未能達到執行長承諾的效益，5
股市對這種事知之甚深，因此合併消息一出，至少一方的股價通常會下跌。此外，在二〇〇八年金
融危機後，人們逐漸意識到，數百萬筆的房屋貸款和無數以此為基礎的華爾街交易都是毀滅性的，
但卻很少有人質疑。

在絕望時刻，更容易過度相信交易，那時任何交易看來都像救生圈，但往往其實是鐵砧。高利貸和發薪日貸款公司一直都盯著這類絕望的人下手，讓他們變得一貧如洗。

人們很容易陷入我稱為**「交易狂喜」**（Deal Euphoria）的決策陷阱，**這是一種普遍的心理傾向，也就是保護甚至慶祝明顯糟糕的交易**。在每個學期，我的學生都會模擬大型商業交易的談判。祕密是這個模擬情境由我設計，所以不可能會有好交易。然而不可避免的是，一些學生會進行交易，有時候甚至是所有的學生，並且報告他們非常滿意，還在後續討論中提出有力的辯護。當他們發現董事會感到不滿，並想要解僱自己時都感到震驚。

全部產業都在利用交易狂喜，時代廣場及其他零售商常常使用遊客陷阱，永遠有「五折折扣」和「結束營業」的促銷活動，因為許多消費者誤以為折扣就是占便宜。[6]其他產業依賴高壓策略，欺騙顧客支付過高的價格。

我們常將「是」與成功混為一談，將「否」與失敗相提並論。如果你在Google搜尋「談判失敗」（talks fail）這個詞彙，會找到超過十億筆搜尋結果。這樣的文章促使人們普遍「恐懼僵局」（Fear of

Deadlock），這是成功文化的副作用。

可惜的是，正如我所指出的，幾乎每個已發表的談判模擬課程都可能會有一筆令人滿意的交易，但是在現實生活中，這種課程可能會導致災難性結果。

所以在這裡，我想介紹給你一項工具，幫助你分辨提案的好壞，尤其是在你壓力重重又覺得必須同意時，就是「成功指標儀表板」(Measures of Success Dashboard)。

成功指標儀表板

這個儀表板提供三個簡單的測試，防止你受到恐懼僵局和交易狂喜的影響。簡而言之，它提出三個問題：

一、**合作測試**。這個提案能多大程度滿足你們現在與未來的利益？

二、**競爭測試**。這和你們最佳與最糟的目標相比如何？

三、**關係測試**。這樣公平嗎？這種關係是否健全？

讓我們看看它是怎麼運作的。為此用一個簡單的案例，看看我們能否用儀表板幫助決定是否接受一個提案。回想一下在第四章的電腦零件案例，在你準備向買家出售零件時，我們建立TTT表。讓我們也利用這張表，快速提醒自己期望得到什麼。

現在假設買家最初提出的這個提案：

每單位價格為七十五美元＋提供六年退款保證。

再假設買家已經做出讓步，現在提出這個提案：

每單位價格為九十美元＋提供四年退款保證，還有權利依需求修改擔保的電腦零件。

你覺得非常滿意，因為買家已經讓步這麼多，很想接受這筆交易。但這是一個好提案嗎？你是否應該接受？

主　題	目　標	主題間取捨	主題內取捨
單位價格	100 美元至 80 美元	1	最優惠條款 回扣 批量折扣 特定品項折扣
退款保證	2 年到 5 年	2	換新 修理 消費點數

合作測試：這個提案能多大程度滿足你們現在與未來的利益？

你的利益

這個測試意味如果要堅定自己的目標，就要專注在自己的關注點。若是一項交易不能滿足你的關鍵利益，就必須認真考慮放棄。令人驚訝的是，我們很容易了解所有事物的價格，卻不了解其價值——認為取得一個巨大的數字或創意條款就是勝利。事情往往並非如此。在我們的例子裡，假設利益如下：

你（賣方）

增加利潤率

改善現金流

減少滯銷零件的存貨

買家

在競爭日益激烈的產業中，提高品質管控

降低服務成本

根據你之前的研究顯示，買家的提案只能在一定程度上提升利潤和現金流，那表示一個黃色警示燈：這個提案只能在一定程度上滿足你的主要利益。

未來利益：檢查定時炸彈

第一個測試也是在詢問這項提案能否滿足未來的利益，要求你檢查是否存在定時炸彈。定時炸彈是指交易中現在看起來沒問題，但是未來某天、幾週、幾個月或幾年後，可能會威脅重要利益的任何事物。當然，你無法找出每一顆定時炸彈，而且在某個時間點後，過於焦慮這些事情變得神經質了。但有幾種是可以預測並值得解決的，如果你沒有注意到，就是在玩火：

忽視可能的未來事件。如果銷售低於你的預期會怎麼樣？成本更高？關鍵人物離開？耗盡現金？珠兒在大西洋唱片的「百萬合約」中看到一顆嚴重的定時炸彈：如果她的專輯失敗了，這是很可能發生的情況，她必須退還全部的錢。在電腦零件案例裡，如果買家不當地調整零件，然後要求退款保證，該怎麼辦？由於你無法控制買家如何使用零件，這項提案實際上可能會帶來無法控制的嚴重風險，進而破壞你的利潤和現金流，威脅到交易的經濟優勢。如果你沒有尋找像這樣的定時炸彈，可能會認為這個提案是可以接受的。這不是，紅燈。

不當的激勵因素。有些交易獎勵不良行為，成本加成訂價法會讓供應商沒有動力控制成本；將執行長的薪酬與業績成長掛鉤，會激勵她收購營收可觀的不良公司；雙方簽訂合約後，獎勵交易媒合人，會鼓勵他忽略潛在的定時炸彈；如果銷售人員能每個月賣出一定數量的汽車，就能得到獎金，會鼓勵她在月底時以虧本方式完成銷售指標；在我們的電腦案例裡，你的提案會激勵買家無風險地嘗試更改電腦零件，導致紅燈更紅。

單方面的交易。即使一項交易對你來說具有吸引力，但是如果它過度偏向你的利益，可能就會引起不滿和業績不佳。正如我和談判專家同事所知，倘若對方心存怨懟就不會合作，表現也容易低劣，甚至可能尋求報復，這就是在合作測試中最好要考慮對方利益的原因。在這個案例裡，這筆交易在雙方看來都不是非常單方面的交易。

糟糕的財務狀況。一筆交易剛開始看起來可能會很吸引人，但有時候在計算數字後，就發現未來會很可怕。一位學金融的學生曾去買車，但是經銷商堅稱租賃會更便宜，他對自己懂得太少而感到尷尬，所以要求了解租賃的細節，並花費一個晚上的時間，拿著計算機和金融教科書來評估這些內容。第二天，他詢問經銷商：租賃費用是購買費用兩倍的計算是否正確？「呃，是的。」經銷商承認了。熟練的商業談判人員會掌握數字，預測提案對現金流、稅金、成本等重要指標的影響，並測試金融債權，不這麼做就可能造成滅亡。當希臘談判代表告訴歐盟外交官，應該接納希臘加入歐盟，因為希臘的金融狀況已經復原，歐盟外交官相信對方的話。不幸的是，他們並未核對數字來確認希臘財務的驚人變化，等希臘加入歐盟後，才發現希臘扭曲真實情況，仍處於財務困境中，導致現在不得不為希臘的大筆債務提供擔保，幾乎拖垮歐盟。[7]在我們的案例中，預測零件修改條款的可能未來成本，或許暴露嚴重的潛在損失，使得警示的紅燈更亮。

危險的法律術語。如果對方說：「你訂價格，我寫合約。」你很可能會陷入麻煩。許多同行都會採取類似做法，向你發送一份「標準」合約，通常是不能修改的PDF檔。你很容易被一些令人興奮的條款吸引，對其他條款掉以輕心，但是合約條款裡可能隱藏著許多定時炸彈。親愛的讀者，我在這裡謙卑地向商業律師致謝，他們的工作就是找出這些炸彈，並協助你弄清楚如何談判，好避開這些炸彈。你無法發現，好律師卻可以找到的條款經典範例是：許多好萊塢合約承諾演員可以獲得淨利（也就是扣除各種費用後的利潤）的百分比。但他們不知道的是，這些合約對「淨利」和「費用」的定義是，像《來去美國》（*Coming to America*）這類總票房超過兩億八千八百億美元的賣座電影也無法產生「淨利」。[8]

不適合。如果一對夫妻結婚後，才發現其中一方想要孩子，而另一方不想要，這樁婚姻可能不是好主意。商業領域也很容易發生不適合的情況，例如投資者迫切希望迅速獲得大筆利潤，卻只能提供一張支票，而創業家則希望慢慢發展，並需要發展產業關係來幫助公司成長。所以，明智的做法是詢問對方的期望。在我們的案例中，不合適似乎不是問題，除非買家希望修改零件是警訊，他對你的看法和你的認知不同。

WIN LOSE。我創造一個工具中的工具，幫助你找出定時炸彈，只要執行我建議的事，這個助記詞能幫助你找到提案中的陷阱，我稱為 WIN LOSE（勝負）。

假如（What if）：如果這樣、那樣或其他情況發生呢？

激勵（Incentive）：有沒有不當的激勵因素？

數字（Numbers）：現在和以後的財務狀況如何？

律師（Lawyer）：你的律師對這些法律條款有什麼看法？

對方的期望（Other Side's Expectations）：對方的期望是否與你的期望一致？

對方的利益

詢問提案能否滿足對方的利益，可能看來像是浪費精力的事；畢竟，擔心自己的利益不該是對方的責任嗎？然而，如果交易明顯無法滿足對方的利益，你很有可能會為此付出商業和因果代價；相反地，如果這筆交易對另一方也有好處，魔法就可能發生。

例如，當聯邦快遞（FedEx）和戴爾（Dell）找到方法重建彼此之間糟糕的關係時，雙方合作蓬勃發展；而當它們對彼此感到不滿時，這種不滿情緒帶到對方身上，導致惡性循環。[9]同樣地，正如先前所見，當埃及和以色列重建惡劣的關係，和平持續數十年；當它們對彼此保持警戒時，戰爭就不斷威脅雙方。

確保對方對眼前交易感到滿意的方式之一，是邀請進行一次「二次審查」（Second Look）會議，你可以說：「好的，在簽署之前，讓我們再次檢視一下，看看是否有辦法讓你更滿意，同時不會對我造成損害。」無論如何，可以根據你對對方利益的理解測試這個提案。例如，當出版商提議喬撰寫的一本書，會提供一筆豐厚的預付款時，喬檢視出版商的利益，然後詢問經紀人：「他們要怎麼用這本書賺錢？」如果答案是出版商出價過高，喬知道這可能會傷害雙方，出版商會損失金錢，喬可能無法賣出第二本書。只有在喬確定出版商有很大的獲利機會時，才會考慮接受這個提案可能對他有好處。

即使是一次交易，最好也要檢測對方的利益，這是頂尖運動經紀人伍爾夫的建議，他警告說：「如果有人覺得你占他們便宜，就會報復在你的事業或是你身上……。你的好名聲非常重要，如果真的只是一次交易，我不會放棄那麼多的利益，但也不會搶到什麼都不剩。」[10]正如所見，即使你是經驗豐富的專業人士，貪婪的名聲也會嚴重影響你的談判能力。而且出人意料的是，當你詢問這個提案是否可能傷害另一方時，有時會發現強力的理由，說明你的想法對雙方都更好。

在這裡，電腦零件買家的提案乍看之下似乎很符合買家的利益，但這對買家而言真的是最好的提案嗎？可能有其他選擇能幫助買家更好控制成本和品質。例如，你的公司或許能比買家更快、更便宜、更精確地客製化零件，因此雙方達成一項合理費用的協議，讓你為對方客製化零件可能會更好。黃色警示燈。

所以我們的儀表板已經閃爍著紅色、黃色和綠色燈號，強烈表明這個提案不好，並且需要修改。但即使我們解決發現的問題，從其他方面來看，它是否就好呢？

競爭測試：這個提案和你們最佳與最糟的目標相比如何？

在此要測試你在這個提案中能獲取的交易總價值有多少，如果對方的提案創造很大的價值，但是幾乎將其中大部分據為己有，或許你最好拒絕。凱的老闆給他一個「令人興奮」的升遷機會，有更好的頭銜、辦公室、地位，以及出差和娛樂預算。然而，當他後來發現自己為了一份薪資遠低於同輩所得的工作而犧牲時，意識到老闆對他不公平。正如他所說的，真希望在接受升遷前就知道有這種二次測試。

要使用競爭測試，需要將提案的每個部分與你在ＴＴＴ表裡為該主題設定的範圍進行比較。某個條款和你的最佳目標有多接近？距離放棄又有多接近？比放棄更糟糕嗎？和你最喜好主題的相關條款相比，是否接近你的最佳目標？這對你來說特別重要，因為它們對你有價值。正如所見，談判中進行取捨是明智的做法，如果你喜好的部分有好條件，不那麼喜好的部分條件也沒有那麼好，這仍是可接受的。如果凱能大幅加薪，就算辦公室升級幅度不大，也會感到開心。但是如果在大多數你喜好的主題上表現不佳（像凱一樣），就是一大問題；你的儀表板上的黃色警示燈將開始閃爍。在電腦零件案例中，這個提案是普通的；提出的假期和保證期限都在你的範圍中間，一筆更好的交易可以給你更高的價格（也許是更長的保證期限），所以在這個測試裡，黃燈正在閃爍。*

關係測試：這樣公平嗎？這種關係是否健全？

在這裡，你需要詢問兩個相關的問題：首先，根據基準，這個提案有多合理？其次，是否存在著關係可能不健康的警訊？

獨立標準。測試一項提案是否公平的最簡單方法，是將它與獨立標準進行比較，這些基準告訴你，在市場上或這類衝突中什麼是合理的。如果你已經完成 I FORESAW IT 計畫，就已經擁有這些資訊；如果沒有，最好在接受提案前找到這些資訊。獨立標準通常包含一系列合理條款，例如倘若你在美國購買一輛新車，TrueCar 是數個會列出合理價格的網站之一。通常 TrueCar 會列出相同車款的價格範圍（並建議最佳目標價格），理想情況下，在你希望找到最好的結果時，基準將確認你的提案在關鍵主題上是否給你公平又有利的條款。在電腦零件案例中，假設一家受尊敬的產業雜誌報導價格從七十五到一百美元，並建議九十美元是相當合理的價位，儘管並不算慷慨，但這可能可以解釋為淺綠色的燈。

關係品質。這個測試是最主觀的，但在某些方面是最重要的。這個概念是要提出這樣的問題：

你有多信任對方？關係是否良好？是否有承諾？是否有人違反道德準則，或者越過界線？如果對方是一個組織，是否和諧或功能失調？你的呢？如果答案模稜兩可，甚至情況更糟，請謹慎行事：你可能正在步入一筆日後會後悔的交易。如果這只是一次小事交易，像是購買一輛二手自行車，關係的品質可能在某些方面較不重要，因為你可能再也不會見到對方；但是在其他方面可能更重要，如果這個人是賣贓車或爛車的騙子，又該怎麼辦？

和敵人或與暴力敵人的談判，又要如何處理？這個測試不是排除和那樣的人達成交易的可能性嗎？不一定。正如一些政治家所說，你只會與敵人達成和平協議，而不是和朋友。[11] 我們也看過敵人之間的交易一筆接一筆，持續數十年。如果你有理由抱持懷疑態度，但是仍想達成和平，重要的是清楚了解相關危險，並且增加彼此滿意的條款，好提高協議和你自身存活下來的可能性。

在電腦零件案例中，假設你正與一家成熟又和諧的公司打交道，而競爭對手也成功地和該公司合作多年。再假設你沒有做任何道德妥協，你的對手在業界有著良好商譽、信用評價良好，而且談話一直都和善又有建設性。雖然買家一點也不慷慨，但是對方的舉止、要求或過往歷史，都沒有任何關於人際關係的危險信號，因此我們的儀表板上亮的是綠燈。

簡而言之，電腦零件買家的提案在你的成功指標儀表板上將呈現：

* 即使你已經決定妥協、滿意即可或表現慷慨（如同第七章所說），最好利用競爭測試，看看它是否超出你的極限。

這個提案能多大程度滿足你們現在與未來的利益？

黃色（你現在的利益）

紅色（你未來的利益；定時炸彈）

黃色（他們的利益）

這個提案和你們最佳與最糟的目標相比如何？

黃色

這樣公平嗎？這種關係是否健全？

淺綠色（公平性）

綠色（關係品質）

你的儀表板告知這個提案並不好：在某些方面是普通的，在其他方面則相當糟糕，還暗示或許有對雙方更好的交易，並且在你喜好的主題上最好再多一些要求。

但如果你目前僅有的ＢＡＴＮＡ是接受更糟糕的對方的提案呢？根據第十二章討論的，找出你的假設性ＢＡＴＮＡ。

如果你已經用ＴＴＴ表建立提案樣本，就可以快速瀏覽，並藉此作為還價的建議。無論如何，你都可以看看那張表，快速提出還價，使用創意選項和緩衝，尤其是對你偏好的主題。如果時間允許，你可以作勢離開談判桌，改變談判的動態。無論如何，如果你面對的是最終提案，可以先和成功指標儀表板及最低可接受提案進行比較，再決定是否接受。

拒絕一筆交易並不容易。多年前，我和妻子愛上一間公寓，非常想要買下，甚至開始將它稱為白宮。價格極具吸引力，這個地方本身也很美，但問題是這棟建築物在兩年前曾瀕臨破產，兩位獨立的財務顧問在審查財務報表後，警告我們要遠離。我們花費幾週的時間做決定，最後拒絕了。考慮到風險（和我們的情況），這是一個明智的決定，正如成功指標儀表板指示的，但放棄還是很痛苦，儀表板無法讓我們免於決定時必然帶來的痛楚，但是可以指引我們走向智慧。

身為談判人員，你的目標不是取得「同意」，而是明確地得到「明智的是」或「明智的不是」。你無法總是辨識出提案的好壞，但是有了成功指標儀表板，可以幫助你遠離危險，走向機會，這往往可以拯救你。隨著時間流逝，這種優勢可能成為溺水與茁壯之間的關鍵差距。

工具概覽

成功指標儀表板：這筆交易明智嗎？是否有合作性？具有競爭力嗎？關係好嗎？

WIN LOSE：假如？激勵？數字？律師？對方的期望？

小試身手

挑戰一：成功指標儀表板。在下一次大筆採購或重要合約，或是在新聞上看到大宗交易時，嘗試用三個成功指標（Measures of Success）測試，看看會發生什麼事，詢問這筆交易是否為你帶來合作上的成功（「利益？定時炸彈？」）、競爭性成功（「最佳目標？BATNA？」），以及關係上的成功（「公平？關係品質？」）。

挑戰二：變化。為了對你正在考慮的提案有更客觀的了解，請一位隊友或假扮對手仔細檢查，使用成功指標幫助發現問題。

挑戰三：WIN LOSE。在下一次考慮重要談判中的提案時，請使用WIN LOSE這個助記法來檢測潛在的問題，詢問：「假如？」「激勵？」「數字？」「律師？」及「對方的期望？」看看你能否至少找到一個需要拆除的嚴重定時炸彈。

挑戰四：成功指標事後挑戰。利用你或團隊在前一段時間談判的交易，使用成功指標儀表板進行評估。有任何驚喜嗎？如果發現這筆交易比你預期來得好，說明了什麼？哪些工具應用的原則能在這裡提供幫助？如何複製那樣的成功，團隊裡有沒有人能以這一次交易為榜樣來指導其他人？另一方面，如果你發現一筆認為很好的交易，其實並沒有那麼好，又會帶來什麼教訓？哪些工具可能幫助你（和團隊）在下一次做得更好？團隊裡有沒有人能用這次交易當作警示範例，指導其他人？

第十四章

用組合技迅速走出營運困境：P&G如何省下數十億美元

任務：在經濟不景氣時期幫助挽救陷入困境的公司，無論是否身為領導者。

工具：那三個字、I FORESAW IT、TTT表、APSO、溫暖取勝指南、共同利益、Who I FORESAW、成功指標等。

使用時機

- 面臨嚴重的經濟逆轉、衰退或通貨膨脹
- 面臨嚴重削減成本的壓力

• 希望公司為了成長而投資，但因恐懼而卻步

工具用途

• 生存並茁壯
• 削減成本
• 提高投資
• 和謹慎的對手加強商業關係

你的談判工具組能否在困難時刻協助化險為夷？是否能幫助你保住工作和公司？

例如，倘若經濟衰退來襲，威脅到你的生意，該怎麼辦？你的第一個反應可能是提高價格和削減成本。許多公司在艱困時期都會理所當然地採取這種做法，而且往往很快、不加選擇就這麼做。然而，《哈佛商業評論》有一項針對四千七百家企業進行的出色研究發現，那種策略通常無法幫助企業生存或茁壯發展；反之亦然，如投資企業、加大研究支出、人員招募或企業併購。

那麼，什麼方法才有效？研究發現，第三種策略讓九％的受訪企業能「迅速走出經濟衰退」，在困境中生存，並在景氣好轉後比競爭對手更強大。這個策略是什麼？同時削減成本與投資。

說來容易，做來困難，這樣的忠告聽起來就像是史提夫・馬丁（Steve Martin）的喜劇片段：「是的，你可以成為百萬富翁，而且永遠不用繳稅！要怎麼做呢？簡單。首先，賺到一百萬美元。然後……。」奇怪的是，這項研究並未說明如何同時削減成本和投資。所以，如果你想要迅速走出經濟衰退，該怎麼做？令人驚訝的是，答案可能取決於談判。

以一家七億美元的美國礦產探勘公司諾布爾鋰礦（Noble Lithium）發生的事為例，幾年前，我訓練該公司的經理和高階主管使用「那三個字」、I FORESAW IT 和 TTT 表。一年後，我打電話給該公司聯絡人以賽亞，確認培訓對他們的影響。他說：「太棒了。」真的嗎？怎麼說？「你還在這裡時，我們正從一場經濟衰退中走出來，通貨膨脹正在蠢蠢欲動——供應商的價格飆漲。但是運用所學的知識，我們成功將營運成本減少三八%，並將節省的資金用於投資新事業。」三八%？我問：「以美元計算是多少錢？」以賽亞稍微計算一下，「一億美元。」我驚訝地沉默一會兒，「請再說一次好嗎？」以賽亞回答：「一億美元。」又沉默片刻，然後我說：「你知道嗎？我收小費。」

幾乎和數字一樣驚人的是，以賽亞表示，供應商很喜歡他們，諾布爾鋰礦沒有剝削供應商，事實上還幫助了其中幾家。

要怎麼做到？我們探討的工具如何幫助諾布爾鋰礦和你迅速走出經濟衰退？還可以讓其他公司喜歡你？

更廣泛地說，你如何在經濟衰退、通貨膨脹和其他經濟困難時進行談判？也就是說，什麼工具能幫助你因應迫在眉睫的危機和物資短缺？例如，假設你的公司失去一個重要客戶，而且業績重挫，有什麼能幫你度過這個危機？當你不是領導者時，如何能幫忙拯救危局，保住工作？

在這裡，我們將結合多項工具來因應這些看似不可能的任務，看看你如何利用它們幫助公司在逆境中取得勝利。以下將用這個挑戰為例，展示新工具組如何讓你能在艱困時刻提供出色服務。

硬資料和軟技能

諾布爾鋰礦的故事讓我太過震撼，以致必須更深入了解，於是詢問該公司營運長陶德，在這麼艱困的經濟環境中，公司如何在短時間內取得如此巨大的成就。陶德一直帶領部門努力推廣培訓計畫，並主導用新方式因應艱困的經濟環境，他表示如果必須用一句話總結答案，就是硬資料加上軟技能。

諾布爾鋰礦一直鼓勵團隊，尤其是採購代理商，要向供應商爭取更低的價格。大多數公司都是如此，結果大多數廠商和供應商之間的關係變得緊張又充滿競爭；供應商常常受到客戶的煩擾。同樣地，和許多公司一樣，諾布爾鋰礦認為價格管控與成本管控差不多；公司對供應鏈中的隱藏成本只有模糊認識。諾布爾鋰礦還做了一件也很常見的事：傾向將每次供應談判視為獨立事件，也就是說公司忽略原料供應商延遲交貨，對需要該材料的第二家供應商造成的影響，從而產生急件費用。

諾布爾鋰礦注意到每個環節，卻忽略整個供應鏈。

陶德決定採取不同的方法，他召集跨功能團隊，告訴團隊成員不能只是和供應商對抗，或是天真地只關注價格，也不能單打獨鬥，對彼此正在談判的事毫不知情，而是先要求團隊建立儀表板，讓每個人都可以看到某項合約的條款會如何影響其他合約。他還要求團隊檢視每份現有的供應合約，確定並量化每項成本，看看哪些是不必要的，然後準備談判刪除。例如，他們發現一家大型供應商收取儲存礦產的費用，諾布爾鋰礦就能儲存這些礦產，這項節約很容易做到。掌握條款、數字和儀表板，也就是掌握事實，正是陶德所說「硬資料」的核心。

然而最重要的是，他要求團隊不要將供應商視為敵人，而是要看成潛在的合作夥伴。這是那三個字、I FORESAW IT 和 TTT 表最有用的地方。這個概念是有意地尋找創意方法，讓諾布爾鋰礦和特定供應商能在創造性交易裡互相幫助。的確，諾布爾鋰礦在提案要求中指出，希望採取更合作的方式，這是一種不尋常的做法，專家稱為尋求合作夥伴關係。由於習慣舊有的對抗作風，並非每家供應商都能夠或願意嘗試合作模式，但是有幾家接受諾布爾鋰礦談判人員的邀請。

諾布爾鋰礦的團隊成員很快發現，幾家深受不景氣困擾的供應商急需現金（關鍵利益）。相較之下，諾布爾鋰礦手頭現金充裕，而且信用狀況良好。因此，公司談判人員提出不同以往的安排（選項）：諾布爾鋰礦以低利率資助供應商執行合約所需的設備。數家供應商立刻接受這個提案，並樂於提供大幅降價作為回報。諾布爾鋰礦從創新的供應交易中節省的資金，大量投資於這項業務，進一步強化公司地位，而同行還在努力維持成本。諾布爾鋰礦的談判策略讓公司削減成本並增加投資，也是迅速走出經濟衰退的關鍵。

你如何運用談判工具組，將不景氣轉化為機會？最基本的想法是，先使用我們的前三個工具來一、深入了解成本，二、與供應商或客戶協商合作，好削減成本並創造價值，然後你可以將部分價值用於投資。如果你像陶德一樣是領導者，而且能告訴團隊如何管理，這麼做就能達到很好的效果。但如果你不是呢？正如即將看到的，加入其他已經討論的工具，可以有所助益。先來探索一下陶德使用的基本策略，然後在此基礎上，尋找你若不是營運長時能提供幫助的方法。

基本策略：三種準備工具

第一個任務從簡單地使用「那三個字」開始：利（利益）、事（事實）、選（選項）。就像諾布爾鋰礦一樣，你透過仔細研究分析現有合約和作為，掌握硬資料（即事實），以深入了解你的支出。事實上，正如供應鏈專家指出的，即便是大公司也對自己的總成本缺乏清楚認識，更別說供應商了。「我總是對大型企業不知道這一點感到驚訝。」曾擔任五家知名組織的供應鏈長，並曾領導百事可樂（Pepsi）和其他《財星》（*Fortune*）五百大企業採購部門的專家邦妮・凱斯（Bonnie Keith）說道。例如，延遲會帶來什麼隱藏成本？公司為提前到貨支付的儲存成本是多少？為了完成一份不必要的複雜徵求提案說明書（Request for Proposal, RFP），供應商要付出多少？（有時供應商可能因此花費二十五萬美元，這項成本通常會計入報價）。這些成本能否透過創造性談判消除？深入研究合約、訪問第一線員工、研究費用報表，以及分析數據都能找到有價值的驚喜。很多企業不了解這些隱藏成本的事實，這對你來說可以成為競爭優勢。

同時，要注意你的軟技能，首先考慮你和潛在對手的利益。隱藏成本通常會揭示隱藏的利益；一些供應商為完成諾布爾鋰礦的訂單，面對高昂的資金成本，意味著他們非常渴望在資金和現金流方面得到幫助。然後你可以尋找創意性選項（如以低成本借款給供應商，並獲得供應商折扣）。

下一步是完整運用 I FORESAW IT 計畫和 TTT 表。當你這麼做時，會出現更多可能性與見解：道德陷阱、其他重要參與者、基準、令人驚訝的交易、明智的範圍、精明的提案等。在某些情況下，你的工作可能會引導進行簡單但有創意的一次交易；其他情況下，可能是虛擬的合作關係或介於兩種情況之間。這麼做的目的是，根據需要和數量來量身訂做解決方案。

如果你有隊友，可以在內部網站上建立並發表 TTT 表，且在交易過程和完成時更新資訊，就可以建立線上儀表板。正如陶德的故事顯示，儀表板可以幫助每個人看到每個獨立談判會如何影響其他談判。例如，假設莎莉在儀表板報告中，表示正在協商一個關鍵小工具，交貨時間為十至十四天；如果莫罕默德需要在五至七天內取得那個小工具，或是想避免向他正在談判的客戶支付逾期費用，莎莉和莫罕默德就知道需要解決這個問題，從而挽救金錢與收益。

曾在多個產業中帶領採購和製造部門的凱斯說：「我是硬資料和軟技能的堅定支持者，然而有許多人並不知道如何使用。」缺乏這種能力可能與一個事實有關，就是只有九成的受訪公司能在經濟衰退中迅速復原。

因此，一家在經濟衰退中苦苦掙扎的公司想要生存和繁榮，關鍵在於不要只考慮價格，而是要尋找能降低整體成本（或創造更大價值），並為供應商或客戶提供良好服務的安排。這種談判交易幫助諾布爾鋰礦在艱困時期蓬勃發展，事實上，諾布爾鋰礦在短短十二個月內表現得如此出色，所以數個月後，另一家公司以高達三五％的溢價加以收購，這是業界最高的溢價，也讓創辦人成為千萬富翁。

對小型企業的幫助

你不必是上市公司，就能使用「那三個字」（和其他準備工具）來擺脫經濟不景氣；小企業主也可以使用。在某次經濟衰退期間，我很高興地看到北曼哈頓的當地店主找到幾種創意方式，和房東重新談判，這通常能挽救他們的生意。例如，即使店主可以讓閒置員工協助保持區域的清潔，許多小企業仍為公共區域的維護支付相當可觀的金額。透過了解事實——研究租約、審查開支，然後探索利益和選項，店主和房東一起絞盡腦汁，尋找創造性的節省方式，包括暫時將共用區域的清潔責任轉移給店主，以未來的利潤分享換取現在的租金折扣、以分期付款方式進行建設等。這些安排可以幫助店主削減成本，在某些情況下也能投資在商店和建築物長期改良。

P&G 如何節省數十億美元

使用那三個字和其他準備工具來扭轉衰退或通膨，同樣可以為一家公司節省數十億美元。以某家公司為例，說實話，這家公司規模並不小也不脆弱，然而即使像通用汽車這樣的大企業，在嚴重經濟衰退中也可能面臨破產，所以該公司的故事對我們仍有意義，雖然這個故事有著微妙之處，但還是值得了解一二。

二〇一二年，寶鹼（Procter & Gamble, P&G）面臨經濟下滑的情況。由於擔心現金流，寶鹼的跨功能團隊利用硬資料尋找改善空間。仔細檢查應付帳款（事實）後，就意識到他們接受供應商提供的付款條款，明顯比競爭對手更不利。最簡單的解決方法就是要求供應商延長付款期限，犧牲供應商的利益，以節省成本。

然而，寶鹼採取更有創意的做法，考慮供應商的利益和選項，然後採取對對方也具吸引力的變革。供應商關注的利益是改善現金流與財務健康狀況，尤其是在經濟衰退時期，有沒有辦法能同時改善寶鹼和他們的狀況呢？似乎不太可能。供應商和企業客戶幾乎總是將現金視為固定大餅：我愈早付款給你，我的現金流就愈糟糕。但是透過有效地使用「那三個字」和 I FORESAW IT 的元素（例如「人物」），寶鹼提出另一個解決方案。他們發現持有寶鹼供應合約的供應商具備較好的信用，寶鹼安排銀行協助供應商以更低成本為其合約提供融資，這種方法稱為供應鏈金融（Supply Chain Finance, SCF）。這個想法意味供應商可以比以往更早收到付款，並賺取比以前略多的利潤。這項安排不僅略微改善供應商的現金流，也多方面增強財務健康：讓他們擁有更大的彈性；較健全的資產負債表；更容易取得資金；及時通知發票核准，以更好地管理現金流；還有寶鹼更可靠的付款。而透過要求更長的付款期限作為回報，這一安排大為有利寶鹼的現金流。到了二〇一五年，寶鹼報告指出，已有數百家供應商接受它的計畫，現金流自二〇一五年大約十億美元，到了二〇一九年增加為五十億美元，並且隨著現金流的增加，公司也更能投資於未來。[1]

（微妙之處：有人曾警告，如果大客戶向小供應商施壓，要求延長付款期限，小供應商可能會受害，有人詢問供應鏈金融是否也有相同的情況。雖然不完全清楚，但有證據表明，寶鹼採用相當透明的方式，一些供應商也喜歡該公司的供應鏈金融計畫。更廣泛地說，有可靠證據表明，運作良好的供應鏈金融計畫可以幫助供應商，這意味著適當使用硬資料和軟技能也能很好地滿足供應商的需求，這是理所當然的；相反地，如果濫用硬資料和軟技能來利用對方，則可能引起供應商與政府的反彈。）[2]

ＤＨＬ從生存災難到利潤提高一四％

基本的談判準備工具，也能挽救面臨災難性收入損失的企業。二〇一二年，快遞服務供應商ＤＨＬ面臨生存危機，當時頂級客戶英特爾（Intel）宣布將退出核心業務，從而削減 DHL 半數的業務。然而僅僅兩年內，ＤＨＬ就成功將利潤率提高一四％，而且處理英特爾業務的經理人還獲頒執行長獎（CEO Award），他們是怎麼做到的？

事實上，ＤＨＬ和英特爾共同使用「那三個字」，藉此作為聯合過程，而非單方面的準備工具。雙方採取特別的合作方式，公司率先討論各自的利益，研究與ＤＨＬ的成本和績效相關的事實，最後找出節省成本的驚人可能。在過程中，他們決定談判一項新協議，將交易關係轉變為更接近夥伴關係的方向，因此開發四十多個選項，然後進行篩選。他們同意一套選項，可以激勵ＤＨＬ根據事實深入檢視成本，發現潛藏的重複性問題，並且加以消除，還利用節省的部分資金來改善服務。

此外，儘管英特爾在嚴格管理供應商方面具有良好聲譽，但是同意專注於「做什麼而非如何做」，為ＤＨＬ在改善最佳服務方面提供必要的自由，只要達到明確且可衡量的目標即可。這些改變幫助ＤＨＬ大幅提升服務水準，也讓英特爾節省超出預期的成本。所以正如雙方同意的，英特爾給予ＤＨＬ一大筆獎金並延長合約。英特爾也更進一步節省大約四五％的支出，並向其他客戶推薦ＤＨＬ。這些獎勵加上ＤＨＬ的精簡方法和改善服務，一起幫助該公司擺脫比經濟衰退更糟糕的境地，在其他公司可能倒閉的情況下能蓬勃發展。在這個過程中，ＤＨＬ成功削減成本和投資，成為經典案例。

在供應鏈的世界裡，對於ＤＨＬ、寶鹼和諾布爾鋰礦使用的合作方式有個專業術語：策略採購（Strategic Procurement）。雖然這個術語已經存在二十五年，但很少有商務人士能夠理解。不過，它能成為迅速走出經濟衰退的關鍵，原因之一是，要在衰退中生存下來，取決於你知道買什麼、怎麼買，並將事實轉化為財務力量，這些都是策略採購能帶來的。這個過程必須有和成本相關的資料與分析協助，為談判做好準備，然後與供應鏈的各個環節進行談判協商。許多企業已經藉此與供應商建立出色的關係，同時在艱困時期利潤增加數千萬美元，甚至更多。麥肯錫（McKinsey）在研究一百零五家公司後，報告指出：「具備先進供應商合作能力的公司，往往在成長和其他指標上優於同業兩倍。」[3]通常衰退本身就是企業使用策略採購的催化劑，它能夠改變企業的狀態。在這個意義上，危機可能是好事。

當你是下屬時：幫助公司迅速走出衰退困境

就像本書的其他故事，諾布爾鋰礦故事的關鍵在於領導者的工作，這一點值得注意。身為顧問和培訓師，我了解到如果一家公司的領導者重視談判培訓的價值，這個培訓就能幫助公司蓬勃發展；但是如果公司領導者不重視，培訓通常沒有太大幫助。不過這引發了一個問題：如果你不是領導者，而公司面臨來自不景氣經濟的巨大壓力，該怎麼辦？你一定要成為沉船上的乘客嗎？你真的什麼都做不了嗎？

本節將探討你如何使用其他已經討論的工具，以尊重和謙遜的方式來挽救局勢，同時也表現出對領導者權威的尊重。在所有的行為裡，我建議你要保持思慮周詳和小心謹慎，這一點在艱困時期特別重要。請理解這裡採取的行動涉及一定的風險。儘管如此，DHL的故事鼓舞人心，那些中階管理人員深思熟慮地帶領，說服領導者支持他們的努力。另一個故事則是第二章狄亞格的故事：一位中階經理首度使用我們的工具，幫助苦惱的老闆找到希望，並且激勵她支持狄亞格拯救公司的努力。所以當你不是領導者時，你的任務可能是要非常謹慎地多方談判，包括尊重地與一個或多個上司進行談判，以做出幫助公司迅速走出經濟衰退、通膨或其他經濟困境的事。

DHL的故事始於兩位供應鏈經理，陶德．夏爾（Todd Shire）和道格．惠利（Doug Whaley），他們意識到需要與英特爾建立突破性的合作關係。他們已經在兩家公司早期的一個小規模合作測試中展現能力，但是當他們考慮進行深入合作時，卻意識到領導者並未完全支持。

贏得足夠的支持絕非易事：雖然有些領導者表示興趣，但是有些則相當懷疑。所以夏爾和惠利選擇暫停直接談判：他們招募支持者，幫助贏得第二次、更大規模合作的支持。他們從不同部門中尋求幾位參與同事的支持，其中包括更高階的經理約翰．海伊斯（John Hayes）和魯德．德．格魯特（Ruud de Groot）。有了海伊斯與格魯特的支持，又轉而贏得更高階經理安德魯・艾倫（Andrew Allan）支持，他特別信任格魯特（這項新的測試合作計畫也吸引艾倫對創新的興趣）。DHL準備好後，團隊藉由對方感興趣的利益，成功說服英特爾進行第二輪更大型的測試計畫，以轉向更具合作性的供應商關係，這項工作為英特爾和DHL的出色合作奠定基礎。4

（請注意：他們是團隊合作。擁有可靠的隊友能幫助你篩選想法、避免陷阱，並且更周全地因應棘手的政治局勢。）

事實上，夏爾和惠利把Who I FORESAW與「那三個字」加以結合，找出有相似利益的支持者，還有能讓他們向高層倡導方案的回應者。而他們（和倡導者）使用「那三個字」來呈現事實（他們第一次測試的成功），並提到關鍵利益（領導者對創新的關注），贏得對新談判方式的支持。

但這些只是你可以用來贏得支持的一小部分工具，另一個方法則是把經濟危機視為使用APSO（第十章）的機會，並利用其他已討論的工具，例如：「如果我們同意／不同意」（第九章），以及「你是對的」（第九章）。例如，回想第一章瑞秋面臨的危機，當時經濟衰退促使老闆萬琪威脅裁員和大規模削減預算，想像一下萬琪非常焦慮，希望瑞秋在二十四小時內交出預算表，再想像瑞秋和團隊需要一週才能做出預算表，還想說服老闆與關鍵供應商進行合作性談判（並將部分節省的錢用於投資），好幫助公司迅速走出經濟衰退。瑞秋可能怎麼做到？

為了贏得一週的緩衝時間，瑞秋可能先使用APSO：「萬琪（A），如果我們催促團隊在二十四小時內完成預算表，團隊可能會覺得有壓力，從而引發內部爭執，導致僵局，我們將無法按時完成，向執行長報告時，他不會高興的，而且部門也會被無謂地削減（P）。由於團隊成員了解我，我之前和他們達成共識，因此建議給我一週的時間，幫助我們找出更謹慎地削減成本的方法，以便刪除不必要的支出，但保留核心力量（S）。妳覺得呢（O）？」

一旦瑞秋兌現承諾的團隊共識，她該如何贏得萬琪對與關鍵供應商採取策略性合作的支持？有一種方式是使用「你是對的」和「如果我們同意／不同意」：「萬琪，妳關心我們在應對進退時的支出和預算刪減是對的。所以我認為妳或許會想知道，我學過一種方法可以幫助我們降低支出，並提高競爭優勢。這種方法在許多不同產業都成功了，這是一種和供應商的談判方式，它較不對立，更偏向合作性，有助於讓關鍵供應商滿意，我們的執行長也會非常高興。我很樂意告訴妳，更多關於這種方法的事，如果我們使用它，能幫助妳在不犧牲服務的情況下大幅降低成本，也讓執行長有錢可以投資在研發上，還可以和供應商建立真正友好的關係。如果我們不這麼做，我擔心會面臨更嚴重的預算削減，這可能會嚴重影響部門運作，我們也會錯過超越競爭對手的機會。」

但是現在想像一下，萬琪心動了，但她懷疑其他部門負責人會不會支持，不知道他們是否會支持跨功能談判小組。也許他們只是懷疑是否能與供應商合作；或許他們擔心合作方法是在示弱；也許會說在自身面臨困難時，他們和下屬無暇幫忙；或者可能害怕萬琪並未考慮他們的最佳利益，而將她視為競爭對手。任何一個理由的拒絕，都可能讓萬琪感覺立場受損。

一個好的回應可能是使用「共同利益法」，也許還可以加上「你是對的」和「那三個字」：「妳是對的，萬琪，如果其他部門負責人反對合作方法，可能會讓妳覺得受到孤立，妳的擔心很合理。所以告訴他們，我們不是敵人，我們是同一陣營的，可能會有幫助。如果我們在合作方法上共同努力，就有極大機會避免大家都想避免的全面刪減和裁員，我們也更有機會在競爭中占上風。」你可以建議她用事實和選項來加強這一點：「妳可以補充說，有很多公司都這麼做，也因此從衰退中迅速崛起。妳還可以提供幾個選擇：全面投入合作方法，或是進行一次測試，在幾場供應商談判中用跨功能團隊試試這種方法，看看效果如何。」*

請注意：瑞秋可以先使用 I FORESAW IT 助記法，幫助思考與萬琪的對話，發現並整理這些想法。這可以幫助她發現萬琪可能感興趣的利益，整理關於合作談判的事實，可以選擇的選項，可以用來建立關係的說服工具，例如 APSO，以及其他幫助她因應的工具，例如「你是對的」和「如果我們同意／不同意」。她可以利用同理心更察覺萬琪的恐懼，可以發現需要避免的道德（也許還有政治）陷阱，發現需要考慮的關鍵人物等。以這種方式，這個助記法可以幫助她（和你）更有意識地組織和應用工具。

正如在狄亞格的案例中看到的，另一種方法是在經濟困境裡，當老闆努力因應困難客戶、供應商或其他第三方時，你可以引導他們使用 I FORESAW IT 這個方法。透過這種方式，你可能得到 TTT 表形式的授權，而這張表能幫助你創造並獲得財富，尤其是如果你同時使用「溫暖取勝指南」，效果會更好。

獲得談判支持和制服「垃圾場瘋狗」

正如凱斯指出的，當你在尋找削減成本和合作的明智方式時，你這邊（或對方那邊）的某人會以保護自己的地盤為由，理所當然地設置障礙。這種情況很常見，所以她為此創造一個專有名詞：「垃圾場瘋狗」(Junkyard Dog)。凱斯發現，如果你的團隊和對方的團隊都看到這個路障，以及削減成本與創造合作的機會，就會迫使垃圾場瘋狗後退。這一點意味著你可能需要和隊友與對方的團隊談判，好贏得執行這項行動需要的支持。

就算是在經濟景氣時，這樣的談判也不容易。但在不景氣時期，恐懼會加劇地盤之爭，讓目光更加短淺。而且如果你沒有深入思考如何安撫和尊重垃圾場瘋狗，尋找盟友、孤立垃圾場瘋狗可能會引發反彈。所以在開始尋求支持前，對這次事件進行一次I FORESAW IT（或許和你忠誠的

* 她還可以建議萬琪招募更多支持者，也就是可能會支持這種方法的人，以及可能會幫助萬琪獲得其他同儕支持的人，就像夏爾和惠利招募格魯特幫助贏得艾倫支持一樣。在此，假設萬琪有幾個潛在的內部對手，於是尋找同擠來擔任支持者引發建立內部聯盟的想法，這是一項政治上相當複雜的任務。我們已經看到數個談判人員成功建立聯盟的例子，例如第二章的狄亞格和第六章的哈娜。但是建立內部聯盟需要更慎重，因為它可能會引發更多的反彈，請小心行事。儘管如此，在本章的最後一部分，我們將討論一種審慎建立聯盟的方式。

隊友），並且時時考慮垃圾場瘋狗，這部分是為了幫助同理對方、找出道德兩難、預測他難搞的反應，並考慮可能緩解壞情緒的選項。

然而，正如凱斯和其他供應鏈專家指出的，艱困時期可以成為推動變革的強大動力，這是你可以利用的。而且可以使用本書大部分工具幫助你做到這一點，贏得領導者和對手的支持，甚至可能馴服你自己的垃圾場瘋狗。

的確，第一章瑞秋的故事、第九章飛行員和護理師的故事，以及本章DHL的故事，正是幾個案例研究，我們在故事裡看到一個人在危機時期說服抗拒變革的領導者或同事。當你不確定該怎麼做，但是感覺不採取行動會比採取行動更糟糕時，可以考慮先進行一個小小的賭注：試一下水溫，建議一個測試計畫，或是做一個較簡單、風險較低的示範案例，就像DHL的夏爾和惠利所做的。這麼做可以利用我們從培根爵士那裡學到的智慧：「在所有困難的談判中，一個人不能指望播種後馬上收穫，而是必須做好準備，逐步讓它成熟。」

所以，你如何幫助公司迅速走出經濟衰退？透過使用像「那三個字」、I FORESAW IT和TTT表這樣的工具，和關鍵供應商與客戶（及其他人）協商合作，並利用部分節省的資金進行投資。但如果你不是領導者，要如何做到這一點？你可以透過使用其他工具來贏得領導者支持，這種事沒有單一正確的方法。但這其實是好消息：可能有多種方法可以成功，而準備I FORESAW IT計畫，可以幫助你根據領導者來調整方法，並幫助你為任務選擇正確的工具。

當供應商大幅漲價，採購如何應對？

許多相同的見解也能幫助你在供應商價格上漲時，仍能生存並茁壯，尤其是你若將這些見解與TTT表結合。許多面臨壓力的公司合理地選擇與供應商對抗，並將成本轉嫁給顧客。但是更合作的方法可能會幫助你（還有你的供應商與顧客）做得更好。以科尼爾管理顧問（A. T. Kearney）的調查為例，針對三百零四家公司的供應鏈經理進行調查，約有半數在中型企業工作，另一半則在大型企業任職。研究發現，「大多數受訪者（六七％）說他們專注於供應商關係管理，以找出共同減輕成本上漲的方法。」[5]研究還發現，雖然五三％的人體認到跨功能合作的重要性，但「將近一半的人表示與財務和其他利害關係人之間，不是沒有溝通，就是只有臨時的溝通。」這些發現表明，一項依賴我們的工具，並且以跨功能團隊為基礎的合作方法，可能會為你帶來競爭優勢。

所以，想像一下你是公司跨功能採購團隊的一員，關鍵供應商因為通膨，而堅持進行兩位數的價格調漲。了解你的成本是重要的，但是並不夠。既然供應商因為成本而漲價，所以除了掌握成本外，同樣重要的是研究材料帳單和供應商過去的帳單細節。如果你沒有這些資訊，可以去找你的供應商，表示願意合作，要求提供成本分析，作為考慮漲價的先決條件，你也想更了解供應商的情況。然後你的團隊不再只對價格討價還價，而是可以開發出幾個潛在選項，共同建立一個TTT表。然後你們可以進行更全面的討論，而漲價只是其中一部分。這裡提供一個TTT表的範例。

主題	目標	主題間取捨	主題內取捨
漲價	0% 至 5%	1	特定、易變成本的附加費用 更換（如使用塑膠而非鋼材） 價格指數 有範圍的價格指數 日落條款（如只漲價六個月） 數量折扣 選定項目折扣 只對低銷售量商品漲價 對其他穩定的投入成本降價 在商品價格下跌時追回利益 更長的付款期限 未來特定日期的漲價
未來成本分析	完整到部分	4	已達成共識的數據來源支持審計 附加費用成本的收據 更詳細的未來材料帳單
採購支援	長期 短期	3	貸款以支持長期商品購買 協助購買期貨以達到價格保護目的 協助解決倉儲問題 協助採購問題 提早購買以節省成本 提供商品交換支援或避險服務 長期合約 縮短付款期限
提高效率	節省 15% 至 51%	2	自動訂購選項 更優惠的付款條件 寄售 節省物流成本 節省訂單履行成本 節省倉儲和庫存成本

（我列出比平常更多的選項，以便給你更豐富的想像空間。）6

除了單一供應商的談判外，建立線上儀表板，也有助於你的團隊追蹤通膨調整合約的條款對其他合約條款的影響。例如，要是你能與房東談判，用更低廉的租金多租一些倉儲空間，就可以要求下個月想漲價的供應商，以目前的價格提前交付更多貨物。

根據你們商討的條件，甚至可以建立共同儲蓄。如果是這樣，你可以把部分節省的錢用於研發，並迅速走出通膨。

小試身手

挑戰一：迅速擺脫經濟衰退。下一次當你的組織面臨經濟衰退時，請尋求削減成本並增加研發開支的方法。透過建議你的團隊共同合作，以系統性方法與供應商或客戶進行削減成本的談判，然後將部分節省的資金用於投資。這意味著：一、首先與團隊合作，掌握事實和數據，或許可以建立儀表板，讓每個人都能追蹤交易；二、獨自或一起使用「那三個字」、I FORESAW IT 和 TTT 表，找出與供應商或客戶達成互惠，並需要更多創意思考和談判的交易方案；三、談判使用部分節省的資金進行研發。

挑戰二：以 I FORESAW IT 贏得領導者支持。下一次你需要說服領導者，支持自己認為可以強力幫助公司度過艱困時期的談判策略時，可以使用 I FORESAW IT 助記詞（也許和值得信任的隊友一起），幫助你思考接觸領導者最好的方法，一邊詢問自己：「在我的談判工具組中，有哪些談判工具可以幫助我達到目的？」然後使用助記法建議的工具和策略指導你。

第十五章
你不是無能為力，你真的可以扭轉局面！

二〇〇九年一月十五日，全美航空（US Airways）一五四九號班機在離開紐約拉瓜蒂亞機場後不久，撞上一群大雁。你可能已經聽過這個故事：航班在鄰近的河道上安全降落，成為知名的「哈德遜河上的奇蹟」，這起事件也被翻拍成電影，由克林．伊斯威特（Clint Eastwood）執導，湯姆．漢克斯（Tom Hanks）飾演機長沙林博格。當沙林博格和機組人員在飛機墜毀前，只有幾分鐘的反應時間時，他們是如何應對的？

雖然那天沙林博格的勇氣和沉著令人高度讚賞，但他堅決反對自己是唯一的英雄。他表示，拯救他們的是願意使用檢查表、訓練過的聆聽，以及其他有助管理認知負荷、專注在最需要關注的事情，並且團隊合作的工具。沙林博格說的是機組資源管理，我們曾在第十章討論一部分：這是一套幫助飛行員和機組人員管理危機的工具，工具改變了一切。

我們可能永遠不需要將飛機降落在河道上，但是在衝突與談判的關鍵時刻，曾經也即將面對壓力、不利和無力感，而我們探討的工具可以協助度過難關。

不過這些工具不只是管理危機的方式，能讓我們做到那些聽來很厲害，但是和把飛機降落在水道上一樣幾近不可能的事：堅強和善良，也就是富有同情心與力量。這是金恩在談論愛和權力時，提到的一種近乎自相矛盾的特質：「沒有愛的權力容易魯莽濫權，沒有權力的愛會濫情空洞。最好的權力是以愛實踐正義，最好的正義則是以權力矯正一切違背愛的事物。」[1]

你不必是金恩，也能把力量和愛結合在一起，現在也不用懷疑要如何做到這一點。這需要工具——一種為了幫助你做到這兩點而設計的工具，這就是本書的內容。

沒有權力，還是可以讓結果不一樣

我要坦白，在寫本書時常常思考讀者會如何使用它。畢竟在某種意義上，一切都關乎權力。給某人一根桿子，他可能會用來解救受困翻覆車輛的家人……或是用來摧毀一輛救護車；提供武器給某人，她或許會保衛受虐婦女的庇護所……或是殺死對手。因此，可能會有人在讀完本書後，以魯莽、濫用或自私的方式使用其中的工具，這個想法讓我很不安。

我也曾懷疑頻繁提及的善良、慷慨和尊重，聽起來是否只會顯得微不足道，或者最壞的情況下，顯得多愁善感又天真無知。「給我們權力，別再說這些好好先生的東西了。」

所以，我意識到自己是無力的，就像發明家、創辦人和教師不知道別人會如何使用他們的作品而感到無力，我也一樣，這真是有些諷刺。

只有一件事：根據設計，本書中的工具傾向將看似相反的東西融合在一起，例如權力和善良，如果你只是為了追求權力使用，便可能無法按照我承諾的方式發揮作用；如果你對某人說假話，或對他們不好，他們可能都會感覺到，無論你使用何種工具。*

但是如果認為大多數讀者會以憤世嫉俗的態度接受本書，我就不會撰寫了。多年的教學經驗告訴我，人們用這些工具可以做出了不起的事，這些事能夠促進意想不到的和解、和諧、繁榮，甚至寬恕。有一個希伯來文詞彙可以形容這種善良占據主導地位的現象：平安（shalom），也就是人類潛能的全面開展。我們渴望平安，即使常常懷疑自己能否擁有，但是我們可以。

一九八〇年代初，通用汽車在加州佛利蒙（Fremont）的組裝廠是充滿衝突的噩夢，最有名的是藥物問題、破壞行為、惡劣的勞資關係，以及毫不意外地，糟糕的汽車。但是到了一九八〇年代

* 善良或慈悲非常重要，重要到如果沒有它們，一項本來強大的工具也可能失效。為此，威廉．米勒（William Miller）博士開創一項稱為「動機訪談（療）法」（Motivational Interviewing, MI）的出色治療工具，拯救無數受困於酗酒、毒癮和其他失能中的人。然而讓米勒感到懊惱的是，許多醫生在使用動機訪談（療）法時過於制式，沒有對患者表現出足夠的同情心。他發現，缺乏同理心會削弱或降低動機訪談（療）法的效力。所以，對動機訪談（療）法和我們的任何工具來說，我們可能會說同樣的話：每當使用時，都要發揮你的人性。

末，在刻意使用人道的策略與工具後，該組裝廠成為和諧繁榮的典範，屢次因品質而獲得全國性獎項。[2]這家工廠的故事告訴我們，工作關係可以治療與轉變，讓我們看見平安是什麼樣子。

本書大多數故事也是實現平安的例子。在有些情況下，恐懼、威脅、絕望和挫折由共同的喜悅取代，無論是十一歲的男孩和他的父親，還是機長與副機長、失去未婚妻的準新郎和他本來應成為岳父的人，或是ＤＨＬ與英特爾。共享的喜悅經常可以帶來數百萬，甚至數十億美元的財富（並且可能公平而有利地分享），這是令人愉悅的副產品，但那只是故事的一小部分。在每個領域裡，希望比我們原先以為得更多，當我們看到生活中的困境海洋、醜陋的浪潮，可能會覺得自己完全無能為力，無法扭轉局面，我們不是，你也不是，你可以幫助實現平安，現在你有工具可以做到了。

附錄一 讓談判工具永久受用的八種方法

如何讓你所學的工具變得持久有用？這裡有八個方法可以維持和磨利這些工具，讓它們在一生中為你服務：

一、**隨時調用這些工具**。如果你將這些工具的摘要和範本，儲存到筆記型電腦、智慧型手機及平板電腦上，就不需要記住；當你需要時可以隨時調用，讓它們在你觸手可及的地方，幫助你在當下能迅速運用，也可以將這些工具上傳至 Google 文件，讓團隊成員可以查看並對其做出貢獻。（Professorfreeman.com 可以下載。）

二、**列印一頁十五項工具的葵花寶典，放在桌子附近**。也就是說，列印出一頁工具摘要，放在工作區域附近，當作簡單的提醒，可以幫助你記得運用。

三、**練習（進行「小試身手」）**。試著挑選工具中的一項挑戰，花幾分鐘的時間，看看你會發現什麼，把它當作一次實驗或小賭注，可以在風險較低的事情上試試看。如果有朋友或同事也在讀本書，試著合作使用一項工具。例如，花費二十分鐘，單獨或與同事合作，建立TTT表，看看在會議中使用時會發生什麼事。告訴別人這件事的情況，包括進展如何、哪些做得好、哪些不太好，以及下一次你會怎麼做。然後嘗試另一個挑戰，再接著嘗試下一個。嘗試使用超過一項工具進行重要的談判，並比較與未使用工具時的經歷有何不同。

四、角色扮演。在與盟友進行角色扮演時，練習使用一項工具。例如，練習課程中使用TTT表，或者有意識地使用第二部的工具，例如「就是那樣！」挑戰與化敵為友法。請你的盟友提供關於工具使用方式，以及可改善之處的具體回饋。如果第一次嘗試有點笨拙，請不用擔心，從太空人、運動員到娛樂從業者，所有領域的頂尖人士都會做排練，正是因為排練有助於建立肌肉記憶，也可以在重大事件發生前解決問題。

五、觀察並與優秀的談判人員交談。聯繫你認識的知名談判人士，詢問是否可以觀看或訪問，並了解你的導師如何進行談判。觀察和傾聽導師是否真的在使用一或多項工具形成的想法。例如，導師可能會告訴你，她從未直接報價，而是會先傾聽並探索他人的需求，這個概念在「那三個字」、「就是那樣！」挑戰、「溫暖取勝指南」和其他工具中都曾出現。不必詢問或分享這些工具，也可以增進對它們的理解，然而詢問一、兩個透過特定工具學習到概念的問題，可能會有幫助。（例如「有什麼能幫助你更好地傾聽？」）話雖如此，你可能會發現導師做的事不能完全歸為某項工具。例如，她可能會說：「我從不軟化態度或讓步。」嘗試辨識出她的「真實區域」；她的方法或許在自己專攻，並與特定對手交流的特殊情況下是明智的。暫時據此調整你的心智圖（mental map）是可以的，也或許她指的是其他事情。

六、**進行事後檢討**。由於航空業從空難調查中學到的教訓，現在搭機旅行更安全了。同樣地，你可以透過與盟友討論已經達成的談判，提升自己的技巧，詢問：「我們做得怎麼樣？什麼有所幫助？有什麼不對的？下一次我們應該有什麼不同的做法？」並且看看工具如何幫助你做得更好。例如，「哇！我們讓買家修改零件，並且在零件不適用時退款，這是一個昂貴的錯誤。也許下次我們應該花費二十四小時，讓同事使用成功指標儀表板，然後才能同意新的交易。」如果你發現工具效果不如預期，請談談這個問題。在使用方式是否存在混淆？它的新穎性是否變成問題，暗示著練習可能會有所幫助？像應用程式或新技能一樣，工具也需要一段時間才能掌握，但這是非常值得的。

七、**教其他人使用工具**。每個學期，我會要求學生利用一項簡單的工具，教導外人進行談判，像是「那三個字」或「就是那樣！」挑戰。大約七成的時間裡，學生的學生（或是我稱為「學孫」）表現得很好，進步明顯，而且他們經常會對自己感覺到的信心覺得訝異。當然，各位親愛的讀者，像我的學生一樣，你們可以做得更好，因為你們現在已經更熟練談判技巧，但即使是四十到五十分鐘的培訓課程，對大多數人來說，也足以超越他們的期望和經驗。幫助他人本身就是偉大的事。另一個做這件事的原因：最好的學習方式就是教導。在知道朋友正依靠自己時，你的思考自然會更集中。如同諾貝爾獎得主理查・費曼（Richard Feynman）所說，如果你發現自己無法向初學者解釋某件事，代表對它的理解並不完全，可以激勵你再次檢視並提升自己的能力。

八、加強版：指導你的組織。最後，也許最有價值的方式就是，幫助你的團隊、部門或組織學習這些工具，使其成為基本能力。擁有成員都知道像是 I FORESAW IT 和角色扮演這類工具的團隊，就如同只有一個人會演奏樂器與一整個樂團都知道如何演奏的區別，在本書裡看到許多團體運用工具，並從中獲得利益的例子，這些利益往往價值數百萬美元。當然，你的領導能力不只能幫助他人掌握工具；當團隊獲得並使用珍貴的技能時，你也能成為英雄。

剩下的就交給你了，親愛的讀者，去吧！讓我為你感到驕傲。

附錄二

全書談判工具一覽表（依出現順序排列）

那三個字：利益、事實、選項。

I FORESAW IT：利益；事實與財務研究；選項；融洽相處、反應與回應；同理心與道德；設定與排程；替代方案；人物；獨立標準；主題、目標與取捨。

TTT表：一張四欄表格，涵蓋議程、範圍、優先順序、最佳創意選項，以及幾個整包提案範本。

角色扮演：你和隊友可以各自準備，接著進行角色扮演、回顧、重啟。

Who I FORESAW：為了更有效地與哥吉拉談判，你要靠著回顧 I FORESAW IT 的多數部分來自問「是誰？」，藉此找出關鍵角色。接著在談判桌之外，依序安排一系列的行動，藉此取得更有價值的東西進行交易，並讓自己變得更獨立、掌握更多籌碼。

針對性談判：先從眾多候選人開始，利用 Who I FORESAW 逐漸剔除，最後找到理想的談判對象。

溫暖取勝指南：一、為初始提案加上緩衝。二、特別針對你最喜好的主題加上緩衝。三、展現出發揮創意的意願。四、精心設計的引言。五、精心設計的提案。

五％經驗法則：設定最佳目標時，以你的研究顯示的最佳結果讓利五％，藉此稍微下修自己的野心。

「就是那樣！」挑戰：把主動傾聽或情感標記做到超好，讓對方說出：「就是那樣！」

重塑架構：以對事不對人的方式溝通。

如果我們同意／不同意：表現出為什麼同意會對對方有益，不同意則有害。

你是對的：肯定對方關心某個利益的看法，然後展示「同意」為什麼能滿足這些利益。

正面否定三明治：首先，誠實地分享你的利益，然後藉此拒絕，最後請對方同意符合雙方利益的提議。

APSO：注意、問題、解決方案、這樣好嗎？

黃金一分鐘：對話開始時，用來建議討論規則的時間，例如：不打岔＋禮貌（＋如果適合的話，記錄者和總結者）＋幫助彼此執行這些規則。

共同利益法：訴諸具體、有說服力又不自私的共同目標：我們，哇，是怎樣。

假設性 BATNA：未來可能替代方案的調整價值。

成功指標儀表板：這筆交易明智嗎？是否有合作性？具有競爭力嗎？關係好嗎？

WIN LOSE：假如？激勵？數字？律師？對方的期望？

用組合技迅速走出營運困境：掌握事實，然後運用「那三個字」、I FORESAW IT、TTT表和其他工具談判，削減成本，然後用部分節省的錢幫助成長。

附錄三

I FORESAW IT 範本

（Professorfreeman.com 有英文電子檔。）

I，利益（即潛在關注與需求；某人希望擁有某事物的原因）

（我的）

____

____

____

____

……

（在這份表格中，「……」代表「隨意列出更多的想法」）

（對方的）*

……

（共同的：你和對方能共同滿足的共享需求；「如果一起合作，我們可以……」）

……

F，事實和財務研究：（記錄需要回答的有用問題，然後記錄你透過研究而學到的答案；附上你得到的資料和建立的表格。）

* 訴諸對方的利益，可以表現出你的提案為什麼對他／她有益。

O，選項：（每個主題至少列舉六個在性質上不同的選項。）（每個選項都是可以交易的獨立選項。）每個選項都應至少滿足一個他們的利益（例如你的利益是對家庭提供更多支持，一個選項就是「年終獎金」）。不用建立完整的組合；那是後面 T 要做的事。

R，融洽相處、反應與回應：（列出你想說的事，以設定正確的語氣。同樣地，列出你擔心對方會說的事。針對所列的每一點，寫下你將如何回應。不需要寫對話，只需寫下幾次獨立的互動：「如果他這麼說，我會那麼說。」進階技巧：與隊友進行角色扮演。）

有助於建立關係的建設性要點：

-
-
-

如果對方說：

我可以說：

如果對方說：

我可以說：

E，同理心與道德：

（先以對方的心聲訴說事情的樣貌：「我覺得……我感覺……」）

道德兩難（接著列出你們各自面臨的道德問題，例如：「如果他們在我得到所有人的同意之前，就逼我做決定怎麼辦？」、「我可以未經房東同意，背地裡接手租約嗎？」）

S，設定與排程（記錄你將進行談判的時間和地點。進階技巧：寫下你想要使用的討論規則、安排對話的順序。）

A，替代方案（也就是如果你不同意對方的意見，或對方不同意你的意見，你們將採取的行動。因此，這部分會與「選項」有很大的不同）：根據腦力激盪和研究，為雙方各列出幾個替代方案，包括你談判協議的最佳替代方案（BATNA）和談判協議的最糟替代方案（WATNA）。*

（我的）

____

____

______________________（BATNA）

____

______________________（WATNA）

______________________……

（對方的）

____

____

____

______________________（BATNA？）

______________________（WATNA？）

______________________……

W，人物（除了你和對方談判代表外，還有誰可以影響談判？列舉出來。進階技巧：列出每一方組織的關鍵人物，以及能增強我方談判力量的盟友。在「利益」部分列出每位參與者的利益。）

____

____

____

____

……

I，獨立標準：列出你所知道、雙方都能信任又可作為公平標準的資訊，例如受尊崇的出版品、專家意見、價格網站、薪資調查、廣泛接受的市場慣例、規則手冊、可信任的第三方機構。附上你已取得的資料。

T，主題、目標與取捨：

---

* 訴諸對方的替代方案（見下文），能表現出為什麼拒絕對他有害。

主　題	目　標	主題間取捨	主題內取捨
（在談判中，你將討論哪些事項？）	〔首先，針對任一主題，在現實情況下你希望得到的最大值；其次，針對那個主題，你能接受的最低限度是什麼？（檢查事實研究和替代方案）〕	（請按照最想要到最不重要，將各個主題進行排序）	（每個主題列出二到四個能滿足你們利益的選項）

現在使用你的主題、目標與取捨來建立提案

開價：在你動筆之前，請先在一張紙上寫下現實狀況中你能想像的最佳交易，列出每個主題的最高目標。（這些是你最佳目標。）然後加上合理的緩衝區，這樣你就可以做出讓步。特別注意保護你最喜歡的主題。在這裡寫下加上緩衝區後的提案。

可接受的最糟提案：寫下你所能接受的最糟可能協議，並寫下你在其他地方可獲得的最佳協議，如果沒有其他選擇，請列出每個主題的較低目標。之後，將任何臨時協議與此協議進行比較，以確認自己不會接受糟糕的協議。

創意提案：寫下至少另一個可能的協議。你描述的協議可以是在喜好主題上能得到許多、較不喜好主題上能得到較少的協議；或是使用創意選項的協議（也就是在主題間取捨），好在對方只付出低成本的情況下滿足你的利益。為了萬一談判陷入僵局，請準備好這樣的協議。

最後，測試你的提案

一、這些提案是否符合你列出的利益，而且內容中是否有任何定時炸彈？

二、在你的提案中，有哪些條款讓你有機會實現喜好主題的最佳目標？

三、這些提案是否至少和你的最佳替代方案一樣好？

四、你列出的獨立標準是否確認這些提案是公平的，並且沒有任何道德陷阱？

五、對方對你的提案會有什麼反應？而你又要如何回應？

致謝

依據你看待本書的角度，它可以說是花費三年，也可以說是花費數十年才完成。一路走來，我非常感謝許多人，現在很高興能在這裡對大多數人表達謝意。如果你喜歡本書，大部分應該歸功他們；如果有任何不足之處，請歸咎於我。

我美好的妻子凱瑞（Cary），多年來一直容忍這個專案，也見證了它。我很謝謝她，包括她如何深情地讓我帶著力量迎向世界。我也很高興她能有耐心、善意，並提供有幫助的回饋和鼓勵。我非常愛她。

我的兩個女兒漢娜（Hannah）和瑞秋（Rachael）是本書的靈感泉源，我寫每一頁都想著她們，也非常感激她們。

尼克·安弗萊特（Nick Amphlett）是我在HarperCollins的編輯，從一開始就相信我和本書。他一直是開朗、有禮又體貼的編輯，而且成功達到了不起的平衡：給我完全的創作自由，甚至還提供絕佳的建議，並適度給予限制，讓我能保持專注、順利前進。多虧有他，本書才變得更好。每個人都告訴我，撰寫這種書是很痛苦的，但從來不是這樣。事實上，這是一種樂趣，我認為這是因為身邊有位出色的編輯。

埃斯蒙德・哈姆斯沃思（Esmond Harmsworth）是我在 Aevitas Creative Management 的經紀人，多年來一直對我充滿信心，如果沒有他，本書就不會存在。他全心全意投入這個專案發展，花費數個月和我一起讓提案更完善，一切都讓我感到驚訝。身為談判學的學生，我對他的出色談判技巧表示敬意；他在每一步代表我出席的談判都表現得很出色。本書讓我感到非常愉悅的另一個關鍵原因，是因為他的機智、鼓勵、指導和對出版界的精湛了解，願每位作家都能幸運地擁有像他這樣的經紀人在身邊。

威爾・墨菲（Will Murphy）是我的獨立編輯，也是最早和我一起合作這個專案的人。在這個專案前，他就在我身邊，我對這一切心存感激。他接手我給他的一團黏土，幫助我塑造，不斷修改，直到能與他人分享。他是優秀的編輯，也是可愛的人，每當我想起他都會有溫暖的感覺，和他一起工作是我的榮幸。

我的母親吉娜（Gina）和父親約翰（John）值得我用好幾頁的篇幅，來讚揚他們的愛與支持。壁爐上放著一張在我四歲時，母親正讀書給我聽的照片，她培養我對書籍和學習的熱愛；父親也很熱愛閱讀，在整個專案期間一直鼓勵我。雙親在我發展寫作能力時，給予充滿愛的鼓勵，我對他們十分感激。

我的妹妹卡蘿（Carol）是我最甜蜜、最善良的啦啦隊長，從我有記憶以來一直如此。她總是在我身邊，大力讚揚我的作品，讓我比實際上更有成就感。她的出生是我很早期的記憶之一，從那時起，她就是送給我的禮物。

查爾斯·貝克（Charles Barker）和**蓋瑞·勞施（Gary Lausch）**這兩位親愛的姊夫，一直以來都是我忠實而慷慨的讀者與鼓勵者，更重要的是，他們是我的榜樣，還有我親愛的嫂嫂**凱特·貝克（Kate Barker）**和**安·勞施（Ann Lausch）**也是如此。

傑夫·貝爾富特（Jeff Barefoot）也是我親愛的姊夫，一直對我的工作表達友善的鼓勵（也是熱情好客的出色典範）。

表姊伊莉莎白·萊瑟（Elizabeth Lesser）長久以來一直慷慨地給我幫助和鼓勵。她是備受讚譽的暢銷書作家，也是我的楷模，很幸運能成為她的表親。

紐約大學史登商學院的**史蒂夫·布拉德（Steve Blader）**和**梅麗莎·席林（Melissa Schilling）**，在我教學與寫作過程中，給予智慧的建議和鼓勵，對我幫助良多，很幸運能在他們的領導下工作。

肯·戴維斯（Ken Davis）這位親愛的朋友、同事及作家，在這個專案和之前的專案一直鼓勵並指導我，與我同仇敵愾，共同慶祝，而他的陪伴也帶給我極大的樂趣。因為認識他，我成為更好的作家和更好的人。

福坦莫大學（Fordham University）商學院的**史丹利·富克斯（Stanley Fuchs）**，多年前接納我成為商學院教授，並允許我開設第一門談判課程。他有理由不這麼做，但還是給我機會，我對此永遠感激。本書如果沒有他的慷慨支持，將無法問世，願他安息。

紐約大學史登商學院的**大衛·羅吉斯（David Rogers）**，讓我開始在那裡教授談判學與衝突管理。我在業界生涯裡少有愉快和重要的日子之一，就是他給我這個機會的那一天。本書如果沒有他便不會存在，我將永遠感激他，願他安息。

哥倫比亞商學院的**約翰·唐納生（John Donaldson）**，讓我在那裡開始教授談判學與衝突管理。他有理由不這麼做，但卻給了我不只一次的機會，因此打開一扇美妙的大門。本書因為他給我的機會而變得更好，我永遠對他心存感激。

哥倫比亞大學國際公共事務學院的**安德里亞·巴托利（Andrea Bartoli）**，也做了一樣的事，歡迎我進入這所親愛的學校，並在之後很長的時間一直鼓勵我，我很感謝他。

我的學生多年來一直是我的靈感來源，給我創作本書中大部分工具的靈感，也讓我有機會在無數真實生活情境裡測試這些工具。從我們愉快的討論和他們總是令人著迷的調查回覆中，提供很珍貴的回饋。一直以來，能服務他們都是我的榮幸。我要向每個人重複我的結論：謝謝你成為我的學生，去讓我感到驕傲吧！

珍妮·布雷特（Jeanne Brett）這位衝突管理和談判領域的前輩，是第一個歡迎我加入的人。

當我第一次拜訪她時，她大方地給我許多資料、充滿智慧的建議、鼓勵和推薦，後來她仍不斷提供指導和幫助，在我需要建議時耐心回應。現在每當有人對教授我們的科目表示有興趣時，我會試著將她對我展現的善意傳遞下去，雖然我似乎永遠無法做到那麼好。因為認識她，本書變得更好。

吉姆·庫恩（Jim Kuhn）是我親愛的朋友，也是CBS談判課程創辦人，多年來一直是我的偉大導師。他不僅才華出眾，而且慷慨善良，真的非常出色。我很感激能認識他，尊重並想念他，願他安息。

萊拉·樂福（Lela Love）**和喬許·史托伯格**（Josh Stulberg）是我第一次學習調解的老師。在這個過程中，他們激發我對談判與衝突管理的終身熱愛。正因為他們的出色訓練，才讓我開始探索教授衝突管理概念的想法。多年後，我仍在教學裡借鑑他們的培訓內容，也包括在本書中。

安·巴特爾（Ann Bartel）教我如何教授談判和衝突管理方面的知識，比任何人都來得多。她慷慨地同意在哥倫比亞商學院的一整個學期，在她向研究生教授這個主題時，讓我跟在身邊學習，後來又支持我在哥倫比亞大學開設第一門課。即使我面臨逆境，她仍鼓勵並支持我，讓我得以在哥倫比亞大學及之後建立職涯。數十年後，我很榮幸並高興每學期都能和她一起共同授課。本書有許多內容反映我從她那裡學到的見解。

喬許·魏斯（Josh Weiss）是我的共同作者，也是談判與衝突管理的學生，曾多次提供關於寫作和出版的建議，每一次都給我寶貴的想法與見解。他也很好心地和我一起審視假設性

BATNA的內容，並且提供寶貴的回饋與鼓勵，幫助我充滿信心地向前邁進，感激不盡。

高拉夫・米塔爾（Gaurav Mittal）從我們第一次合作培訓計畫及之後多年，一直非常慷慨。他經常好心地擔任客座教師，教授我的學生TTT表，本書的TTT表也訪談、引用他的話，我對一切感到非常高興，能得到像他這樣世界級商業領袖的支持，是我工作中的一大樂事。

鮑伯・盧登（Bob Louden）、傑克・坎布里亞（Jack Cambria）和湯浦生博士，曾是紐約市警察局人質談判小組的重要人物。長久以來，他們都是我的導師、老師、嘉賓與榜樣，我仍會在課堂上引用他們的話，本書中有幾個見解來自他們的智慧。

辛西亞・富蘭克林（Cynthia Franklin）是我在紐約大學史登商學院的同事，她一直慷慨地花費時間和精力，幫我聯繫有幫助的訪談對象，我從他們身上學到很多，再次感謝她。

艾莉・薩克里頓（Ellie Shackleton）是我忠實又得力的研究助手。她經常發現能大幅豐富本書的資料，特別是她的傑出研究，幫助我學習決策科學的關鍵原則，這些原則形成假設性BATNA那一章的基礎。我非常樂意向每一個人推薦她。

喬・巴特爾（Joe Bartel）是多年的朋友、同事、顧問、客座講師和合作伙伴。感激他允許我為本書訪問他，以及他對我展現的一切善意和友誼。他既是紳士，也是學者。

大衛・朱蘭（David Juran）是我在紐約大學史登商學院的同事，耐心地聽我講述構成假設性BATNA基礎的想法，並給予重要的回饋和鼓勵。

希娜·艾恩嘉（Sheena Iyengar）是我在哥倫比亞大學的同事，在我開發假設性ＢＡＴＮＡ的早期工作中，給予寶貴的回饋，身為世界知名選擇專家的她，提供見解幫助我形塑這個概念，讓它更扎實，也對基於預測做決定面臨的風險有更清楚的認識。我很感激她抽空給予明智的建議。

鮑伯·邦坦波（Bob Bontempo）是我親愛的哥倫比亞大學同事，多年來一直是我的導師和朋友。他的訪談豐富了本書；同樣地，多年來也教我許多與主題相關的知識，無論是透過對話、他創作的出色資料，或是簡單地觀察他的行為。

尼爾·羅西尼（Neil Rosini）是我的律師，在這個專案裡的幾個重要時刻都對我有所幫助。身為教導法學院學生重視客戶利益的人，我可以有自信地說他非常優秀，他不只是商業律師，也能真正理解客戶需求，並且提供良好服務的諮詢。

托比·萊斯（Toby Rice）提供我一場豐富又有價值的訪談，談到他和團隊如何成功運用我們的培訓，以合作方式與供應商進行談判。他是模範領袖，能夠認識他讓我很驕傲。

瑞塔·麥格拉斯（Rita McGrath）是我受人尊敬的哥倫比亞大學同事，可能是我最有耐心的筆友。她一直都非常親切，在對話、寫作及講座中都教導我很多。在很多方面，我都感激她花費的時間和智慧。

理察·安德魯斯（Richard Andrews）好心地花費時間和我分享他身為暢銷商業叢書領導者的見解，身為這個領域的新手，我很感激他的慷慨。

曼尼．卡奇亞托（Manny Cacciatore）是本書的早期讀者，非常親切和慷慨，提供富有思考性回饋，深深觸動了我。

法蘭茲．沃傑佐根（Franz Wohlgezogen）是《哈佛商業評論》優秀文章〈迅速走出經濟衰退〉（Roaring Out of Recession）的合著者，他是親切又有才華的學者，多年前慷慨地同意和我一起探索，談判如何幫助企業在艱困時期繁榮發展。儘管我們的合作並未產生文章，但是彼此的對話、共同訪談及通信，激發我開發書中以工具為基礎的解答。我很感激能和這樣的紳士暨學者共事，並深感榮幸。

維塔賽克是多年的導師、教師及朋友，她在供應鏈領域裡關於 Vested Way 的研究，一直激勵著我。她慷慨的鼓勵和介紹這個領域的其他專家，讓本書更加豐富，也豐富我對團隊在適當合作結構下，可以完成出色工作的理解。

麗絲．艾爾廷（Liz Elting）在令人愉快又鼓舞人心的訪談中，非常慷慨地和我分享她的智慧、見解及經驗，讓我受益匪淺。她創辦並領導 TransPerfect，取得的非凡成功和獨特的觀點，豐富我對學生與讀者在感覺有能力時可以做什麼的思考，尤其是女性，進一步增強我培養她們這種希望的熱情。我知道她透過慈善事業和以自己為榜樣，為很多人培育這種希望，對她感激不已。

凱斯大方又善良，接受我的訪談，討論關於策略採購和供應鏈談判的綜合看法。我們的對話非常有趣，她大為豐富了本書第十四章。

注釋

前言

1. https://www.edutopia.org/blog/scaffolding-lessons-six-strategies-rebecca-alber.
https://www.niu.edu/citl/resources/guides/instructional-guide/instructional-scaffolding-to-improve-learning.shtml.
https://psycnet.apa.org/record/1997-08246-000. "Scaffolding student learning: Instructional approaches and issues."
https://www.diva-portal.org/smash/record.jsf?pid=diva2%3A1163190&dswid=-3339.「鷹架支持（Scaffolding）是一種教學方式，為學生提供知識支持，讓他們能在各自發展的最前線發揮作用。透過鷹架支持，學生得以完成略微超出他們能力的任務，而不需要老師的協助或指導。這不只是簡單的傳授知識，老師和學生進行對話式交流，協助他們建構知識，並在教學中理解與發展他們的思考過程。」
https://link.springer.com/article/10.1007/s12564-016-9426-9. 在電腦學習環境中自主學習鷹架知識，

通常會對學術表現產生顯著正面影響（ES＝0.438）。研究也建議，綜合領域和特定領域的鷹架知識，能支持自主學習的整個過程，因為它們對學術表現有顯著影響。

https://link.springer.com/article/10.1007/s10648-010-9127-6. "Scaffolding in Teacher–Student Interaction: A Decade of Research."：研究顯示鷹架很有效。

https://www.igi-global.com/article/multiple-scaffolds-used-to-support-self-regulated-learning-in-elementary-mathematics-classrooms/287533. "Multiple Scaffolds Used to Support Self-Regulated Learning in Elementary Mathematics Classrooms"：一、由多重鷹架為基礎的自主學習模型，在數學學習方面表現優於傳統教學模式，也優於只由數位學習平台提供教材的傳統敘述方式。二、實驗組一的高成就學生學習表現優於其他組。三、在包括自主學習／計劃、自我監控、評估、反思和努力這五個面向，實驗組一的學生比實驗組二的學生更有自信。

https://ieeexplore.ieee.org/document/6327625. "The Design and Effect of a Scaffolded Concept Mapping Strategy on Learning Performance in an Undergraduate Database Course"：「使用該策略的學生比只經歷過傳統授課的學生有更好的學習成就。此外，該策略的實施也獲得學生的正面回饋。」

https://www.tandfonline.com/doi/abs/10.1207/S15326942DN2101_2. "The role of early parenting in children's development of executive processes"：「**發展神經心理學**（Developmental Neuropsychology）記錄母親和她們三歲至四歲的孩子一起玩耍時的口語鷹架知識，然後等這些孩子六歲時，再接受多項執行功能的測量，例如工作記憶與目標導向遊戲。研究發現，孩子在六歲時的工作記憶和語言

能力，與母親在三歲時提供的口語鷹架數量有關，尤其是母親在遊戲期間提供明確的概念性連結時，鷹架效果最佳。因此，這項研究的結果不只提出口語鷹架有助於孩子的認知發展，鷹架支持的品質對學習和發展也很重要。」https://en.wikipedia.org/wiki/Instructional_scaffolding#Applications.

第一部

1. 證據顯示，原話為：「在被揍之前，每個人都有一套計畫。」https://www.newspapers.com/image/?clipping_id=57527486, 但提到最知名的版本則是這一版，泰森甚至還在推特上貼文：https://twitter.com/miketyson/status/1052665864401633299?lang=en.
2. https://theblast.com/112540/mike-tyson-says-losing-to-buster-douglas-was-best-day-of-his-lif/.

第一章

1. 我們將在第二章看到，最好也記住另一種利益：共同利益，但現在先保持簡單。
2. Woolf, Bob, *Friendly Persuasion: My Life as a Negotiator*. New York: Putnam, 1990.
3. 「在棒球界沒有其他經紀人比他為合約談判做更多準備。他的研究團隊龐大，資料庫包含大量資訊、統計數據、歷史和我曾與之談判或對抗的每個經紀人的資料。」"Negotiating with Scott Boras," ESPN, by Jim Bowden, 2011, https://www.espn.com/blog/the-gms-office/insider/post/_/id/238.「他需要更多、更好的資訊，才能在日益激烈的競爭中保持領先，所以在一九八〇年代晚期建立一個新的部門，聘用統計學家和經濟學家。」“Boras Calls All the Shots for His Clients,” ESPN, by Matthew Cole, 2007, https://www.espn.com/mlb/news/story?id=3039348.

4. “25 Ways to Raise the Stakes in Your Script Writing You Need to Know,” Blog: Scriptfirm, Gideon’s Screenwriting Tips: Now You’re a Screenwriter, March 17, 2017:「編劇學習為角色增加風險，才能創造興奮、緊張、神祕和焦慮的氛圍。」https://gideonsway.wordpress.com/2017/03/07/25-ways-to-raise-the-stakes-in-your-script-writing-you-need-to-use/.

5. Rackham, N. and Carlisle, J. (1978), “The Effective Negotiator—Part I: The Behaviour of Successful Negotiators,” *Journal of European Industrial Training*, Vol. 2, No. 6, pp. 6–11. https://doi.org/10.1108/eb002297.

6. 拉克姆在一九七八年的研究的確距今已久，而且他只調查英國的談判人員，所以我們對這個結論持保留態度。但我在談判工作中看到的幾乎每一件事，都支持拉克姆的發現，每個主題都發展幾個選項是非常有力和有價值的。

7. https://www.sciencediplomacy.org/perspective/2012/water-diplomacy. 國家間有關水資源的和平協定，相關案例可見“Israel and Jordan Sign Draft of Wide-Ranging Peace Treaty,” *New York Times*, October 18, 1994. https://www.nytimes.com/1994/10/18/world/israel-and-jordan-sign-draft-of-wide-ranging-peace-treaty.html.

8. 參見羅傑・費雪（Roger Fisher）、威廉・尤瑞（William Ury）、布魯斯・派頓（Bruce Patton）著，劉慧玉譯，《哈佛這樣教談判力：增強優勢，談出利多人和的好結果》（*Getting to YES*），遠流，二〇一三年。

9. 從技術上來說，卡特總統後來在卡特中心（Carter Center）的工作也讓他獲獎，但諾貝爾（Nobel）委員會也表揚他在大衛營的工作。https://www.nobelprize.org/prizes/peace/2002/press-release/.

10. Henry Mintzberg, "The Manager's Job: Folklore and Fact," *Harvard Business Review*, March–April 1980. 亦可參見 Rosemary Stewart ed., 2020, *Managerial Work*. Philadelphia: Routledge (extensive discussion of negotiation by managers) 和 Linda A. Hill, 2008, "*Exercising Influence Without Authority: How New Managers Can Build Power and Influence*." Cambridge MA, Harvard Business Review Press.

11. 更多他的想法，參見 Hill, *Exercising Influence Without Authority*.

12. 參見 https://blog.hubspot.com/sales/6-popular-sales-methodologies-summarized, https://mailshake.com/blog/sales-methodologies/, https://www.forbes.com/sites/georgedeeb/2017/03/01/the-top-3-selling-techniques-which-is-best-for-your-business/?sh=660221574f56.

13. https://www.richardson.com/sales-resources/defining-consultative-sales/.

14. https://www.homequestionsanswered.com/do-eskimos-buy-refrigerators.htm; https://www.irishtimes.com/news/inuit-need-funds-to-buy-freezers-to-store-game-1.788830.

15. 「誰會相信像雞這樣的商品會成為有品牌、高價格的產品？佩爾杜農場（Perdue Farms）是非常成功的雞隻繁殖場和轉售公司，它本來可以輕易沿著這條路走下去，這條路沒有什麼風險，但成長前景穩健可控。觀察到一九六〇年代自動化養雞技術的進步，佩爾杜（一九五三年到一九八八年擔任執行長）看到家族企業轉型的機會，他不顧家族避免負債的傳統，借了五十萬美元，準備做出根本上的改變，從雞農和轉售商轉成全自動化養雞與零售業務……佩爾杜對公司有一個願景，並承擔達成那個願景的風險，做出其他人認為不可能的事，為歷史上被認為低檔、難以行銷的商品賦予品牌。」https://hbr.org/2007/11/beyond-vision-the-ability-and.

「佩爾杜農場是說明『沒有這種商品的想法』的最佳範例。佩爾杜建立擁有七億五千萬美元規模的雞肉生意……」Thomas J. Peters and Nancy K. Austin, *Passion for Excellence: The Leadership Difference*, New York: Random House, 1985.

"Perdue, Franklin Parsons ('Frank')." The Scribner Encyclopedia of American Lives. Encyclopedia.com. November 15, 2022. https://www.encyclopedia.com/humanities/encyclopedias-almanacs-transcripts-and-maps/perdue-franklin-parsons-frank.

第二章

1. 參見 Rackham and Carlisle, "The Effective Negotiator－Part I," pp. 6–11.
2. Carroll, Jim, "A Love Supreme: The Spiritual Journey of John Coltrane," jimcarrollsblog.com, December 15, 2020, https://www.jimcarrollsblog.com/blog/2020/12/16/a-love-supreme-the-spiritual-journey-of-john-

coltrane.「柯川幾乎發瘋地練習，一天練習二十五小時。在巡迴期間，酒店有位客人抱怨噪音，柯川只是拿開薩克斯風，然後繼續無聲地演奏。他一個單音就會練好幾個小時，睡著時薩克斯風還在身邊。」亨德里克斯：大部分的傳說都描述他不停地彈吉他，連睡覺都抱著吉他。資料參見 "How Much to Practice," Studybass, https://www.studybass.com/lessons/practicing/how-much-to-practice/.「亨德里克斯從不放下吉他，連上廁所都帶著！」

3. Valley, Kathleen, Interview with Regina Fazio Marcusa, "The Electronic Negotiator," *Harvard Business Review*, January–February 2000.「我們發現超過半數電子郵件的談判最終陷入僵局；而面對面談判只有一九%會陷入僵局。」亦可參見 Winkler, Claudia, "INSIGHT: Improving Virtual Negotiation Skills in Cross-Cultural Interactions," Bloomberg Law, June 16, 2020, https://news.bloomberglaw.com/environment-and-energy/insight-improving-virtual-negotiation-skills-in-cross-cultural-interactions.
泰瑞．庫茲堡（Terri Kurtzberg）、琳達．鄧恩—詹森（Linda Dunn-Jensen）和克里絲特爾．馬齊貝克爾（Crystal Matsibekker），在二〇〇五年利用一個由四人組成的虛擬談判環境，操控熟悉度與相似性，進行結合社會交換（Blau, 1964）和社會認同（Ashforth and Mael, 1989）兩個理論的研究，最主要的發現是，許多談判陷入僵局，凸顯虛擬談判普遍存在的困難性。

4. Reginald Hudlin, dir. *The Black Godfather,* Boardwalk Pictures and Makemake, 2019. https://www.netflix.com/watch/80173387.

5. 我希望自己在處理旅行危機時，能像瑪伊拉一樣做出有效談判，不過即使我的平均表現很好，也要坦承有時做的不好。某次假期，我和家人到了機場，才發現搭乘的廉航班機早上誤點太嚴重，以致機場取消這個航班的登機口。所以在最後一刻，航空公司直接取消航班，讓我們滯留在那裡。我馬上做了瑪伊拉做過的事，盡可能地運用 I FORESAW IT。但是親愛的讀者，我向櫃台人員或其他任何人所了解、所想、所問或所說的任何事，都沒有造成任何改變；航空公司還是拒絕提供任何幫助，甚至讓我花費一番周折才得到退款。無論那天你在哪裡，都可能得知我因為挫折而爆炸的腦袋。所以，我們迅速制定 B 計畫，找到方法前往目的地，而且沒有靠航空公司幫忙。我失敗了嗎？不盡然。如果我直接走向櫃台，生氣地提出要求（就像其他人的徒勞無功），就會一直懷疑自己的方法是否有問題。但是因為我很快就做了功課，我或許在那種情況下已經做了足夠的準備，後來得知那家航空公司在這方面的服務臭名昭彰，那天可能沒有勝算。使用 I FORESAW IT，讓我放心地充分探索所有可能性。

瑪伊拉和我的經驗說明，在壓力下使用 I FORESAW IT 的方式：直接在可用的時間內盡可能地運用，但是即使你無法自己來，也有其他幾種使用的方法。

第三章

1. 參見 Matt Taibi, *The Divide: American Injustice in the Age of the Wealth Gap*. New York: Random House (2014), especially Chapter 7 (Little Frauds).
2. Hopkins, Michael S., "How to Negotiate Practically Anything: Interview with an attorney who has an

unconventional negotiating manner: kind, honest, fair," *Inc. Magazine*, February 1, 1989, https://www.inc.com/magazine/19890201/5526.html.

第四章

1. "Coaches Use Laminated Game Outlines for Any Situation," October 27, 2006. https://www.nytimes.com/2006/10/27/sports/football/coaches-use-laminated-game-outlines-for-any-situation.html.
2. 「他的手臂詭異地彎曲著，推測也許是因為他正在看手腕上的清單。」TIME 100 Photographs: The Most Influential Images of All Time, 2018, cited in "Buzz Aldrin Tweets Story Behind Iconic Photo on Moon," Men's Health, July 21, 2017, https://www.menshealth.com/trending-news/a19527021/buzz-aldrin-story-iconic-moon-photo/#:~:text=%E2%80%9CHis%20arm%20is%20bent%20awkwardly,%2C%20it%20did%20everything%20right.%E2%80%9D.
3. "Training and Learning: One-Pagers." https://www.masterclass.com/classes/chris-hadfield-teaches-space-exploration/chapters/training-and-learning-one-pagers.
4. 多數插圖出自 Akindo，透過 iStock 或直接向 Akindo 購買使用權。聯繫方式：akindostudio@gmail.com.

   iStock URL: https://www.istockphoto.com/search/2/image?mediatype=illustration&phrase=akindo&servicecontext=srp-searchbar-top.「主題」的插圖出自未知來源的通用圖像。

5. Roy Lewicki, "Pacific Oil (A)" in *Negotiation: Readings, Exercises and Cases* (7th Revised Edition), 2021, New York: McGraw Hill, p. 609.
6. https://www.express.co.uk/life-style/life/844721/the-beatles-lost-millions-manager-brian-epstein-blunders.
7. 參見 Peter Brown and Steven Gaines, *The Love You Make: An Insider's Story of the Beatles*, 1983, New York: New American Library.
8. 在第三章已討論的詞彙，在第六章和第八章將讓你更有機會做出好的ＢＡＴＮＡ。
9. 你可能會好奇，是否要為每個主題每次增加都設定一個計點值，而不是只用數字排序：「好，一百美元值一百點、九十美元值八十點、八十美元值六十點……兩年保證要扣二十點、三年要扣三十點……」經濟學家非常喜歡這個想法，如果你能做到，非常好，一定要這麼做。問題是，我發現學生很難這麼做，我也是，即使我有經濟學學位。
10. 雖然我記得這項調查，每個學期也都會在課堂上分享，但是顯然網路上已經找不到，我也找不到紙本資料，所以必須請你相信我的記憶力。
11. 《消費者報告》的讀者非常了解這代表的意思。數以萬計的讀者在調查中表示，他們實際上平均獲得三五%的飯店房價折扣。這是怎麼辦到的？他們總共提出將近二十四個已經學會詢問的選項，包括ＡＡＡ會員折扣，週末價格、免費早餐、「包棟」價格、樂齡會（ＡＡＲＰ）折扣、學生價等。請注意：你不該把這二十四個問題都問一遍，而是要挑選合理又明智的問題。https://www.consumerreports.org/cro/news/2011/01/how-to-get-a-great-hotel-rate/index.htm; https://www.today.

com/news/score-cheaper-hotel-room-wbna19072166; https://www.wral.com/news/local/story/1088875/.

12. 理查・謝爾（Richard Shell）著，劉復苓譯，《華頓商學院的高效談判學：讓你成為最好的談判者！》（*Bargaining for Advantage: Negotiation Strategies for Reasonable People*），經濟新潮社，二〇一八年，引用 Pruitt and Lewis, "Development of Integrative Solutions in Bilateral Negotiation"; Elizabeth A. Mannix, Leigh Thompson, and Max H. Bazerman, "Negotiation in Small Groups," *Journal of Applied Psychology*, Vol. 74, No. 3 (1989), pp. 508–517; Gary A. Yukl, Michael P. Malone, Bert Hayslip, and Thomas A. Pamin, "The Effects of Time Pressure and Issue Settlement Order on Integrative Bargaining," *Sociometry*, Vol. 39, No. 3 (1976), pp. 277–281.

13. 請注意：整包提案不代表讓對方混淆你，將成本和陷阱隱藏在「簡單的整包交易」裡，這是汽車經銷商經常會使用的方法。《消費者報告》在對汽車買家的警告中解釋：「他們先是以你的每月付款為焦點，銷售人員可以將整個過程合併在一起：新車價格、舊換新和必要的貸款，這給他過多的空間來製造混淆。相反地，要堅持一次只談判一件事，你的首要任務是確定能得到新車最低價格，只有確定價格後，才能開始討論舊換新或貸款事宜。」或是在討論整包提案時，拆解它的每一部分，好清楚每個條款的成本。https://www.consumerreports.org/car-pricing-negotiation/how-to-negotiate-a-new-car-price-effectively-a8596856299/.

14. "Top holiday destinations with markets to haggle in," *Good Housekeeping*, September 11, 2014, https://www.goodhousekeeping.com/uk/consumer-advice/money/a544570/top-holiday-destinations-with-markets-haggle-

tips/.

15. Finkelstein, Lawrence S., "Remembering Ralph Bunche," *World Policy Journal*, Fall 2003, p. 70, https://www.jstor.org/stable/40209877.
16. Northcraft, Gregory B. and Neale, Margaret A., "Experts, Amateurs, and Real Estate: An Anchoring-and-Adjustment Perspective on Property Pricing Decisions," *Organizational Behavior and Human Decision Processes* 39, pp. 84–97 (1987); 亦可參見謝爾著，劉復苓譯，《華頓商學院的高效談判學：讓你成為最好的談判者！》，經濟新潮社，二〇一八年。
17. 作者於二〇二三年七月十四日，透過 Zoom 視訊訪談邦坦波。
18. Miller, Sterling, "Ten Things: Creating a Good Contract Playbook," Sterling Miller, July 17, 2018, https://sterlingmiller2014.wordpress.com/2018/07/17/ten-things-creating-a-good-contract-playbook/.

第五章

1. "Khrushchev and Kennedy: Vienna Summit 1961," 35:20-25, YouTube excerpt from David Reynolds, Vienna 1961, Russell Barnes, dir, BBC Four 2008, https://www.youtube.com/watch?v=G2KhwFbIdUc&t=2439s.
2. https://www.history.com/news/kennedy-krushchev-vienna-summit-meeting-1961.
3. Ken T. Trotman, Arnold M. Wright and Sally Wright, "Auditor Negotiations: An Examination of the Efficacy of Intervention Methods," *The Accounting Review*, Vol. 80, No. 1 (Jan. 2005), pp. 349–367.

4. "The Effects of Mental Practice on Motor Skill Performance: Critical Evaluation and Meta-Analysis," https://journals.sagepub.com/doi/abs/10.2190/X9BA-KJ68-07ANQMJ8?casa_token=eUwPcfaMsnsAAAAA:rQ3cy_ADVh9sKoHwd6qRPH40rXSBqwZApe4u8BkiwGwL5pSyZMSjY5wXhgUHqn_RjpBL7BHAY4Oz; Quinn, Elizabeth, "How Imagery and Visualization Can Improve Athletic Performance," Verywellfit, July 4, 2021, https://www.verywellfit.com/visualization-techniques-for-athletes-3119438; Erica Warren, "Teaching Visualization Can Improve Academic Achievement for Students at Any Age," Minds in Bloom, https://minds-in-bloom.com/teaching-visualization-can-improve/.

5. Hannah Jewel, "How do presidential candidates prepare for debates? | Hannah Explains," YouTube, 2019, https://www.youtube.com/watch? v=F_h8u1LJd2s.

6. Wikipedia, 2022. War Gaming. Last modified May 4, 2021.Wikipedia, https://en.wikipedia.org/wiki/Military_wargaming.

7. Federal Aviation Administration, "FAA Issues New Flight Simulator Regulations," April 14, 2016, https://www.faa.gov/newsroom/faa-issues-new-flight-simulator regulations#:~:text=The%20FAA%20now%20allows%20up,FAA%2Dapproved%20aviation%20training%20device.

8. Schoemaker, P., "Why You Need to Play War Games," *Inc.*, February 28, 2013, https://www.inc.com/paul-schoemaker/why-you-need-to-play-war-games.html.

9. Andrew Glass, "JFK and Khrushchev meet in Vienna, June 3, 1961," Politico, June 2, 2017, https://www.

politico.com/story/2017/06/02/jfk-and-khrushchev-meet-in-vienna-june-3-1961-238979.

Becky Little, “JFK Was Completely Unprepared for His Summit with Khruschev,” History.com, July 18, 2018, https://www.history.com/news/kennedy-krushchev-vienna-summit-meeting-1961.

10. 湯浦生現在是哥倫比亞大學醫學中心與紐約州精神病學研究所的分子影像及神經病理學部門的研究科學家。

11. 參見 V. B. Van Hasselt and Romano, S. J., “Role-playing: A vital tool in crisis negotiation skills training,” *FBI Law Enforcement Bulletin*, 73, 12–21, 2004.

V. B. Van Hasselt, Baker, M. T., Romano, S. J., Sellers, A. H., Noesner, G. W., and Smith, S., “Development and validation of a role-play test for assessing crisis (hostage) negotiation skills,” *Criminal Justice and Behavior*, 32, 345–361, 2005.

V. B. Van Hasselt, Baker, M. T., Romano, S. J., Schlessinger, K. M., Zucker, M., Dragone, R., and Perera, A. L., “Crisis (hostage) negotiation training: A preliminary evaluation of program efficacy,” *Criminal Justice and Behavior*, 33, 56–69, 2006.

12. Errol Morris, director, *The Fog of War: Eleven Lessons from the Life of Robert S. McNamara*, 2003. 一百零七分鐘。參見“Lesson #1: Empathize with your Enemy.”

13. Chernow, Ron, *Alexander Hamilton*, New York: Penguin, 2005.

第六章

1. https://www.sage.exchange/post/of-negotiating.
2. 參見 Livingston, Jessica, *Founders at Work: Stories of Startups Early Days*, New York: Apress, 2008; Lax, David and Sebenius, James, *3-D Negotiating: Powerful Tools to Change the Game in Your Most Important Deals*, Boston, MA, Harvard Business School Press, 2006. 基於 Sebenius, James and Fortgang, Ron, "Steve Perlman and Web TV(A)" and "Steve Perlman and Web TV(B)," Harvard Business School Press, Boston, MA, April 19, 1999.
3. 參見 Caro, Robert, *The Passage of Power: The Years of Lyndon Johnson IV*, New York: Vintage 2013.
4. 參見如 Shell, G. Richard and Moussa, Mario, *The Art of Woo*, New York: Penguin, 2008; Yates, Douglas, *The Politics of Management: Exploring the Inner Workings of Public and Private Organizations*, San Francisco: Jossey-Bass Business & Management Series, 1985; and Jay, Antony, *Management and Macciavelli: A Prescription for Success in Your Business*, Hoboken: Prentice Hall, 1996.
5. Robert Freeland, *The Struggle for Control of the Modern Corporation: Organizational Change at General Motors, 1924–1970*, Cambridge (2000), p. 59; David Conwill, "Copper cooled calamity: The 1923 Chevrolet Series C," 2016, https://www.hemmings.com/stories/2016/04/20/copper-cooled-calamity-the-1923-chevrolet-series-c; "History Lesson: The Copper-Cooled Chevrolet Was GM's First Major Disaster," https://www.motortrend.com/vehicle-genres/copper-cooled-chevrolet-gm-first-major-disaster/.

6. Max D. Liston, Transcript of an Interview Conducted by David C. Brock and Gerald E. Gallwas in Irvine, California, and Fullerton, California, on 19 February, 2002 and 22 January, 2003 (PDF). Philadelphia, PA: Chemical Heritage Foundation (cited in Wikipedia).
7. Freeland, p. 59.
8. 參見如 Shell and Moussa, *The Art of Woo*, New York: Penguin, 2008; Yates, *The Politics of Management*, Jossey-Bass; Michael Watkins, *Shaping the Game: The New Leader's Guide to Effective Negotiating*, Harvard Business Review Press (2006).
9. 「針對性談判」與在對話談話中發展ＢＡＴＮＡ有些不同。首先，大多數ＢＡＴＮＡ的發展通常只涉及少數幾個選擇，有些甚至不是交易，而是壓力，例如訴訟或報警；針對性談判相對來說，通常是由數十個、數百個，甚至上千個可能性開始。其次，針對性談判涉及篩選，而ＢＡＴＮＡ的發展通常涉及挑選或腦力激盪。最後，由於針對性談判通常會顯露出幾個前景，每個都可以作為你可能進行的額外談判；相反地，發展和使用ＢＡＴＮＡ通常會排除與對手達到交易的可能性。
10. 維塔賽克教授的訪談，二〇二二年一月二十八日。
11. Webb, Amy, *Data, a Love Story: How I Cracked the Online Dating Code to Meet My Match*, New York: Plume, 2013.

第二部

第七章

1. Shonk, Katie, "Claiming Value in Negotiations: Do Extreme Requests Backfire?," Program on Negotiation, Harvard Law School Daily Blog, February 11, 2019, https://www.pon.harvard.edu/daily/dealmaking-daily/claiming-value-in-negotiation-do-extreme-requests-backfire/, citing Wong, R. S. and Howard, S. (2018), "Think Twice Before Using Door-in-the-Face Tactics in Repeated Negotiation: Effects on negotiated outcomes, trust and perceived ethical behaviour," *International Journal of Conflict Management*, Vol. 29, No. 2, pp. 167–88. https://doi.org/10.1108/IJCMA-05-2017-0043.
2. Hopkins, Michael, "How to Negotiate Practically Anything," *Inc. Magazine*, February 1, 1989, https://www.inc.com/magazine/19890201/5526.html.
3. 我借用並微調哈佛談判學教授姆努金創造的一個詞彙。參見 Robert H. Mnookin, Scott R. Peppet, Andrew S. Tulumello, *Beyond Winning: Negotiating to Create Value in Deals and Disputes.*, Belknap Press, 2004.
4. 舉例來說，想像一本產業期刊表示價格範圍最高可達到一百零五美元，出於稍後將討論的理由，你設定一個略低於最佳目標的一百美元。當你提出第一個提案時，可能會說：「我的報價是一百零五美元。如你所見，產業期刊報導我們這樣的產品最高可達一百零五美元。」
5. 如果有些主題不做緩衝，最好要求你的最佳目標價格。但在某些情況下，加入較寬容的報價也是合理的。

6. 「你計算的目標價格已經考慮到合理的經銷商利潤……向銷售人員保證，你的報價包含合理的利潤。」Linkov, Jon, "How to Negotiate a New-Car Price Effectively," *Consumer Reports*, updated July 26, 2021, https://www.consumerreports.org/car-pricing-negotiation/how-to-negotiate-a-new-car-price-effectively-a8596856299/.
7. Martin Luther King, Jr., "I Have a Dream" speech (Washington, D.C., August 28, 1963).
8. 格蘭特著，汪芃譯，《給予：華頓商學院最啟發人心的一堂課》，平安文化，二〇一三年。

第八章

1. Muska, John, and Clements, Ron, *Moana*, Pixar, 2016. 一百零七分鐘。
2. 盧森堡著，蕭寶森譯，《非暴力溝通：愛的語言》（*Non-Violent Communication: A Language of Life: Life-Changing Tools for Healthy Relationships*），光啟文化，二〇一九年；Alan Seid, Story about Marshall Rosenberg in a Palestinian Refugee Camp, https://www.youtube.com/watch?v=SjIHSo8sALE.
3. "Is My Boss Really Listening to Me? The Impact of Perceived Supervisor Listening on Emotional Exhaustion, Turnover Intention, and Organizational Citizenship Behavior," *Journal of Business Ethics*, Vol. 130, pp. 509–24 (2015), https://link.springer.com/article/10.1007/s10551-014-2242-4.
4. 「軍隊領導教條認識到聽取下屬意見，對於做出更好計畫和決定的重要性。主動傾聽有助於對下屬以口頭或非口頭方式傳達訊息⋯⋯。為了完整接受訊息，領導者不僅要聽下屬所說的內容，還要觀察他的舉止。主動傾聽是領導溝通能力的關鍵。」Cummings, Joel P., "Active Listening: the Leader's Rosetta Stone," Benning.Army.Mil, https://www.benning.army.mil/armor/EArmor/content/issues/2012/NOV_DEC/Cummings.html.

亦可參見維基百科（Wikipedia）的主動傾聽（Active Listening）詞條（「主動傾聽用於多種情境，包括公益倡議、社區營造、教學輔導、醫事人員與病患溝通、愛滋病諮詢、幫助有自殺傾向的人、管理等。」）https://en.wikipedia.org/wiki/Active_listening-cite_note-Mineyama_et_al_2007-32counseling, https://en.wikipedia.org/wiki/Active_listening-cite_note-Levitt_2001-2和https://en.wikipedia.org/wiki/Active_listening-cite_note-33settings. 在團體裡，這可能有助於達成共識；也可能在隨意的對話或閒聊中用來建立理解，儘管這可能會讓人覺得傲慢。

5. Douglas Noll, *De-Escalate: How to Calm an Angry Person in 90 Seconds or Less* (2017).

第九章

1. Rackham and Carlisle, pp. 6–11.
2. 免責聲明：這樣常會引起反效果，但並非總是如此。我認識幾個專門使用刺激語的人，有幾個人取得成功。的確，有時候他們的角色就是那種一勞永逸的交易者，會讓對方說：「我們再也不需要找席德了，對嗎？」但是對每個成功的席德來說，或許會有五十個席德抓著頭說：「為什麼我們一直弄丟生意？可能是你的問題，布萊德，絕對不是我。」

3. Rackham and Carlisle, pp. 6–11.
4. William R. Miller, “Motivational Interviewing and Quantum Change, with William R. Miller,” YouTube, September 24, 2014, https://www.youtube.com/watch?v=2yvuem-QYCo.
5. Mohammadreza, Bahrani and Rita, Krishnan, “Effectiveness of Yoga therapy in change the brain waves of ADHD children,” *Asian Journal of Development Maers*, 2011, Volume 5, Issue 3, p. 41, https://indianjournals.com/ijor.aspx?target=ijor:ajdm&volume=5&issue=3&article=007. 同樣令人好奇的是，在我開車、滑雪或做其他有點危險的事時，唱歌也能改善情緒，讓人寧靜（不過我不建議在談判時唱歌）。參見 Grape, Christina, et al., “Does singing promote well-being?: An empirical study of professional and amateur singers during a singing lesson,” *Integrative Physiological & Behavioral Science*, January 2002, https://link.springer.com/article/10.1007/BF02734261.
6. Kühberger, Anton, “The influence of framing on risky decisions: A meta-analysis.” *Organizational behavior and human decision processes* 75, no. 1 (1998): 23–55（「結果顯示，整體來說，不同條件的框架效應屬於小到中等規模。」），https://www.sciencedirect.com/science/article/abs/pii/S0749597898927819. 亦可參見 Williams, Gary and Miller, Robert, “Change the Way You Persuade,” *Harvard Business Review*, May 2002（探索如何吸引五種不同決策風格，有些是謹慎的，有些則喜歡新的想法），https://hbr.org/2002/05/change-the-way-you-persuade.

第十章

1. https://www.tailstrike.com/281278 (pdf).
2. https://en.wikipedia.org/wiki/United_Airlines_Flight_173#In_popular_culture.
3. 參見 Gerard I. Nierenberg, *Art of Negotiating*, Pocket Books (1968).
4. Gordon, Suzanne, Mendenhall, Patrick, and O'Connor, Bonnie Blair, *Beyond the Checklist: What Else Health Care Can Learn from Aviation Teamwork and Safety*, Ithaca, ILR Press, 2012.
5. Capt. Al Haynes (May 24, 1991). "The Crash of United Flight 232." Archived from the original on October 26, 2013. Retrieved June 4, 2013. 向美國太空總署德萊頓飛行研究中心（Dryden Flight Research Center）職員簡報。

第十一章

1. Yates, Douglas, *The Politics of Management*, Jossey-Bass, 1985, p. 169.
2. 引用自 Ambrose, Stephen E., *Supreme Commander: The War Years of General Dwight D. Eisenhower*, p. 324, New York: Anchor, 2012.
3. Neustadt, Richard, *Presidential Power and the Modern Presidents: The Politics of Leadership from Roosevelt to Reagan*, New York: The Free Press: 1991.

「決定、宣布、辯護（Decide, Announce, Defend; DAD）法在複雜情況下不適用，尤其是這些參與者缺乏明顯的指揮結構，但可以選擇是否合作時。在某些情況下，例如塞車、供水、家用能源、減少浪費、可再生能源和洪水風險管理，ＤＡＤ法一定會對好的想法產生反抗，即使是最好的想法也是如此。抗拒會耗費時間和資源，因為需要回應，而克服抗拒與為解決方案辯護所花費的時間，經常會拖延計畫實施，導致計畫遭到放棄。和大眾互動可避免ＤＡＤ變成ＤＡＤＡ〔『計畫、宣布、辯護、放棄』（Decide－Announce-Defend Abandon）〕。」European Union's Action Plan on Science in Society, "Method: Decide, Announce, Defend (DAD)," https://participedia.net/method/4831.

4. Mintzberg, Henry, "The Manager's Job: Folklore and Fact," *Harvard Business Review*, March–April 1980. 亦可參見 Stewart, Rosemary ed., Managerial Work, London: Routledge 1998 (extensive discussion of negotiation by managers).

5. Yates, Douglas, *The Politics of Management*, Jossey-Bass, 1985, p. 170–177.

6. 「談判研究指出，雙方認為有高度程序正義時（也就是雙方積極參與產生合約中指定結果的談判過程，並認為過程是公平的），會更願意履行該協議。」E. C. Tomlinson and Lewicki, R. J., "The negotiation of contractual agreements," *Journal of Strategic Contracting*, 2015.

7. 參見 Lind, Allen and Tyler, Tom, *The Social Psychology of Procedural Justice*, New York: Plenum Press, 1988.

8. 參見如 Vitasek, Kate, Crawford, Jacqui, Nyden, Jeanette, and Kawamoto, Katherine, *The Vested Outsourcing Manual: A Guide for Creating Successful Business and Outsourcing Agreements*, New York: Palgrave MacMillan

2011, 以及在 Vested 網站：https://www.vestedway.com/.

9. “Laptop Multitasking Hinders Classroom Learning for Both Users and Nearby Peers,” *Computers & Education*, Vol. 62, March 2013, pp. 24–31. https://www.sciencedirect.com/science/article/pii/S0360131512002254.

10. “How Do You Get 25 Lawmakers to Get Along? A Talking Stick,” *Wall Street Journal*, January 22, 2018, https://www.wsj.com/livecoverage/shutdown/card/UjoCRLQI0ZpS05JeqsUH.

11. 研究發現，一般醫生會在病患開始描述症狀後二十三秒內打斷，但是如果醫生等待九十秒，病患報告的滿意度將大幅提升。如果醫生也主動傾聽，輕度甚至嚴重病患的康復時間也能加快二〇%以上。參見 Trzeciak, Stephen, and Mazzarelli, Anthony, *Compassionomics: The Revolutionary Scientific Evidence That Caring Makes a Difference*, Studer Group, 2019.

12. “Roger Griswold Starts a Brawl in Congress: Today in History: February 15,” Kim Sheridan, Connecticuthistory.org, https://connecticuthistory.org/roger-griswold-starts-a-brawl-in-congress-today-in-history/.

13. 參見 Williamjames Hull Hoffer, *The Caning of Charles Sumner: Honor, Idealism, and the Origins of the Civil War*, Baltimore: Johns Hopkins University Press, 2010.

14. 簡而言之，以佛蒙特州參議員拉爾夫．桑德斯（Ralph Sanders）所做的觀察為例，他提出譴責參議員喬．麥卡錫（Joe McCarthy）的決議案，談到參議員禮節傳統的優點：「在我十二年的參議員服務中，從未出現訴諸身體暴力或威脅的情況。在眾議院，因為缺乏參議院的某些傳統，偶爾會

發生肢體衝突，但是很少。」Flanders, Ralph, *Senator from Vermont*, Boston: Little, Brown and Company, 1961 as quoted in United States Senate－Idea of the Senate | Senatorial Courtesy and Discipline, https://www.senate.gov/about/origins-foundations/idea-of-the-senate/1961Flanders.htm.

15. Brooks, James, Ena Onishi, Isabelle R. Clark, Manuel Bohn, and Shinya Yamamoto, "Uniting against a common enemy: Perceived outgroup threat elicits ingroup cohesion in chimpanzees." *PloS One* 16, no. 2 (2021): e0246869. https://www.ncbi.nlm.nih.gov/pmc/articles/PMC7904213/, citing Hamilton, W. D., "Innate social aptitudes of man: An approach from evolutionary genetics." In: Fox, R. (ed.), *ASA studies 4: Biosocial anthropology* (1975). 亦可參見 Choi, Jung-Kyoo, and Samuel Bowles. "The coevolution of parochial altruism and war." *Science* 318, no. 5850 (2007): 636–640. 亦可參見 Radford, Andrew N., Bonaventura Majolo, and Filippo Aureli. "Within-group behavioural consequences of between-group conflict: A prospective review." *Proceedings of the Royal Society B: Biological Sciences* 283, no. 1843 (2016): 20161567.
16. Allport, Gordon W., *The nature of prejudice*, Addison-Wesley. Reading (1954).
17. John F. Kennedy Presidential Library and Museum, 1960 Presidential Election results (34,226,731 (49.7%) v. 34,108,157 (49.5%)), https://www.jfklibrary.org/learn/about-jfk/life-of-john-f-kennedy/fast-facts-john-f-kennedy/1960-presidential-election-results.
18. "'Ask Not ...': JFK's Words Still Inspire 50 Years Later," NPR, January 11, 2011, https://www.npr.org/2011/01/18/133018777/jfks-inaugural-speech-still-inspires-50-years-later.

19. https://www.goodreads.com/quotes/93848-what-general-weygand-called-the-battle-of-france-is-over.
20. Rackham and Carlisle, pp. 6–11.
21. 警告：列出虛假的共同利益雖然容易卻危險，也就是聽來像共同利益，但其實不是。許多競爭利益也是，甚至每一個都可能引發爭端，例如：

「轉移成本」（給彼此？）

「利潤」（以誰為代價？）

「避免責備」（轉移到彼此身上？）

「降低風險」（轉移給對方？）

另一個可能虛假的是「平行利益」（Parallel Interest），也就是雙方都想要，但是沒有另一方的幫忙也能得到的。單純談論這類事物而不釐清，可能會讓對手產生懷疑的情緒，例如：

「更高的利潤」

「更好的現金流」

「減少處理雜務的時間」

有時候你可以增加一些元素，強調它是共同目標，可以將虛假的共同利益轉變為真的：

「提高**共享**利潤」

「改善**雙方公司的**現金流」

「**雙方都能**減少處理雜務的時間」

「將成本從**我們雙方**轉移」

「**相互**獲利」

「將責任轉嫁（**給有罪的第三方**）」

第三部

1. https://www.nytimes.com/2009/10/17/business/17martha.html.
2. Luo, Michael, "Excuse Me. Can I Have Your Seat?" *New York Times*, September 14, 2004. https://www.nytimes.com/2004/09/14/nyregion/excuse-me-may-i-have-your-seat.html.

第十二章

1. Bloom, Harold and Hayes, Kevin, *Benjamin Franklin*, InfoBase Publishing, 2008.
2. 我要感謝幾位專家，包括朱蘭教授、魏斯教授和艾恩嘉教授，我曾向他們請教這個想法。

3. 假設性BATNA和最可能接受的替代談判協議（Most Likely Alternative to a Negotiated Agreement, MLATNA）不一樣，後者主要為調解人在訴訟和解談話中使用。調解人試著建議當事人，如果雙方不達成合解，審判中最可能會得到什麼（像是你提告要求一百萬美元，但是如果拒絕對方五十萬美元的提案，在審判中最多只能拿到三十萬美元）。這是一個有用的問題，但是如同所見，它也不完整，因為並未考慮你的風險容忍度，但是假設性BATNA卻有考量。風險容忍度很重要，因為最可能的結果不一定是最終得到的結果，例如若是你無法承受最壞的情況，或者相反地，你無法承受錯過最佳情況，MLATNA可能就會誤導你。另外，MLATNA通常是顧問個人私下的估計，讓人不清楚是怎麼決定的；相反地，假設性BATNA這種決策方法列出你可以採取的簡單步驟，由自己決定。

4. 這是統計學家很重視的風險評估先驗方法範例，就像每次拋擲硬幣的結果都和過去的結果無關，先驗方法假設過去的事件不會影響未來的事件，所以你只要專注可以從現在與專家的期望中學到什麼。

5. 這是保險公司很重視的風險評估後驗方法範例。

6. Russoff, Jane Wollman, "Charlie Munger: Buffett's 'Abominable No-Man,'" ThinkAdvisor, September 24, 2015, https://www.thinkadvisor.com/2015/09/24/charlie-munger-buffetts-abominable-no-man/.

7. 事實上，巴菲特和孟格都會淡化預測與預估，而是詢問即使最糟糕的情況發生了，事情是否仍然無礙。

8. 例如，大中取大（Maximax）決策法是這麼做的：選擇能產生最佳預測結果的最大值。（好比如果選擇一能產生三萬到七萬美元的價值，選擇二能產生四萬到六萬五千美元的價值，就挑選選擇一。）

9. 小中取大（Maximin）決策法是這麼做的：選擇會產生最差預測結果的最大值。（好比如果選擇一能產生三萬到七萬美元的價值，選擇二能產生四萬到六萬五千美元的價值，就挑選選擇二。）

10. 例如，拉普列斯（Laplace）決策法的運用，就像是等權重平均或赫維克茲（Hurwicz）決策法（調整加權平均）。好比如果選擇一能產生三萬到七萬美元的價值，選擇二能產生四萬到六萬五千美元的價值，則平均結果為五萬美元和五萬兩千五百美元，拉普列斯決策法會挑選選擇二，赫維克茲決策法就更複雜了。

11. 例如，後悔值（Savage Regret）決策法是這麼做的：選擇最不後悔的選項；比較「如果我沒有選擇確定的選項能得到什麼」與「如果我選擇確定的選項可以挽救什麼」。好比如果選擇一能產生三萬到七萬美元的價值，選擇二能產生四萬到六萬五千美元的價值，如果我挑選選擇一最好的金額，而不是選擇二的最差情況，就可以節省三萬美元（七萬美元減四萬美元）；如果我挑選選擇二的最高金額，而非選擇一的最低金額，就可以多賺三萬五千美元（六萬五千美元減三萬美元）。後悔值決策法就會挑選選擇二。

12. Cnet.com/news/what-would-happen-if-moores-law-did-fizzle/:「受到摩爾定律最後一部分影響最大的，將是依賴消費者每年更換電子產品的公司，以及像 Google 這樣的科技公司，它們長期依賴於更快的電腦，更便宜的儲存及更好的頻寬。」

13. “Study Finds Settling Is Better Than Going to Trial,” *New York Times*, August 7, 2008, http://www.nytimes.com/2008/08/08/business/08law.html.

第十三章

1. “Part 2: Why Your Favorite Musicians Are Broke,” 0:00–3:53, https://www.youtube.com/watch?v=o7OZLFGEDiI.
2. 參見“Jewel Turned Down $1 Million Record Deal When She Was Homeless,” The Joe Rogan Experience, https://www.youtube.com/watch?v=DTGtC7FC4oI; “Why Jewel says she turned down a million-dollar signing bonus when she was homeless,” Dunn, August 5, 2017, ABC News, https://abcnews.go.com/Business/jewel-talks-human-growing-career-slowly/story?id=46598431#:~:text=%22Do%20I%20want%20to%20be,bonus%20as%20a%20homeless%20kid.%2.
3. Nalebuff, Barry, “Why You Shouldn’t Be An Entrepreneur,” Yale Enterprise Institute. Podcast audio. July 23, 2009. https://archive.org/details/podcast_yale-entrepreneurial-institute_why-you-shouldnt-be-an-entrep_1000085214450.
4. Bailey, Dave, “Why You Shouldn’t Raise Money Too Early (Even If Opportunity Comes Up),” Inc.com. April 11, 2017. https://www.inc.com/dave-bailey/why-raising-money-early-is-a-terrible-idea-and-what-to-do-instead.html.

"Fundraising: Going too quickly can negatively affect startup growth," Varun, Toucantoco.com, https://www.toucantoco.com/en/blog/fundraising-too-quickly-can-negatively-affect-the-growth-of-your-startup; "Why Raising Too Much Capital or Raising It Too Early Can Lead to the Failure of Your Startup," Fuld, Inc.com, https://www.inc.com/hillel-fuld/why-raising-too-much-capital-or-raising-too-early-can-lead-to-failure-of-your-startup.html.

https://www.startupgrind.com/blog/why-your-startup-doesnt-need-significant-if-any-early-stage-funding-to-succeed/.

5. Christiansen, Clayton, Alton, Richard, Rising, Curtis, and Waldeck, Andrew, "The Big Idea: The New M&A Playbook," *Harvard Business Review*, March 2011, https://hbr.org/2011/03/the-big-idea-the-new-ma-playbook; Kenny, Graham, "Don't Make This Common M&A Mistake," March 16, 2020, https://hbr.org/2020/03/dont-make-this-common-ma-mistake#:~:text=According%20to%20most%20studies%2C%20between,integrating%20the%20two%20parties%20involved.

6. U.S. Federal Trade Commission, "Going out of business sales: What to know," 2019, https://consumer.ftc.gov/consumer-alerts/2019/12/going-out-business-sales-what-know; "15 Locals Reveal Tourist Traps and Scams from Their Hometown (and How to Avoid Them)," Ranker, 2021, https://www.ranker.com/list/local-tourist-traps/blue-velvet.

7. 455: "Continental Breakup / Act Three: Ooh, I Shouldn't Have Done That!," https://www.thisamericanlife.

org/455/transcript.

8. https://en.wikipedia.org/wiki/Buchwald_v._Paramount.「巴克沃德訴派拉蒙案」(Buchwald v. Paramount)這一決定的重要性在於，法院在審判損害賠償階段決定，派拉蒙影業(Paramount Pictures)使用「不合理」工具來決定支付給作者的費用，這普遍被稱為「好萊塢會計」(Hollywood Accounting)，派拉蒙聲稱（並提供會計證據支持這項主張），儘管該電影收入為兩億八千八百萬美元，卻沒有任何淨利，根據與阿爾特・巴克沃德（Art Buchwald）合約中對「淨利」的定義，並不積欠巴克沃德任何費用。

9. Vitasek, Kate, Manrodt, Karl, Kling, Jeanne, and DiBenedetto, William, "Vested for Success Case Study: How Dell and FedEx Supply Chain Reinvented Their Relationship to Achieve Record- setting Results," Haslam College of Business, The University of Tennessee. 無資料提供。

10. Hopkins, Michael S., "How to Negotiate Practically Anything: Interview with an Attorney Who Has an Unconventional Negotiating Manner: kind, honest, fair," *Inc. Magazine*, February 1, 1989.

11. 參見 Mnookin, Robert, *Bargaining with the Devil: When to Negotiate, When to Fight*, New York: Simon & Schuster (2011).

第十四章

1. 參見 "Supply Chain Financing," pgsupplier.com, https://pgsupplier.com/supplychainfinancing. "Supply Chain Finance

at Procter & Gamble,” Harvard Business School Publishing case (2016) #216039-PDF-ENG; “Supply chain finance yields $5 billion for P&G,” Dunbar, September 9, 2018, EuroFinance.com, https://www.eurofinance.com/news/supply-chain-finance-yields-5-billion-for-pg/; “How treasury used a massive supplier chain finance programme to deliver huge free cash ow and productivity improvements,” citibank.com case studies, https://www.citibank.com/tts/insights/case-studies/procter-gamble.html.

2. 參見「Supply Chain Finance at Procter & Gamble.」這個案例警告，有關要求中小企業延長付款期限的道德問題已經受到質疑。「美國與歐盟都已頒布指令，鼓勵大型公司盡快付款給較小型的供應商。」這個案例對供應鏈金融是否合乎道德抱持模糊態度，暗示這取決於特定的條款、利率和供應商最後要承受的風險，意味著使用硬資料加上軟技術的人絕對應該將這些需要納入考慮。歐洲金融（EuroFinance）的一篇文章承認這個問題，並對供應鏈金融提供相對正面的觀點，在二〇一八年的報導中指出：「延長付款期限已經引發批評，他們擔心這會對中小企業產生影響。有人主張，應該把高應付帳款天數視為企業社會責任（Corporate Social Responsibility, CSR）的不良紀錄。供應鏈金融是緩解這些批評的一種方式。」https://www.eurofinance.com/news/supply-chain-finance-yields-5-billion-for-pg/. 在二〇一八年《席得曼商業評論》（*Seidman Business Review*）的文章「Supply Chain Finance－Should the Practice Be Adopted?」中，羅伊．麥坎蒙（Roy McCammon）注意到供應鏈金融只要處理得當，對顧客和供應商都可能具有吸引力，然而供應鏈金融需要顧客付出真正的努力。「採取供應鏈金融不是一件小事，確實需要時間進行分析並處理買方公司可能獲得的潛在利益，並取決定負責規劃、發展及執行之公司的跨功能合作。」菲利普．克爾（Phillip Kerle）（Kerle, P. (2009), “Supply Chain Finance – A Growing Need,” *Corporate Finance Review*, 14(2)）在調查來自世界上許多大型企業一千多名財務主管後，總結因為不清楚買家和供應商能受益多少，全球有三分之二的公司對採用供應鏈金融持猶豫態度。儘管有大量的供應鏈金融研究和學術支持，但對實務者而言，缺乏可用的資訊似乎是限制採用供應鏈金融的最大障礙（Gelsomino et al., 2016）。另一篇文章研究透過交易信用（trade credit，也就是操作應收帳款收款期），協調供應鏈的好處（Luo and Zhang, 2012），結果顯示管理交易信用期或許是供應鏈獲得重大利益的來源。例如，低風險買家可以利用交易信用資助一家新創供應商，實現互惠。然而，作者也指出這種互惠取決於供應鏈的可得資訊：雙方資訊不對稱（asymmetric information）可能會導致次優解。同理，Hofmann 和 Kotzab 在二〇一〇年展示如何透過現金周轉管理的合作方式（或是稱為供應鏈導向方法）達成「最佳解，積極行動（如透過供應鏈強制縮短應收帳款期限和延長付款期限），可能會貶低組織的價值。」這也支持本章主張的合作方式。美國政府努力使用 SupplierPay 計畫加速付款給供應商的速度，但對供應商的幫助卻不如預期。誠如 ReceivableSavvy 所說：「小型供應商若缺乏某種可負擔、易取得的融資方式，SupplierPay 就沒有效果。智慧供應鏈金融解決方案可協助企業以契約雙方同意的方式，延長他們的付款期限；然而，SupplierPay 對此卻幾乎沒有任何幫助。」

3. Agustin Gutierrez et al., “Taking supplier collaboration to the next level,” McKinsey & Company, July 2020, p. 2.
4. Intel-DHL-Teaching Case study.pdf, by Vitasek et al., https://www.vestedway.com/wp-content/

uploads/2018/05/Intel-DHL-EMEA-TEACHING-case-study.pdf; "How DHL implemented a vested outsourcing model for reverse logistics," November 12, 2017, https://www.youtube.com/watch?v=OwjbH4ATui8; "Delivering Accurate and Automated Inventory Tracking," Intel white paper.

5. "High inflation: uncharted waters for supply management," A. T. Kearney, November 6, 2018, https://www.kearney.com/procurement/article/?/a/high-inflation-uncharted-waters-for-supply-management.

6. "Inflation: Negotiate with suppliers and don't panic," Weissman, August 26, 2021, Supplychaindrive.com, https://www.supplychaindive.com/news/supplier-negotiations-procurement-inflation/605380/.

Brown, A. B., "Starbucks says advance coffee purchasing helps it stay competitive," July 29, 2021, Supplychaindrive.com, https://www.supplychaindive.com/news/starbucks-says-advance-coffee-purchasing-helps-it-stay-competitive/604127/.

Ibáñez, Patricio et al., "How to deal with price increases in this inflationary market," January 13, 2022, McKinsey & Company, https://www.mckinsey.com/business-functions/operations/our-insights/how-to-deal-with-price-increases-in-this-inflationary-market.

"Responding to inflation and volatility: Time for procurement to lead," July 19, 2021, McKinsey & Company, https://www.mckinsey.com/business-functions/operations/our-insights/responding-to-inflation-and-volatility-time-for-procurement-to-lead.

Scaffidi, Pablo, "Supply chain negotiations during inflationary contexts," Multibriefs: Exclusive, January

19, 2018, https://exclusive.multibriefs.com/content/negotiations-during-inflationary-contexts/distribution-warehousing.

Stepanek, Paul, “Hit with a Price Increase? Seven Tips for Negotiating with Suppliers,” IndustryWeek, April 5, 2021, https://www.industryweek.com/supply-chain/supplier-relationships/article/21160288/hit-with-a-price-increase-seven-tips-for-negotiating-with-suppliers.

Tevelson, Bob, Belz, Dan, Hemmige, Harish, and Rapp, Tom, “How Procurement Organizations Can Protect Against Inflation,” ISMworld.org, https://www.ismworld.org/supply-management-news-and-reports/news-publications/inside-supply-management-magazine/blog/2021/2021-04/how-procurement-organizations-can-protect-against-inflation.

第十五章

1. https://www.goodreads.com/quotes/134364-power-without-love-is-reckless-and-abusive-and-love-without.
2. 參見 “NUMMI,” (2015), This American Life #405 July 17, 2015.

新商業周刊叢書　BW0843

逆襲談判

哥倫比亞大學教授的15個協商工具，扭轉劣勢、提升籌碼，達成你想要的結果！

原文書名／15 Tools to Turn the Tide: A Step-by-Step Playbook for Empowered Negotiating
作　　者／賽斯・佛里曼（Seth Freeman）
譯　　者／李立心、許可欣
責任編輯／黃鈺雯
編輯協力／蘇淑君
版　　權／吳亭儀、林易萱、江欣瑜、顏慧儀
行銷業務／周佑潔、林秀津、林詩富、賴正祐、吳藝佳

總 編 輯／陳美靜
總 經 理／彭之琬
事業群總經理／黃淑貞
發 行 人／何飛鵬
法律顧問／台英國際商務法律事務所
出　　版／商周出版　115台北市南港區昆陽街16號4樓
電話：(02)2500-7008　傳真：(02)2500-7759
E-mail：bwp.service@cite.com.tw
發　　行／英屬蓋曼群島商家庭傳媒股份有限公司　城邦分公司
115台北市南港區昆陽街16號5樓
電話：(02)2500-0888　傳真：(02)2500-1938
讀者服務專線：0800-020-299　24小時傳真服務：(02)2517-0999
讀者服務信箱：service@readingclub.com.tw
劃撥帳號：19833503
戶名：英屬蓋曼群島商家庭傳媒股份有限公司城邦分公司
香港發行所／城邦(香港)出版集團有限公司
香港九龍土瓜灣土瓜灣道86號順聯工業大廈6樓A室
電話：(852)2508-6231　傳真：(852)2578-9337
E-mail：hkcite@biznetvigator.com
馬新發行所／城邦(馬新)出版集團
Cite (M) Sdn Bhd
41, Jalan Radin Anum, Bandar Baru Sri Petaling,57000 Kuala Lumpur, Malaysia.
電話：(603)9057-8822　傳真：(603)9057-6622
E-mail：cite@cite.com.my

封面設計／萬勝安　內文排版／無私設計・洪偉傑　印　刷／鴻霖印刷傳媒股份有限公司
經 銷 商／聯合發行股份有限公司　電話：(02)2917-8022　傳真：(02) 2911-0053
地址：新北市231新店區寶橋路235巷6弄6號2樓

ISBN／978-626-390-064-6（紙本）　978-626-390-060-8（EPUB）
定價／560元（紙本）390元（EPUB）

城邦讀書花園
www.cite.com.tw

2024年4月初版

國家圖書館出版品預行編目(CIP)數據

逆襲談判：哥倫比亞大學教授的15個協商工具,扭轉劣勢、提升籌碼,達成你想要的結果!/賽斯.佛里曼(Seth Freeman)著；李立心, 許可欣譯. -- 初版. -- 臺北市：商周出版：英屬蓋曼群島商家庭傳媒股份有限公司城邦分公司發行, 2024.04
面；　公分. --(新商業周刊叢書；BW0843)
譯自：15 tools to turn the tide : a step-by-step playbook for empowered negotiating
ISBN 978-626-390-064-6 (平裝)

1.CST: 談判 2.CST: 商業談判 3.CST: 談判策略

490.17　　113002203

廣　告　回　函
北區郵政管理登記證
北臺字第10158號
郵資已付，免貼郵票

115020　台北市南港區昆陽街16號4樓

英屬蓋曼群島商家庭傳媒股份有限公司城邦分公司　收

請沿虛線對摺，謝謝！

書號：BW0843	書名：逆襲談判

請於此處用膠水黏貼

讀者回函卡

不定期好禮相贈！
立即加入：商周出版
Facebook 粉絲團

感謝您購買我們出版的書籍！請費心填寫此回函卡，我們將不定期寄上城邦集團最新的出版訊息。

姓名：＿＿＿＿＿＿＿＿＿＿　性別：□男　□女

生日：西元＿＿＿＿＿年＿＿＿＿＿月＿＿＿＿＿日

地址：＿＿＿＿＿＿＿＿＿＿

聯絡電話：＿＿＿＿＿＿＿＿　傳真：＿＿＿＿＿＿＿＿

E-mail ：

學歷：□ 1. 小學 □ 2. 國中 □ 3. 高中 □ 4. 大學 □ 5. 研究所以上

職業：□ 1. 學生 □ 2. 軍公教 □ 3. 服務 □ 4. 金融 □ 5. 製造 □ 6. 資訊
□ 7. 傳播 □ 8. 自由業 □ 9. 農漁牧 □ 10. 家管 □ 11. 退休
□ 12. 其他＿＿＿＿＿＿＿＿

您從何種方式得知本書消息？

□ 1. 書店 □ 2. 網路 □ 3. 報紙 □ 4. 雜誌 □ 5. 廣播 □ 6. 電視
□ 7. 親友推薦 □ 8. 其他＿＿＿＿＿＿＿＿

您通常以何種方式購書？

□ 1. 書店 □ 2. 網路 □ 3. 傳真訂購 □ 4. 郵局劃撥 □ 5. 其他＿＿＿＿

您喜歡閱讀那些類別的書籍？

□ 1. 財經商業 □ 2. 自然科學 □ 3. 歷史 □ 4. 法律 □ 5. 文學
□ 6. 休閒旅遊 □ 7. 小說 □ 8. 人物傳記 □ 9. 生活、勵志 □ 10. 其他

對我們的建議：＿＿＿＿＿＿＿＿＿＿

【為提供訂購、行銷、客戶管理或其他合於營業登記項目或章程所定業務之目的，城邦出版人集團（即英屬蓋曼群島商家庭傳媒（股）公司城邦分公司、城邦文化事業（股）公司），於本集團之營運期間及地區內，將以電郵、傳真、電話、簡訊、郵寄或其他公告方式利用您提供之資料（資料類別：C001、C002、C003、C011 等）。利用對象除本集團外，亦可能包括相關服務的協力機構。如您有依個資法第三條或其他需服務之處，得致電本公司客服中心電話 02-25007718 請求協助。相關資料如為非必要項目，不提供亦不影響您的權益。】

1.C001 辨識個人者：如消費者之姓名、地址、電話、電子郵件等資訊。　2.C002 辨識財務者：如信用卡或轉帳帳戶資訊。
3.C003 政府資料中之辨識者：如身分證字號或護照號碼（外國人）。　4.C011 個人描述：如性別、國籍、出生年月日。

請於此處用膠水黏貼